全国高等职业教育"十三五"规划教材
中国电子教育学会推荐教材
全国高等院校规划教材·精品与示范系列

电子测量与仪器

黄璟 金薇 主编
殷庆纵 主审

电子工业出版社
Publishing House of Electronics Industry
北京·BEIJING

内 容 简 介

本书依据该课程的最新改革成果以及作者多年的校企合作经验进行编写。全书以 5 个典型项目为载体，主要内容包括简单电子产品的性能测试、电子测量与产品检验、简单电子产品的制作与调试、数据域的测量、频域的测量，对应的项目实施为声频功率放大器性能参数测量、函数信号发生器性能指标检验、简易金属探测器制作与调试、译码-计数电路性能测试、射频通信系统信号测试，同时提供大量的实例、实训与知识拓展内容。本书淡化复杂的理论分析，强调实践工程测试能力的培养，贯彻"做中学，学中做"的教学理念，实现理论与实践的融合。

本书具有较强的系统性、实用性和先进性，内容紧扣行业企业生产实践，为高等职业本专科院校电子类、通信类、信息类、仪器仪表类、自动化类等专业的教材，也可作为开放大学、成人教育、自学考试、中职学校、培训班的教材，以及工程测试技术人员的参考工具书。

本书配有免费的电子教学课件、习题参考答案和检验报告等，详见前言。

未经许可，不得以任何方式复制或抄袭本书之部分或全部内容。
版权所有，侵权必究。

图书在版编目（CIP）数据

电子测量与仪器/黄璟，金薇主编. —北京：电子工业出版社，2015.9
全国高等院校规划教材·精品与示范系列
ISBN 978-7-121-26100-8

Ⅰ. ①电… Ⅱ. ①黄… ②金… Ⅲ. ①电子测量技术—高等职业教育—教材②电子测量设备—高等职业教育—教材 Ⅳ. ①TM93

中国版本图书馆 CIP 数据核字（2015）第 105996 号

策划编辑：陈健德（E-mail：chenjd@phei.com.cn）
责任编辑：刘真平
印　　刷：北京虎彩文化传播有限公司
装　　订：北京虎彩文化传播有限公司
出版发行：电子工业出版社
　　　　　北京市海淀区万寿路 173 信箱　邮编 100036
开　　本：787×1 092　1/16　印张：17.75　字数：454.4 千字
版　　次：2015 年 9 月第 1 版
印　　次：2018 年 8 月第 3 次印刷
定　　价：42.00 元

凡所购买电子工业出版社图书有缺损问题，请向购买书店调换。若书店售缺，请与本社发行部联系，联系及邮购电话：(010) 88254888，88258888。
质量投诉请发邮件至 zlts@phei.com.cn，盗版侵权举报请发邮件至 dbqq@phei.com.cn。
本书咨询联系方式：chenjd@phei.com.cn。

电子测量技术是高等职业院校电子信息类等专业的专业核心课程，旨在培养学生电子测量综合应用能力以及对电子产品的检验技能，以使学生能胜任电子信息技术等领域的设计制造、安装调试、运行维护等方面的工作。

根据教育部新的教学改革要求，高职教育以学生职业岗位能力为依据，强调对学生应用能力、实践能力、分析和处理问题能力的培养。本书以校企合作为平台，内容选取紧贴职业岗位技能要求，实行项目化教学方式，全书包含5个项目：简单电子产品的性能测试、电子测量与产品检验、简单电子产品的制作与调试、数据域的测量、频域的测量，涵盖电子测量领域的常用仪器原理和仪器应用等，其总体知识结构框架如下（虚线框内是知识拓展内容）：

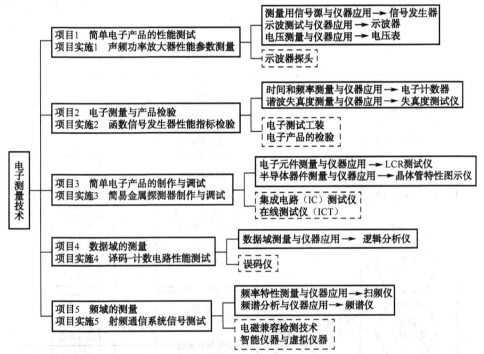

本书的编写特色有：(1) 每个项目的项目实施内容改编自行业真实案例，贴近院校教学实际，易教易学。(2) 针对单个仪器的实训与针对多个仪器的项目实施相互呼应，使学习者领悟仪器应用的内涵。(3) 重点对目前行业中广泛使用的 LCR 测试仪等进行介绍，略去行业中已较少使用的部分仪器如万能电桥等。(4) 介绍基于示波器的逻辑分析仪，解决部分院校实验经费有限与使用高端仪器之间的矛盾。(5) 知识拓展取自电子测量行业企业实践，具有一定的实用性和先进性。

本书由苏州工业职业技术学院黄璟、金薇任主编，王莉莉、吴振英、周峰任副主编，殷庆纵主审。其中黄璟编写全书的实训和项目实施、知识拓展及项目5，并负责全书统稿工作；金薇编写项目1，周峰编写项目2，吴振英编写项目3，王莉莉编写项目4；苏州市电子产品检验所有限公司袁志敏参与编写项目实施1，苏州市汉达工业自动化有限公司张洁参与编写知识拓展 2，固纬电子（苏州）有限公司邹铮参与编写项目实施 5，苏州工业职业技术学院吴冬燕参与编写知识拓展 7。此外，苏州格巨电子科技有限公司陆小波、苏州德计仪器仪表有限公司刘振、深圳市鼎阳科技有限公司易玉梅、苏州众业电子有限公司简品、上海爱仪电子设备有限公司柴惠民、苏州工业职业技术学院周步新对本书的编写给予了大力支持和帮助，在此一并表示感谢，同时向所有参考文献的作者表示崇高的敬意。

由于电子测量技术发展迅速，应用领域不断扩大，加之编者水平有限，编写时间仓促，书中难免有疏漏和欠妥之处，恳请读者批评指正。

为了方便教师教学，本书还提供配套的电子教学课件、声频功率放大器试验纲要、声频功率放大器检验报告、实训报告格式以及习题参考答案，请有需要的教师登录华信教育资源网（http://www.hxedu.com.cn）免费注册后下载，有问题时请在网站留言或与电子工业出版社联系。

编 者

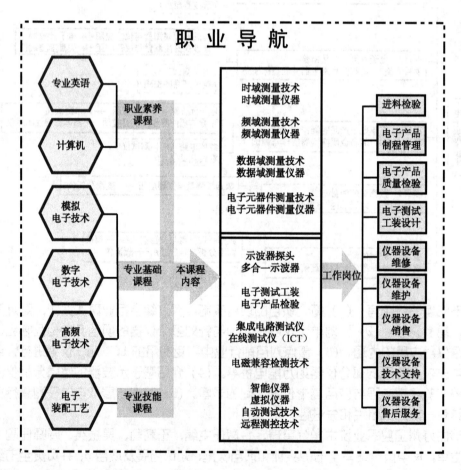

目 录

项目 1　简单电子产品的性能测试 ……………………………………………………………（1）
　案例引入 …………………………………………………………………………………………（1）
　学习目标 …………………………………………………………………………………………（1）
　1.1　电子测量基础 ………………………………………………………………………………（2）
　　　1.1.1　电子测量的内容与特点 ………………………………………………………………（2）
　　　1.1.2　电子测量的分类 ………………………………………………………………………（4）
　1.2　电子测量仪器基础 …………………………………………………………………………（5）
　　　1.2.1　电子测量仪器的功能 …………………………………………………………………（5）
　　　1.2.2　电子测量仪器的分类 …………………………………………………………………（6）
　　　1.2.3　电子测量仪器的主要性能指标与误差 ………………………………………………（7）
　　　1.2.4　电子测量仪器的发展 …………………………………………………………………（9）
　1.3　测量误差基础 ………………………………………………………………………………（10）
　　　1.3.1　测量误差的基本概念 …………………………………………………………………（10）
　　　1.3.2　测量误差的来源 ………………………………………………………………………（11）
　　　1.3.3　测量误差的分类和处理 ………………………………………………………………（12）
　　　1.3.4　测量误差的表示方法 …………………………………………………………………（13）
　1.4　测量结果的表示及数据处理 ………………………………………………………………（16）
　1.5　测量用信号源基础 …………………………………………………………………………（19）
　　　1.5.1　测量用信号源的用途与分类 …………………………………………………………（19）
　　　1.5.2　测量用信号源的主要性能指标 ………………………………………………………（22）
　1.6　信号发生器与仪器应用 ……………………………………………………………………（23）
　　　1.6.1　正弦信号发生器 ………………………………………………………………………（23）
　　　实训 1　XD2 型低频信号发生器的使用 ……………………………………………………（27）
　　　实训 2　AS1051S 型高频信号发生器的使用 ………………………………………………（30）
　　　1.6.2　脉冲信号发生器 ………………………………………………………………………（33）
　　　1.6.3　函数信号发生器 ………………………………………………………………………（35）
　　　实训 3　EE1641B1 型函数信号发生器的使用 ……………………………………………（39）
　　　1.6.4　合成信号发生器 ………………………………………………………………………（42）
　　　实训 4　SDG1005 函数/任意波形发生器的使用 …………………………………………（48）
　1.7　示波测试与仪器应用 ………………………………………………………………………（52）
　　　1.7.1　示波器的分类与性能指标 ……………………………………………………………（52）
　　　1.7.2　示波测试的基本原理 …………………………………………………………………（54）
　　　1.7.3　通用示波器的组成与工作原理 ………………………………………………………（60）

1.7.4　示波器的基本测试技术 …………………………………………………（66）
　　实训5　YB4320A型双踪示波器的使用 ……………………………………（72）
　　1.7.5　取样技术在示波器中的应用 ……………………………………………（77）
　　1.7.6　数字存储示波器的组成与功能 …………………………………………（80）
　　实训6　GDS-2072A型数字存储示波器的使用 ……………………………（85）
　　知识拓展1　示波器探头 ………………………………………………………（92）
1.8　电压测量与仪器应用 ……………………………………………………………（96）
　　1.8.1　电压测量的基本要求 ……………………………………………………（96）
　　1.8.2　电压测量仪器的分类 ……………………………………………………（98）
　　1.8.3　模拟式电压表的应用 ……………………………………………………（99）
　　实训7　DF2172A型交流毫伏表的使用 …………………………………（109）
　　1.8.4　数字式电压表的应用 ……………………………………………………（112）
　　实训8　SM1030型数字交流毫伏表的使用 ……………………………（118）
项目实施1　声频功率放大器性能参数测量 ………………………………………（122）
习题1 …………………………………………………………………………………（128）

项目2　电子测量与产品检验 ………………………………………………………（130）
案例引入 ………………………………………………………………………………（130）
学习目标 ………………………………………………………………………………（130）
2.1　时间和频率测量基础 ……………………………………………………………（131）
2.2　电子计数器的分类与性能指标 …………………………………………………（132）
2.3　通用电子计数器的组成与功能 …………………………………………………（133）
　　2.3.1　通用电子计数器的基本组成 ……………………………………………（134）
　　2.3.2　通用电子计数器的测量功能 ……………………………………………（135）
　　2.3.3　电子计数器的测量误差 …………………………………………………（139）
　　实训9　E312A型通用电子计数器的使用 ………………………………（140）
　　知识拓展2　电子测试工装 ……………………………………………………（144）
2.4　谐波失真度测量与仪器应用 ……………………………………………………（147）
　　2.4.1　谐波失真基础 ……………………………………………………………（147）
　　2.4.2　失真度测试仪的工作原理与误差 ………………………………………（148）
　　2.4.3　失真度测试仪的连接 ……………………………………………………（149）
　　实训10　ZC4121A型失真度测试仪的使用 ………………………………（149）
　　知识拓展3　电子产品的检验 …………………………………………………（153）
项目实施2　函数信号发生器性能指标检验 ………………………………………（162）
习题2 …………………………………………………………………………………（168）

项目3　简单电子产品的制作与调试 ………………………………………………（170）
案例引入 ………………………………………………………………………………（170）
学习目标 ………………………………………………………………………………（170）
3.1　电子元件测量基础 ………………………………………………………………（171）

    3.1.1 电阻的测量 …………………………………………………………………（171）
    3.1.2 电容的测量 …………………………………………………………………（174）
    3.1.3 电感的测量 …………………………………………………………………（178）
  3.2 LCR 测试仪的应用 …………………………………………………………………（180）
    实训 11 数字电桥测试电子元件 ……………………………………………………（185）
    知识拓展 4 集成电路（IC）测试仪 …………………………………………………（186）
  3.3 半导体器件测量基础 ………………………………………………………………（190）
    3.3.1 半导体二极管的主要参数与测量 …………………………………………（190）
    3.3.2 半导体三极管的主要参数与测量 …………………………………………（192）
    3.3.3 晶体管特性图示仪的工作原理与使用 ……………………………………（193）
    实训 12 用晶体管特性图示仪测试半导体器件 ……………………………………（198）
    知识拓展 5 在线测试仪（ICT）……………………………………………………（201）
  项目实施 3 简易金属探测器制作与调试 ……………………………………………（204）
  习题 3 …………………………………………………………………………………（207）

项目 4 数据域的测量 ……………………………………………………………………（208）
  案例引入 ………………………………………………………………………………（208）
  学习目标 ………………………………………………………………………………（208）
  4.1 数据域测量的概念与特点 …………………………………………………………（209）
  4.2 数字系统的故障和故障模型 ………………………………………………………（210）
  4.3 数据域测试的主要任务与方法 ……………………………………………………（211）
  4.4 数据域测试系统的组成 ……………………………………………………………（212）
  4.5 数据域的简易测试 …………………………………………………………………（212）
  4.6 逻辑分析仪的应用 …………………………………………………………………（214）
    4.6.1 逻辑分析仪的特点与分类 …………………………………………………（214）
    4.6.2 逻辑分析仪的组成 …………………………………………………………（214）
    4.6.3 逻辑分析仪的触发方式 ……………………………………………………（215）
    4.6.4 逻辑分析仪的显示方式 ……………………………………………………（217）
    4.6.5 逻辑分析仪的性能指标与应用 ……………………………………………（219）
    4.6.6 逻辑分析仪的选型 …………………………………………………………（220）
    4.6.7 基于示波器的逻辑分析仪 …………………………………………………（221）
    知识拓展 6 误码仪 …………………………………………………………………（223）
  项目实施 4 计数-译码电路性能测试 …………………………………………………（227）
  习题 4 …………………………………………………………………………………（230）

项目 5 频域的测量 ………………………………………………………………………（231）
  案例引入 ………………………………………………………………………………（231）
  学习目标 ………………………………………………………………………………（231）
  5.1 频域测量的概念 ……………………………………………………………………（232）
  5.2 频率特性的测试方法 ………………………………………………………………（232）

· VII ·

5.3 频率特性测试仪的组成与工作原理 ································· (234)
5.4 频率特性测试仪的性能指标 ··· (236)
5.5 频率特性测试仪的应用 ··· (237)
  实训 13 单调谐放大器性能测试 ····························· (241)
  知识拓展 7 电磁兼容检测技术 ································ (242)
5.6 频谱分析的概念与特点 ··· (246)
5.7 频谱分析仪的种类与工作原理 ····································· (248)
5.8 频谱仪的性能指标与应用 ··· (251)
  实训 14 手机发射信号测试 ······································ (256)
  知识拓展 8 智能仪器与虚拟仪器 ···························· (257)
项目实施 5 射频通信系统信号测试 ······························· (267)
 习题 5 ··· (275)

参考文献 ·· (276)

项目 1

简单电子产品的性能测试

案例引入

检验一台音响音质的优劣,一般会输送一段音质很好的音乐给音响,用感官(耳朵)听音响输出音乐的音质,从而判断音响性能。采用正规的检测手段,要求输送一个正弦波激励信号给音响,用仪器在音响输出端检测输出信号的性能。那么,这个激励信号如何产生?输出波形是否失真怎么观测?输入信号和输出信号的幅度怎么知道?

学习目标

1. 理论目标

1)基本了解

电子测量的内容和方法、测量误差的表示和分类、电子测量仪器的发展历程;

低频、高频、函数、合成信号发生器的组成及工作原理;

波形显示原理,通用示波器的组成、工作原理和主要性能指标;

数字存储示波器的组成和主要性能指标;

模拟式电压表、数字式电压表的组成及工作原理。

【拓展】示波器探头的种类;声频功率放大器的试验纲要。

2)重点掌握

测量结果的表示与有效数字的处理,电工仪表的准确度等级;

信号发生器的分类、主要性能指标,以及应用场合;

通用示波器、数字存储示波器的主要功能;

交流电压的表征,模拟式电压表的定度特性,数字式电压表显示位数和分辨力。

2. 技能目标

能操作常见的低频、高频、函数、任意波信号发生器;

能操作通用示波器、数字存储示波器;

能操作模拟式电压表、数字式电压表;

会测量声频功率放大器的性能参数。

1.1 电子测量基础

1.1.1 电子测量的内容与特点

1. 测量的概念

在生活、生产、科研活动中,如果要定量地评价某个对象,必然要对该对象的某些方面进行测量,通过对测量结果的数据分析,归纳出对该事物的认知,进而依据规律改造世界。

测量是一种信息采集过程,是一种借助专用的工具或设备,通过实验方法对客观事物的某些方面取得定量数据的过程。生产的发展和科学的进步,需要利用测量技术获取一定数量的科学数据,因此测量技术一定程度上引领科技发展的速度和深度,测量技术的水平反映出一个国家科技发展的状况。

测量结果是被测量与已知同类标准量进行比较的结果,被测量的量值由数值(大小及符号)和计量单位(用于比较的标准量的单位名称)两部分组成。例如,测得某人体重为 60 kg(被测量的量值),是与 1 kg(标准量)比较的结果。没有计量单位的量值是没有物理意义的。测量结果还必须是有理数,$60\frac{2}{3}$ kg 是错误写法。

2. 测量(measurement)与计量(metrology)的关系

"测量"是获取量值信息的活动,"计量"不仅要获取量值信息,而且要实现量值信息的传递或溯源。从这个角度看,计量作为一类操作在实际工作中表现为检定、校准、比对及对测量仪器的测试等活动。在 JJF1001—1998《通用计量术语及定义》中,将"计量"定义为实现单位统一、量值准确可靠的活动。因此,唯有计量部门从事的测量才被称作计量。例如,计量对于天文、气象、测绘等部门所从事的测量提供了实现单位的统一、量值准确可靠的保证。而这些保证是这些部门测量活动自身无法做到的。所谓"计量工作",包括测量单位的统一,测量方法(如仪器、操作、数据处理等)的研究,量值传递系统的建立和管理,以及同这些工作有关的法律、法规的制定和实施等。

因此,计量是测量的一种特殊形式,测量是计量联系生产实际的途径。计量属于测量,源于测量,又严于一般的测量。要得到确定公认的量值,要有法定的计量单位、计量器具、计量人员、计量检定规程等。计量具有准确性、一致性、溯源性和法制性。

3. 电子测量的内容

电子测量是测量学的一个重要分支,泛指以电子技术为基本手段的一种测量技术。广义的电子测量是指以电子技术为基本手段的测量技术,包括医学、生物学、建筑学、材料学、天文学等领域的测量。狭义的电子测量是指对电子技术中各种电参量的测量,包括各种电量、电路元器件特性、电路特性的测量。通过传感器把非电量转换成电量后进行测量,将广义电子测量技术与狭义电子测量技术良好地衔接。

本课程的电子测量指狭义电子测量技术,其内容包括以下几个方面:

1）电能量的测量

电能量的测量包括电压、电流、功率、电场强度等参数的测量。

2）电路元器件参数的测量

电路元器件参数的测量包括电阻、电感、电容、阻抗、品质因数等元件参数和晶体管、场效应管等器件参数的测量。

3）电信号特征的测量

电信号特征的测量包括频率、周期、相位、失真度、脉冲参数、调制度、数字信号逻辑状态等的测量。

4）电路性能的测量

电路性能的测量包括通频带、选择性、增益、衰减、灵敏度和信噪比等参数的测量。

5）特性曲线的测量

特性曲线的测量包括幅频特性、相频特性、器件特性等特性曲线的测量。

这些参量中，频率、时间、电压、相位、阻抗等是基本参量，其他为派生参量。电压测量是最基本、最重要的测量内容。基本参量的测量是派生参量测量的基础。

4. 电子测量的特点

当今电子测量技术的水平往往是科学技术最新成果的直接体现。因此，与其他测量技术相比，电子测量技术具有以下特点：

1）测量速度快

由于电子测量是通过电子运动和电磁波的传播等方式来实现的，因此具有其他方法无法比拟的高速度。该特性用以实现快速测量和实时测控，尤其对于远距离测控场合，该特性显得尤为重要。

2）测量量程宽

量程是指测量范围的上、下限之差或上、下限之比。电子测量被测量的大小往往相差很大，如电压有 V、mV、μV、nV 等数量级，要求单台测量仪器具有较为宽广的测量范围。例如，高档次的数字式万用表，交直流电压测量范围为 100 nV～1 000 V，电阻测量范围为 3×10^{-3}～3×10^{8} Ω。

3）测量频率范围宽

测量频率范围是指电子测量仪器在满足正常测试性能条件下，能够检测到的信号频率的上、下限。电子测量中被测量的频率覆盖范围很宽，一般在 10^{-6}～10^{12} Hz。同一台仪器要实现全频率覆盖是困难的，通常根据不同的工作频段，采用不同测量原理，使用不同的测量仪器来实现测量。例如，信号发生器往往分成超低频信号发生器、音频信号发生器、高频信号发生器等。随着科技的发展，单台测量仪器的频率范围在不断拓宽。

4）测量准确度高

电子测量仪器的准确度已达到较高水平，远高于其他测量仪器。尤其对于频率和时间的测量，由于采用原子频标和原子秒作为基准，测量精度可达 10^{-13}～10^{-14} 数量级。由于电子测量准确度高，误差小，使得它在各领域被广泛应用。

5）易于实现遥测

电子测量可以通过各种类型的传感器，将现场各待测量转换成易于传输的电信号，采用有线或无线的方式，传输到测控中心，实现遥测和遥控。尤其是航天、军事、勘探等方面，实现人类难以靠近的地方的测量，并且可以实现全天候24 h的测量。

6）易于实现测量仪器的智能化和测试过程的自动化

随着超大规模集成电路和微型计算机功能的提高，电子测量具有功耗低、测速快、可靠性高、存储量大的特点，实现测量仪器的智能化和测试过程的自动化。例如，在测量过程中能够实现程控、遥控、自动转换量程、自动调节、自校准、自动诊断故障、自动恢复；对于测量结果能够进行数据自动记录、自动运算和处理。

电子测量的一系列优点，使得它获得广泛应用。天文、航天、医学、生物、工业、农业、商业、生活各个领域都离不开电子测量技术与设备。

1.1.2 电子测量的分类

为了达到正确测量的目的，合理选择测量仪器和测量方法极为重要，直接关系到测量实施的可行性、测量结果的可信度、测量工作的经济性。电子测量主要有以下几种分类。

1. 按测量性质分类

根据被测量的性质，电子测量大致分为时域测量、频域测量、数据域测量和随机量测量四大类。

1）时域测量

时域测量又称瞬态测量，测量与时间有函数关系的量，如电压、电流等。这些量的稳态值和有效值等参数可用电压表等仪表测量，其瞬态值可用示波器等仪器直接观测并测量。

2）频域测量

频域测量又称稳态测量，测量与频率有函数关系的量，如电路增益、相移等。可通过频谱分析仪等仪器分析电路频谱特性、幅频特性、相频特性等。

3）数据域测量

数据域测量又称逻辑测量，是对数字逻辑量进行测量。可通过逻辑分析仪等设备对数字量和电路的逻辑状态进行分析，观测并行数据的时序波形，或用"1、0"数据显示其逻辑状态。

4）随机量测量

随机量测量又称统计测量，主要是指对各类噪声信号、干扰信号进行动态测量和统计分析。随机量测量在通信领域应用广泛。

2. 按测量手段分类

按照测量手段分类，电子测量有直接测量、间接测量、组合测量三类方法。

1）直接测量

直接测量指直接从电子测量仪器或仪表上获得测量结果的测量方法。例如，用电子计

项目1 简单电子产品的性能测试

数器测量频率、电压表测量电压等。直接测量方法简单、迅速,广泛应用于工程测量中。

2)间接测量

间接测量指先对几个与被测量有确定函数关系的电参量进行直接测量,然后通过函数公式、曲线或表格等,求出被测量的测量方法。当被测量不便于直接测量,或间接测量比直接测量更为准确时,可采用间接测量法。例如,直接测量电路中三极管集电极的电流,需要集电极支路有断口才能将电流表串入电路,而采用间接测量集电极电阻上的电压,除以集电极电阻值,这样获得电流值更简便易行。间接测量广泛应用于科研和工程测量中。

3)组合测量

在某些测量中,被测量与多个未知量有关,无法通过直接测量和间接测量得出被测量的结果,需要改变测量条件进行多次测量,然后根据被测量与未知量的函数关系列出方程组求解被测量,即组合测量。这种测量方法过程较复杂,测量时间长,精度高,常用于科学实验。

电子测量方法分类很多,实际的测量过程复杂,应根据被测量的电学特性、测速要求、精度要求,以及经费情况、场地情况综合考虑,选取合适的测量方法。

1.2 电子测量仪器基础

1.2.1 电子测量仪器的功能

电子测量仪器通常需要具备物理量转换、信号处理与传输,以及测量结果的显示等基本功能。

1. 物理量转换功能

对于数字式仪表,转换指将功率、电流、电阻等电量转换成电压形式;对于模拟式仪表,转换指将功率、电压、电阻等电量转换成电流形式,进而转化成与电流强度成正比的扭矩,驱动动圈式检流计指针偏转。

非电量需先转换成电量,再做进一步测量。如压力、温度、位移、光强等物理量经传感器转换成与之相关的电压、电流等形式。

2. 信号处理与传输功能

信号处理包括信号调理,如弱信号的放大、强信号的衰减;模拟量转换成数字量;微处理器对信号的处理等。

信号传输指有线或无线方式的传输。在遥测、遥控等远距离传输过程中,要避免信号的失真和抗干扰等问题。

3. 显示功能

显示功能即告知功能,模拟式仪表通过指针仪表度盘、阴极射线管,数字式仪表通过数码管、液晶屏显示测量结果。

此外,随着科技的发展,电子测量仪器的智能化程度越来越高,增加了数据记录、处理及自检、自校、报警提示等功能。

1.2.2 电子测量仪器的分类

电子测量仪器有多种分类方法，通常分为通用和专用两大类。专用仪器是为特定目的专门设计制作的，适用于特定对象的测量，如电视信号发生器等。通用仪器指应用面较广的测量仪器，如示波器、通用计数器等。

电子测量仪器按工作频段可分为超低频仪器、音频仪器、视频仪器、高频仪器及微波仪器等；按电路原理可分为模拟式和数字式；按外形结构可分为便携式、台式、架式、模块式及插件式等。

按被测量的不同特性，通用电子测量仪器可分为以下几类：

1. 时域测量仪器

时域测量仪器用于测量电信号在时域中的各种特性。

1）测量用信号源

在电子测量中欲研究被测网络，需给予网络一定的激励信号，然后研究其响应。信号发生器是提供符合一定技术要求的电信号的仪器，如正弦信号发生器、脉冲信号发生器、函数信号发生器、随机信号发生器、电视信号发生器、合成信号发生器、任意波形发生器等。

若信号源发出的是扫频信号，则属于频域测量范畴，通常扫频信号源合成在其他频域测量仪器内，不单独制作仪器。

2）波形测量仪器

波形测量仪器用于观察和测量信号的时基波形。具体仪器有通用示波器、数字存储示波器、多合一示波器等。

3）电压、电流、功率测量仪器

电压、电流、功率测量仪器用于测量信号的电压、电流、功率。具体仪器有低频毫伏表、高频毫伏表、数字电压表、数字电流表、功率表等。

4）时间、频率、相位测量仪器

时间、频率、相位测量仪器用于测量电信号的频率、周期、相位及时间间隔。具体仪器有通用计数器、频率计、相位计、计时器等。

2. 频域测量仪器

频域测量仪器用于测量电信号在频域中的各种特性。具体仪器有：

1）频率特性测试仪

频率特性测试仪又称扫频仪，是一种能在示波管上直接显示被测网络频率特性曲线的频域测量仪器。扫频仪在电视机调试中应用很广，用于调试电视机的高频通道、中频通道等。

2）频谱分析仪

频谱分析仪是一种能在显示屏上直接显示被测网络频谱特性的频域测量仪器。测试、比较多路信号，分析信号的组成，显示信号的幅度和频率，用以研究无线电信号或噪声的

频谱,进行电磁干扰测试等,如测试基带信号等。

3)网络分析仪

网络分析仪是通过测定网络的反射参数和传输参数,进而对网络中元器件特性的全部参数进行描述的测量仪器,用于实现对线性网络的频率特性测量。如射频网络分析仪,可以测量有线电视系统中光端机、放大器、分支器、分配器电缆等设备器材的各项指标(带内平坦度、增益、插入损失、分配损失、反射损耗等)。

3. 数据域测量仪器

数据域测量仪器是用于分析数字系统中以离散时间或事件为自变量的数据流的仪器,能显示和记录数字逻辑系统的实时数据流,分析和诊断数字系统的软、硬件故障。具体仪器有逻辑分析仪、误码仪等。

4. 随机域测量仪器

随机域测量仪器主要对各种噪声、干扰信号等随机量进行测量。具体仪器有噪声系数分析仪、电磁干扰测试仪等。

5. 调制域测量仪器

调制域测量仪器用于测量调频和调相的线性失真、脉宽调制信号、锁相环路的捕捉及跟踪、数据和时钟信号的相位抖动等。具体仪器有调制域分析仪等。

6. 电子元器件测量仪器

1)电子元件参数测量仪器

电子元件参数测量仪器用于测量电阻、电容、电感、阻抗、导纳及 Q 值等电子元件参数。具体仪器有高频 Q 表、LCR 测试仪等。

2)电子器件特性测量仪器

电子器件特性测量仪器用于测量半导体分立器件、模拟集成电路及数字集成电路等器件的特性。具体仪器有晶体管特性图示仪、IC 测试仪等。

1.2.3 电子测量仪器的主要性能指标与误差

1. 主要性能指标

电子测量仪器的技术指标是衡量其工作性能的依据,主要包括以下几个方面。

1)测量功能、范围

测量功能是指能测量何种被测量,测量范围是指仪器在一定准确度范围内适合测量的数值大小。

2)频率范围

频率范围指保证仪器其他指标正常工作的有效频率范围。

3)准确度

测量仪器准确度用于描述测量仪器给出值接近真值的能力。通常以允许误差或不确定度的形式给出。

4）量程与分辨力

量程是指测量仪器的测量范围。分辨力是指测量仪器所能直接反映出被测量变化的最小值，如指针式仪表刻度盘标尺上最小刻度（1 个小格）所代表的被测量大小，或数字式仪表最低位显示变化 1 个字所代表的被测量大小。

同一仪器不同量程的分辨力不同，通常以仪器最小量程的分辨力（最高分辨率）作为仪器的分辨力。

5）稳定度

稳定度即稳定误差，是指在规定的时间区间内，其他外界条件恒定不变的情况下，仪器示值不变的能力。造成示值变化的原因主要是仪器内部各元器件的特性不同、参数不稳定和器件老化等因素。

6）测量环境

同一台电子测量仪器，测量方法相同，不同的测量环境会出现不同的测量结果。电子测量仪器受外界环境（如温度、湿度、电网电压、电磁干扰等）影响较大。因此为保证测量精度，应在生产厂家规定的环境条件下进行测量。

2. 误差

在电子测量中，由于电子测量仪器本身性能不完善所产生的误差称为电子测量仪器误差，又称系统不确定度。它是电子测量仪器的一项重要质量指标，主要包括以下几种。

1）固有误差

固有误差是指在基准工作条件下测量仪器的误差。

基准工作条件是一组有公差的基准值（如环境温度 20±2 ℃）或有基准范围的影响量（如相对湿度 45%～75%，大气压强 86～106 kPa）。

2）工作误差

工作误差是在仪器额定工作条件下，在任意点上测得的仪器某项特性的误差。

额定工作条件包括仪器本身的全部使用范围和全部外部工作条件，是各种影响量最不利的组合，产生的误差最大。如环境温度 20 ℃±20 ℃，相对湿度 20%～90%，交流供电电压 220(1±10%) V。

工作误差包括仪器固有误差及各种因素共同作用的总效应，在仪器说明书中必须给出，固有误差视情况给出。

3）影响误差

影响误差用来表明某一项影响量对仪器测量误差的影响，如温度误差、频率误差等。只有当某一影响量对测量影响比较大时才给出，它是一种误差的极限。

4）稳定误差

稳定误差是仪器标准值在其他影响量和影响特性保持恒定的情况下，在规定时间内产生的误差极限。习惯上以相对误差形式给出或注明最长连续工作时间。

另外，电子测量仪器误差的表示方法，可以是绝对误差，也可以是相对误差。例如，

某 $4\frac{1}{2}$ 位交流数字电压表的技术指标说明中有上述四种误差的标注：

固有误差：1 kHz，1 V 时为"±0.4%读数 ±1 个字"；

工作误差：50 Hz～1 MHz，1 mV～1 V 量程内为"±1.5%读数 ±0.5%满量程"；

温度影响误差：以 20 ℃为参考，1 kHz，1 V 时温度系数为"10^{-4}/℃"；

频率影响误差：50 Hz～1 MHz 为"±0.5%读数 ±0.1%满量程"；

稳定误差：温度 –10～+40 ℃，相对湿度 20%～80%，大气压 86.7 Pa～106.7 kPa 的环境内，连续工作 7 h。

1.2.4　电子测量仪器的发展

电子测量技术始终走在科技的前沿，随着微电子技术、计算机技术的高速发展，促使新的测量理论、测量方法、测量领域以及新的测量仪器不断涌现。纵观电子技术的发展，电子器件经历了真空管时代、晶体管时代、集成电路时代，电子测量仪器的发展同样经历了这些时代。围绕着测试系统自动化、智能化的发展方向，电子测量仪器又经历了模拟仪器、数字仪器、智能仪器和虚拟仪器四个阶段。

1. 电子测量仪器发展历程

1）模拟仪器

模拟仪器（Analog Instrument）应用和处理的信号均为模拟信号，如指针式电压、电流表、功率表、模拟示波器等。这一类仪器的特点是体积大、功能简单、精度低、响应速度慢。

2）数字仪器

数字仪器（Digital Instrument）经 A/D 转换电路将模拟信号转换成数字信号，送数字信号处理电路处理后，以数字显示方式给出测量值。相比模拟仪器，数字仪器具有测速快、准确度高、抗干扰性好、操作方便等优点。借助大规模集成电路的强大功能，数字仪器呈普及趋势，如数字示波器、数字频率计等仪器。

3）智能仪器

智能仪器（Intelligent Instrument）通常是指含有微型计算机或微处理器的电子测量仪器。由于它拥有对信号数据的存储、运算、逻辑判断及自动化操作等功能，具有一定的智能作用，故被称为智能仪器。但由于其功能模块多以硬件或固化软件形式存在，在开发和应用时缺乏灵活性。

4）虚拟仪器

虚拟仪器（Virtual Instrument，VI）是美国国家仪器公司（National Instrument，NI）在 20 世纪 80 年代推出的基于计算机和硬件模块的测量技术，倡导"软件即仪器"的全新理念，使用户操作通用计算机来替代真实仪器进行测量。可实现仪器设计、自动测试、过程控制、数据分析以及远程测试等功能。相比传统仪器，虚拟仪器具有设计灵活、操作简便、测试范围广、高度智能化等优点。

2. 电子测量仪器发展方向

纵观电子测量仪器的发展历程，可以看出随着电子元器件制造技术和新的测试技术的不断出现，电子测量仪器总体向着四个方向发展。

1）电子测量仪器性能更加优异

以往的电子技术使得制造出的仪器功能单一，同一种仪器因为频率的限制可能要分不同频段生产不同型号的产品来满足市场的需求。随着高新技术研究成果的广泛采用，电子测量仪器的频率范围越来越宽，功能越来越多，精度越来越高，甚至一台仪器不仅综合了以往多台仪器的功能，性能指标还有很大的提高，普遍实现自补偿、自诊断、自故障处理等功能。

2）电子测量仪器与计算机技术融合更加紧密

随着科技的发展，研发人员把微型计算机系统嵌入到数字式电子测量仪器中构成独立式的仪器，即智能仪器。由于引入了计算机，使得智能仪器功能强大，性能优异，使用灵活方便，是现代高档电子仪器的主体。

3）虚拟测试应用领域更加宽泛

虚拟测试技术是利用计算机界面和在线帮助功能，建立仪器虚拟面板，通过计算机操作完成对对象的测试分析功能。随着技术的不断成熟，其优势也日益显现。虚拟测试技术的应用不断扩展，在航天、汽车、电力、电子产品、石油与天然气等领域都有突破性成果。

4）自动测试、远程测试日益普及

数字仪器、智能仪器、虚拟仪器和网络仪器代表了现代科学仪器发展的主流方向，同时也促成了自动测试技术和远程测试技术的发展和普及，实现了地理分散、功能分散、危险分散、管理集中、资源共享的新特点。

1.3 测量误差基础

在一定环境条件下，借助合适的测量仪器，使用某种方法对某个量进行测量，以获得这个量的真实大小。但人们通过实验的方法测量被测量时，由于客观规律认识的局限性、测量仪器精度的有限性、测量手段的不完善、测量条件的变化，以及测量过程中的疏忽或错误等原因，都会造成测量结果偏离真实值，这个差别就是测量误差。因为测量误差是难免的，通过了解误差来源，分析测量误差的形成规律，尽可能消除误差或减小误差，以便获得正确的测量值。

1.3.1 测量误差的基本概念

1）真值

真值指被测量本身具有的真实值，一般用 A_0 表示。由于测量过程中受到测量人员、测量仪器、测量方法等主客观因素的限制，人们无法测得真值，真值是一个理想的概念。

2）示值

示值也称测量值，是指测量仪器的读数装置所指示出来的被测量的数值，一般用 x 表示。示值和仪器的读数是有区别的，读数是从仪器刻度盘、显示器等读数装置上直接获得的数据，而示值是由仪器刻度盘、显示器上的读数经换算而得到的。

3）修正值

修正值是用代数方法与未修正测量结果相加，以补偿其系统误差的值。修正值等于负的系统误差。由于系统误差不可能完全获知，因此这种补偿并不完全。

4）等精度测量

等精度测量是指保持测量条件（测量仪器、测量人员、测量环境、测量方法）不变而进行的多次测量。等精度测量的每一次测量都有同样的可靠性，即每次测量结果的精度是相等的。

5）非等精度测量

非等精度测量指测量条件不能维持不变情况下的多次测量，其测量结果的可靠性程度不一致。

6）测量误差

测量误差是测量结果与被测量真值的差异，通常分为绝对误差和相对误差两种。测量误差是客观存在无法彻底消除的，人们只能采取一定措施将测量误差限制在一定范围内。当测量误差超出一定限度时，则相应测量结果及其结论都是没有意义的。

7）测量准确度

测量准确度指测量结果与被测量的真值的一致程度。由于真值难以获得，故准确度是一个定性概念。可以用准确度高低、准确度等级、准确度符合某标准来描述。准确度越高，测量值越接近真值。

8）测量精度

测量精度是对测量值重复性程度的描述。即在相同测量条件下，对同一测量进行连续多次测量结果之间的一致性。所有的测量对测量值都有精度要求。

1.3.2 测量误差的来源

造成测量误差的原因很多，常见的测量误差来源有以下几个方面。

1）仪器误差

仪器仪表本身所引入的误差为仪器误差。这是测量误差的主要来源之一。指针式仪表的刻度误差、非线性引起的误差，数字式仪表的量化误差等均为仪器误差。

2）方法误差

由于测量方法不合理造成的误差称为方法误差。如图 1-1 所示的伏安法测量电阻，无论安培表采用内接法还是外接法，当忽略仪表的影响时，计算所得的电阻值均比实际值偏大或偏小。

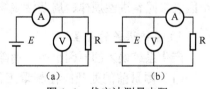

图 1-1 伏安法测量电阻

3）理论误差

由于测量原理不严密，以及采用了近似值计算测量结果所引起的误差称为理论误差。

例如，谐振法测量频率所用公式如下，该公式实际上是近似公式，忽略了电感线圈内的损耗电阻 r。

$$f_0 = \frac{1}{2\pi\sqrt{LC}}$$

4）人身误差

由于测量者的分辨能力、身体状况、责任心等主观因素引起的误差称为人身误差。例如，斜视的读数习惯引起的误差。

5）环境误差

环境误差又称为影响误差，是由于环境因素与要求的测量条件不一致所造成的因素。环境误差是造成测量误差的主要原因之一。例如，环境温度、预热时间、电源电压、电磁干扰等与所要求的测试条件不一致，使仪器仪表产生的误差。

1.3.3 测量误差的分类和处理

根据测量误差的性质和特点，可分为系统误差、随机误差和粗大误差三类。

1. 系统误差

1）定义和产生原因

系统误差是指等精度测量时，测量误差的数值保持恒定或按某种规律变化的误差，简称系差，如电表零点不准引起的误差。

系统误差产生的原因有多种，主要是仪器误差、环境误差、方法误差以及理论误差。

2）主要特点

只要测量条件不变，系差即为确定值，用多次测量求平均值的方法不能减小和消除系统误差。当测量条件改变时，误差也遵循某种确定的规律而变化，具有可重复性，可以修正和消除。

系统误差表明测量结果偏离真值或实际值的程度。系统误差越小，测量准确度越高。系统误差通常能够出现在最终的测量结果中。

3）系统误差的分类

系统误差根据性质特征的不同分为恒定系统误差和变值系统误差。

恒定系统误差简称恒差，误差的大小及符号在整个测量过程中始终保持恒定不变。

变值系统误差简称变值系差，其误差大小及符号在测量过程中会随测试的某个或某几个因素按照累进性规律、周期性规律或某种复杂规律等确定的函数规律变化。

4）系统误差的处理

产生系统误差的原因很多，消除和减小系统误差的途径主要有如下两种。

（1）测量前的处理：在测量工作开始前，尽量消除产生误差的来源，或设法防止受到误差来源的影响，这是减小系统误差最好也是最根本的方法。

如一般工程测量前，先检定出测量仪器的固有误差，整理出误差表格或误差曲线，推断出系列修正值，以便修正测量值获得被测量的实际值。

（2）测量过程中的处理：在测量过程中，可以采用典型测量技术消除或减小系统误差，如零示法、微差法、代替法和交换法等，根据测量的具体条件和测试内容而定。

2. 随机误差

1）定义和产生原因

随机误差指等精度测量同一量时，每次测量结果出现无规律随机变化的误差，又称偶然误差，简称随差。

随机误差主要是由那些影响微弱、变化复杂，但又互不相关的因素共同作用而产生的。这些因素主要有仪器内部器件的噪声干扰、环境温度、电源电压波动、电磁干扰以及测量者感官因素等。

2）主要特点

单次测量的随机误差是没有规律、不可预知的，但在足够多次的测量中，随差服从一定的统计规律。多次测量中，绝对值小的随差出现的次数比绝对值大的随差出现的次数多，绝对值相等的正随差和负随差出现的概率相同，即对称性。等精度测量中，随差的算术平均值的误差随着测量次数的增加而趋近于零，即具有正负抵偿性。测量次数一定时，随差的绝对值不会超过一定的界限，即具有有界性。

随机误差反映了测量结果的离散性，随机误差越小，测量精密度越高。系统误差和随机误差之间没有必然的联系，两者共同决定测量的精确度。

3）随机误差的处理

由于随机误差的抵偿性，理论上当测量次数趋于无穷大时，随机误差趋于零。实际操作时不可能做到无限次的测量，但可以做到保证测量精度条件下的多次测量，将算术平均值作为最后的测量结果。只要测量次数足够多，随机误差的影响就足够小。

3. 粗大误差

1）定义和产生原因

粗大误差指在一定条件下，测量结果明显偏离实际值的误差，又称疏失误差或粗差。

粗大误差主要是由测量操作疏失、测量方法不当、测量条件突然变化等原因造成的。

2）主要特点

粗大误差明显歪曲测量结果，其数值远远大于系统误差和随机误差，该测量值称为可疑数据或坏值。

3）粗大误差的处理

粗大误差的处理方法是先检定再剔除。按照统计分布规律确定一个误差置信区间，凡是超出这个置信区间的误差，就认为不是随机误差，而是粗大误差，应剔除该数据。具体检验粗大误差的方法有莱特（3σ）检验法、格拉布斯（Grubbs）检验法、中位数检验法。

1.3.4 测量误差的表示方法

测量误差通常采用绝对误差、相对误差两种表示方法。

1. 绝对误差

1）定义

被测量的测量值 x 与真值 A_0 之间的差值称为绝对误差，用 Δx 表示，即：

$$\Delta x = x - A_0 \tag{1-1}$$

式中，Δx 为绝对误差；x 为被测量的测量值；A_0 为被测量的真值。

被测量的真值是一个理想的概念，实际上是不可能得到的，通常用高一级标准仪器所测得的测量值 A 来代替 A_0，A 为被测量的实际值。则绝对误差的计算式为：

$$\Delta x = x - A \tag{1-2}$$

式中，Δx 为绝对误差；x 为被测量的测量值；A 为被测量的实际值。

绝对误差是具有大小、正负和量纲单位的数值。绝对误差的正负号表示测量值 x 偏离实际值 A 的方向，即偏大或偏小。绝对误差大小表示测量值 x 偏离实际值 A 的程度。

2）修正值

与绝对误差大小相等、符号相反的量值称为修正值，用 C 表示，即：

$$C = -\Delta x = A - x \tag{1-3}$$

修正值通常由高一级标准检定或由生产厂家给出。修正值的给出方式有数值、曲线和图表等。修正值和绝对误差一样具有大小、符号及量纲。

已知测量值，加上修正值即得被测量的实际值，即：

$$A = x + C \tag{1-4}$$

例如，某电流表绝对误差为 0.01 mA，即比实际值偏大 0.01 mA，其修正值为 -0.01 mA。所有测得的数据加上修正值 -0.01 mA（即减去 0.01 mA），即得实际值。

2. 相对误差

绝对误差虽然可以反映测量结果偏离实际值的方向和大小，但不能说明测量结果偏离实际值的程度，即测量的准确程度。例如，若电流表甲 10 mA 量程和电流表乙 1 mA 量程的绝对误差都是 0.01 mA，显然两者的测量准确程度是不一样的。因此引入相对误差的概念，在没有特殊说明的情况下，一般提到的测量误差都指相对误差。

相对误差有实际相对误差、示值相对误差和满度相对误差三种形式。相对误差只有大小和符号，没有单位。

1）实际相对误差

绝对误差与被测量的实际值的百分比称为实际相对误差，通常用 γ_A 表示为：

$$\gamma_A = \frac{\Delta x}{A} \times 100\% \tag{1-5}$$

2）示值相对误差

绝对误差与被测量的测量值的百分比称为示值相对误差，通常用 γ_x 表示为：

$$\gamma_x = \frac{\Delta x}{x} \times 100\% \tag{1-6}$$

3）满度相对误差

（1）满度相对误差和仪表等级

满度相对误差又称引用相对误差，是指绝对误差与仪器满量程 x_m 的百分比。通常用 γ_m

表示为：

$$\gamma_m = \frac{\Delta x}{x_m} \times 100\% \tag{1-7}$$

满度相对误差公式的分母始终不变，这给定性分析带来了方便，因此满度相对误差表示法应用较广。电工仪表就是按照满度相对误差 γ_m 进行准确度分级的。指针式电工仪表的准确度等级通常分为 0.05、0.1、0.2、0.5、1.0、1.5、2.5、5.0 几个等级，分别表示仪表满度误差所不能超过的百分比。如式（1-8）所示，S 为仪表等级。

$$S\% = \pm r_m \tag{1-8}$$

例如，某模拟式万用表表头上记有"～5.0"，表示该型号的万用表交流挡准确度等级为 5.0 级，测量交流量时最大满度误差为±5.0%。仪表的等级越小，其满度相对误差就越小，测量的准确度就越高。

（2）仪表量程的选择

当仪表的等级 S 确定后，各量程内绝对误差的最大值 Δx_m 也确定了，有：

$$\Delta x_m = r_m \cdot x_m \tag{1-9}$$

实际测量的绝对误差 Δx 应该小于该量程的绝对误差的最大值 Δx_m。

$$\Delta x \leq \Delta x_m \tag{1-10}$$

将式（1-8）代入式（1-9）得：

$$\Delta x \leq \Delta x_m = \gamma_m \cdot x_m = S\% \cdot x_m \tag{1-11}$$

示值相对误差为：

$$\gamma_x = \frac{\Delta x}{x} \times 100\% \leq \frac{S\% \cdot x_m}{x} \times 100\% = \frac{S \cdot x_m}{x}\% \tag{1-12}$$

可见，当仪表的准确度等级确定后，x 越接近 x_m，测量的示值相对误差越小，测量准确度越高。因此，选择合适的仪表量程有利于减小误差。对于正向线性刻度的一般电工仪表，选择量程时，应尽量使指针接近满偏，一般使指针指在满度值的 2/3 以上区域。而对于万用表电阻挡等非线性刻度的电工仪表，由于设计或检定仪表时均以中值电阻为基准，故该类仪表选择量程时，应尽可能使表针指在中心位置附近区域，这样准确度最高。

实例 1-1 两个电压的实际值分别为 100 V、50 V；测量值分别为 90 V、40 V。求两次测量的绝对误差、修正值和实际相对误差。

解 U_{1A}=100 V，U_{2A}=50 V，U_{1x}=90 V，U_{2x}=40 V

$\Delta U_1 = U_{1x} - U_{1A} = 90 - 100 = -10$ V

$C_1 = -\Delta U_1 = 10$ V

$\Delta U_2 = U_{2x} - U_{2A} = 40 - 50 = -10$ V

$C_2 = -\Delta U_2 = 10$ V

两者的绝对误差相等，实际相对误差分别为

$$\gamma_{A1} = \frac{\Delta U_1}{U_{1A}} = -\frac{10}{100} \times 100\% = -10\%$$

$$\gamma_{A2} = \frac{\Delta U_2}{U_{2A}} = -\frac{10}{50} \times 100\% = -20\%$$

$|\gamma_{A1}| < |\gamma_{A2}|$，说明第二次测量的测量准确度低于第一次测量。

实例 1-2 已知某被测量电压为 8 V 左右，现有 100 V、1.0 级和 10 V、1.5 级两块电压表，问选用哪块表测量更为合适？

解 判断哪只电压表更合适，即判断哪只表的测量准确度更高。根据式（1-12）有：

$$\gamma_x = \frac{\Delta x}{x} \times 100\% \leq \frac{S \cdot x_m}{x}\%$$

对于 100 V、1.0 级电压表，有：

$$\gamma_{x1} = \frac{\Delta x}{x} \times 100\% \leq \frac{x_m \cdot S}{x}\% = \frac{100 \times 1.0}{8}\% = 12.50\%$$

对于 10 V、1.5 级电压表，有：

$$\gamma_{x2} = \frac{\Delta x}{x} \times 100\% \leq \frac{x_m \cdot S}{x}\% = \frac{10 \times 1.5}{8}\% = 1.875\%$$

显然，应选用 10 V、1.5 级电压表。

由此可见，在测量中，应根据被测量的大小，合理选择仪表量程，并兼顾准确度等级。本题根据一般电工仪表选择量程，应使指针指在满度值的 2/3 以上区域这一规律，也选用 10 V、1.5 级电压表。

1.4 测量结果的表示及数据处理

在电子产品的检验流程中，电气性能的检测是最重要的检验内容，对电参数的测量需要用专门的测量仪器和方法，对测量数据的处理和测量结果的表示也有相应要求。

1. 测量结果的表示

测量结果通常用数字和图形两种形式表示。图形方式表示测量结果时，可以由测量数据绘制图形，也可以是直接显示在仪器屏幕上的图形，如频谱仪的图形显示。此处仅讨论测量结果的数字形式。

用数字形式表示测量结果，可以是一个数据或一组数据。数据由确定的数值（大小及符号）和相应计量单位组成，如 2.50 mA、1 008 kHz。有时为了说明测量结果的可信度，表示测量结果时还注明测量误差范围，如（2.50±0.01）mA、（1 008±1）kHz。表达式为：

$$A = \bar{x} \pm \Delta x$$

式中，$\bar{x}$ 为测量值的算术平均值；Δx 为绝对误差。

2. 有效数字的处理

1）有效数字

一般数据的最后一位是欠准确度的估计字，称为存疑数字。有效数字是指测量数据中，从最左边一位非零数字算起，到含有存疑数字为止的所有数字。如 0.023 4 V，其中"2、3、4"三个数字就是有效数字，最后一位有效数字"4"是估测出来的存疑数字。

在测量过程中，合理地确定有效数字位数，以便正确地写出测量结果。对有效数字应掌握以下内容。

（1）由有效数字推断测量误差。电子测量中，如果未标明测量误差或分辨力，一般规定误差不超过有效数字末位单位的一半（0.5 误差原则），故可从有效数字的位数估计出测量误差。如 1.00 A，其测量误差不超过±0.005 A。

（2）左起第一个非零数字前的"0"，仅用来表示小数点的位置，因此不是有效数字。在两非零数字中间或数据末尾的"0"，都是有效数字。如 0.020 30 V，左边两个 0 不是有效数字，当单位转换成 mV 时就消失了，后边两个 0 是有效数字，该数据有效数据位数四位。

（3）不得在数据后面随意添加或删除"0"，多写则夸大了测量准确度，少写则夸大了误差。如 1.00 A，若写成 1.000 A 或 1.0 A，则表示相应误差极限由±0.005 A 改变成±0.000 5 A 或±0.05 A。

（4）有效数字不因选用的单位变化而变化。如测量结果是 2.0 A，其有效数字为两位。如改成 mA 做单位时，若写成 2 000 mA，则有效数字变成四位，显然发生了错误，应该写成 $2.0×10^3$ mA，这样有效数字仍为两位。

2）数字舍入规则

测量数据中超过保留位数的数字应予以删略。删略原则是"四舍六入五凑偶"法则，具体如下。

（1）删略部分最高位数字大于 5 时，进 1；
（2）删略部分最高位数字小于 5 时，舍去；
（3）删略部分最高位数字等于 5 时，5 后面只要有非零数字则进 1；如果 5 后面全为零或无数字，则采用凑偶法则，若 5 前面为偶数时舍 5 不进，5 前面为奇数时进 1。

实例 1-3 将下列数据保留三位有效数字：34.79、44.713 4、32 000、18.35、18.45、0.003 125。

解 34.79→34.8，44.713 4→44.7，32 000→$3.20×10^4$，18.35→18.4，18.45→18.4，0.003 125→$3.12×10^{-3}$。

3）有效数字位数的取舍

对于带有绝对误差的数字，有效数字的末位应和绝对误差对齐，即两者的欠准数字所在的数字位相同。例如，某电压测量值为 $U=43.852$ V，绝对误差±0.01 V，则根据上述原则，有效位数应保留到小数点后 2 位，测量结果表示为 $U=43.85±0.01$ V。

4）有效数字的近似运算

近似运算中，为了保证最后结果有尽可能高的精度，所有参与运算的数据，在有效数字后可多保留 1 位作为参考数字，又称安全数字。近似运算所遵循的规则如下。

（1）加减运算

在近似数加减运算时，各运算数据以小数位数最少的数据位数为准，其余各数据可多取 1 位小数，但最终结果应与小数位数最少的数据小数位相同。

实例 1-4 求 965.3+4 572.1+5.128+0.457 8=？

解 965.3+4 572.1+5.128+0.457 8=965.3+4 572.1+5.13+0.46=5 542.99≈5 543.0

（2）乘除运算

在近似数乘除运算时，各运算数据以有效位数最少的数据位数为准，其余各数据可多取 1 位有效数字，但最终结果应与有效位数最少的数据位数相同。

实例 1-5 求 789.45×0.45/6.125=？

解 789.45×0.45/6.125=789×0.45/6.12=58.014 7≈58

（3）乘方、开方运算

运算结果比原数多保留一位有效数字。

实例 1-6 求$(34.8)^2=?$，$\sqrt{7.8}=?$

解 $(34.8)^2≈1\ 211$，$\sqrt{7.8}≈2.79$

3. 测量数据的处理

等精度测量获得若干数据后，一般需经数据整理和数据处理，得到最终的测量结果。数据处理应建立在误差分析的基础上，以减小误差对最终结果的影响。

（1）列出测量数据 $x_1, x_2, x_3, \cdots, x_n$。如存在系差则列出修正后的数据。

（2）求测量值的算术平均值：

$$\bar{x}=\frac{1}{n}\sum_{i=1}^{n}x_i$$

（3）求每一次测量值的剩余误差：

$$v_i=x_i-\bar{x}$$

（4）用贝塞尔公式计算标准偏差的估计值$\hat{\sigma}$：

$$\hat{\sigma}=\sqrt{\frac{1}{n-1}\sum_{i=1}^{n}v_i^2}$$

（5）利用莱特准则判别是否存在粗差，根据$|v_i|=|x_i-\bar{x}|>3\hat{\sigma}$，剔除坏值；剔除坏值后再按上述步骤重新计算，直到不存在坏值，并且剔除坏值后的测量次数不少于 10 次，若不满 10 次则重新测量。

（6）求算术平均值的标准偏差估计值：

$$\hat{\sigma}_{\bar{x}}=\hat{\sigma}/\sqrt{n}$$

（7）给出测量结果的表达式：

$$A=\bar{x}\pm 3\hat{\sigma}_{\bar{x}}$$

实例 1-7 下面是某电源适配器空载输出电压的 18 次等精度测量值，数据已修正，单位为 V：16.27、16.28、16.29、16.25、16.06、16.34、16.41、16.40、16.36、16.38、16.21、16.41、16.32、16.42、16.41、16.42、16.43、16.41。试对测量数据进行处理，写出测量结果。

解 按上述测量数据处理步骤进行处理。

（1）将修正后的数据按序列表，见表 1-1。

表 1-1 测量数据的第 1 次处理

i	U_i(V)	v_i(V)	v_i^2(V²)	i	U_i(V)	v_i(V)	v_i^2(V²)
1	16.27	−0.07	0.004 9	10	16.38	0.04	0.001 6
2	16.28	−0.06	0.003 6	11	16.21	−0.13	0.016 9

续表

i	U_i(V)	v_i(V)	v_i^2(V²)	i	U_i(V)	v_i(V)	v_i^2(V²)
3	16.29	-0.05	0.002 5	12	16.41	0.07	0.004 9
4	16.25	-0.09	0.008 1	13	16.32	-0.02	0.000 4
5	16.06	-0.28	0.078 4	14	16.42	0.08	0.006 4
6	16.34	0.00	0.000 0	15	16.41	0.07	0.004 9
7	16.41	0.07	0.004 9	16	16.42	0.08	0.006 4
8	16.40	0.06	0.003 6	17	16.43	0.09	0.008 1
9	16.36	0.02	0.000 4	18	16.41	0.07	0.004 9

（2）求算术平均值：

$$\overline{U} = \frac{1}{18}\sum_{i=1}^{18}U_i = 16.34 \text{ V}$$

（3）求每一次测量值的剩余误差及其平方值：

$$v_i = U_i - \overline{U}$$

将上述三项结果列入表 1-1 中。

（4）计算标准偏差的估计值 $\hat{\sigma}$：

$$\hat{\sigma} = \sqrt{\frac{1}{18-1}\sum_{i=1}^{18}v_i^2} = \sqrt{\frac{0.160\ 9}{17}} = 0.10 \text{ V}$$

（5）按莱特准则 $|v_i|>3\hat{\sigma}$ 判断不存在粗差，没有坏值。

（6）求算术平均值的标准偏差估计值：

$$\hat{\sigma}_{\overline{U}} = \frac{\hat{\sigma}}{\sqrt{n}} = \frac{0.10}{\sqrt{18}} = 0.02 \text{ V}$$

（7）写出测量结果的表达式：

$$U = \overline{U} \pm 3\hat{\sigma}_{\overline{U}} = 16.34 \pm 0.06 \text{ V}$$

1.5 测量用信号源基础

1.5.1 测量用信号源的用途与分类

1. 测量用信号源的用途

测量用信号源又称信号发生器，是最基本和应用最广泛的电子测量仪器之一，它可以产生不同频率、不同波形或调制的电压、电流信号来激励被测电路与设备，用其他测量仪器观察被测对象的输出响应，以分析确定被测对象的性能参数。测量用信号源的用途如图 1-2 所示。除了电子测量上的应用外，信号发生器在其他领域也有广泛应用，如医学上的超声波探伤等。

图 1-2 测量用信号源的用途

测量用信号源的用途一般有以下三个方面。

1) 激励源

用信号源产生的信号作为某些电子设备的激励信号。

2) 信号仿真

利用信号源产生模拟实际环境特性的信号，如干扰信号、噪声信号等，对电子设备进行仿真测量。

3) 校准源

高级信号源产生的一些标准信号，可用于对一般的信号源进行校准或比对。

2. 测量用信号源的分类

信号发生器用途广泛、种类繁多，它分为通用信号发生器和专用信号发生器两大类。专用仪器是为某种专用目的而设计制作的，能够提供特殊的测量信号，如调频立体声信号发生器、电视信号发生器等。通用信号发生器具有广泛而灵活的应用性，可以按以下类别进行分类。

1) 按输出信号波形分类

根据所输出信号波形的不同，信号发生器可分为正弦信号发生器和非正弦信号发生器。非正弦信号发生器又可以分为函数信号发生器、脉冲信号发生器、扫频信号发生器、数字序列信号发生器、噪声信号发生器等。其中，正弦信号发生器在线性电子系统的测试中应用最广；函数信号发生器不仅可以产生多种波形，而且信号的频率范围较宽；脉冲信号发生器主要用来测量数字电路的工作特性和测量模拟电路的瞬态响应。典型信号波形及其主要特性如表 1-2 所示。

表 1-2 典型信号波形及其主要特性

名　　称	波形示意图	主　要　特　性
正弦波信号		正弦波是电子系统中最基本的测试信号，频率从 μHz 至几十 GHz。大多信号源都具备正弦波输出
函数信号		通常包含正弦波、方波、三角波三种，有的还包含锯齿波、脉冲波、梯形波、阶梯波等波形，频率从几 Hz 至上百 MHz
扫频信号		频率可在某区间有规律地扫动，多为用锯齿波进行线性扫频。多数扫频源以正弦波扫频，也有以方波、三角波扫频的。还有非线性的对数扫频
脉冲信号		输出的脉冲信号可按需要设置其重复频率、脉冲宽度、占空比、上升及下降时间等参数。脉冲信号有的还有双脉冲输出
数字序列信号		可按编码要求产生 0/1 逻辑电平（多为 TTL 或 ECL 电平），也称数据发生器、图形或模式发生器。通常是具备多路数字输出的

续表

名　　称	波形示意图	主　要　特　性
噪声信号		提供随机噪声信号，具有很宽的均匀频谱。常用于测量接收机的噪声系数或调到高频、射频载波上作为干扰源
伪随机信号		是一串 0/1 电平随机编码的数字序列信号，因其序列周期相当长（在足够宽的频带内产生相当平坦的离散频谱），故有点类似随机信号
任意波形		能产生任意形状的模拟信号，例如，模仿产生心电图、雷电干扰、机械运动等形状复杂的波形
调制信号		将模拟信号或数字信号调制到射频载波信号上，以便于远程传输。通常调制方式有：调幅、调频、调相、脉冲调制、数字调制等
数字矢量信号		通过正交调制（I-Q 调制），可同时传递幅度和相位信息，故称为数字矢量信号源

2）按输出信号的频率覆盖范围分类

根据输出信号的频率覆盖范围，信号发生器可分为超低频、低频、视频、高频、甚高频、超高频信号发生器。它们的频率范围及应用如表 1-3 所示。其中，超高频信号发生器产生的信号工作在厘米波或更短波长，常被称为微波信号发生器。

表 1-3　各种信号发生器的频率范围及应用

类　　型	频率范围	主要应用
超低频信号发生器	0.000 1～1 000 Hz	电声学、声呐
低频信号发生器	1 Hz～1 MHz	低频电子技术
视频信号发生器	20 Hz～10 MHz	无线电广播
高频信号发生器	200 kHz～30 MHz	高频电子技术
甚高频信号发生器	30～300 MHz	电视、调频广播
超高频信号发生器	300 MHz 以上	雷达、导航、气象

3）按产生频率的方法分类

根据产生频率的方法不同，信号发生器可分为谐振式信号发生器和频率合成式信号发生器两种。传统信号源大都采用谐振法，利用谐振回路产生正弦振荡，并选择所需频率的信号。频率合成式信号发生器由基准频率通过加、减、乘、除组合成一系列频率，随着数字技术的发展，当前的信号发生器大都采用直接数字频率合成技术，即 DDS 技术。

4）按应用领域分类

根据应用领域的不同，信号发生器在广义上分为混合信号发生器和逻辑信号源两大类。混合信号发生器针对模拟信号的应用，又分为任意函数发生器和任意波形发生器。逻辑信号源针对数字信号的应用，又可以分为脉冲发生器和码型发生器。

5）按调制方式分类

按调制方式的不同，信号发生器可分为调频、调幅、调相、脉冲调制等类型。

1.5.2 测量用信号源的主要性能指标

信号源的技术指标主要有频率特性、输出特性、调制特性三大指标。

1. 频率特性

1）有效频率范围

各项指标均能得到保证时的输出频率范围称为信号发生器的有效频率范围。

2）频率准确度

频率准确度是指输出信号频率的实际值 f 与其标称值 f_0 的相对偏差，一般用相对误差表示，其表达式用 a 表示，表达式为：

$$a = \frac{f - f_0}{f_0} \times 100\% = \frac{\Delta f}{f_0} \times 100\% \qquad (1\text{-}13)$$

式中，f 为信号源实际输出的频率，由频率计等其他仪器测得；f_0 是信号源输出信号的标称值，是仪器度盘或数字显示的输出信号频率。

3）频率稳定度

频率稳定度是指在预热后，信号源在规定时间内频率的相对变化，它表征信号源维持工作于某一恒定频率的能力。频率稳定度分为长期稳定度和短期稳定度。频率长期稳定度是指长时间内频率的变化，如 3 h、24 h。频率短期稳定度定义为信号发生器经规定的预热时间后，频率在规定的时间间隔（15 min）内的最大变化，频率短期稳定度 δ 的表达式为：

$$\delta = \frac{f_{\max} - f_{\min}}{f_0} \times 100\% \qquad (1\text{-}14)$$

式中，$f_{\max}$ 和 $f_{\min}$ 分别为信号频率在任意 15 min 时间间隔内的最大值和最小值；f_0 为被测信号频率的标称值。频率长期稳定度计算公式与式（1-14）类似。

2. 输出特性

信号发生器的输出特性指标一般包括输出电平范围、输出电平的频率响应、输出电平准确度、输出阻抗以及输出信号的频谱纯度等。

1）输出电平范围

输出电平范围是指信号源输出信号幅度的有效范围，即最大电平与最小电平间的可调范围。输出电平幅度可用电压（V、mV、μV）和分贝（dB）两种方法表示。

2）输出电平的频率响应

输出电平的频率响应即输出信号的平坦度，指在有效频率范围内调节频率时，输出电平的变化程度。现代信号发生器一般都有自动电平控制电路（ALC），可使输出信号的平坦度保持在±1 dB 以内，即幅度波动控制在±10% 以内。

项目1 简单电子产品的性能测试

3）输出电平准确度

输出电平准确度一般由电压表刻度、输出衰减器换挡误差、0 dB 准确度和输出电平平坦度几项指标综合而成，另外温度和供电电源波动也会导致输出电平的变化。

4）输出阻抗

信号发生器的输出阻抗视信号发生器类型不同而不同。低频信号发生器的电压输出端一般为 600 Ω或 1 kΩ，功率输出端根据输出匹配变压器的设计而定，通常有 50 Ω、75 Ω、150 Ω、600 Ω和 5 kΩ等。高频信号发生器一般只有 50 Ω或 75 Ω两种不平衡输出，故使用高频信号发生器时，要注意阻抗的匹配。因为信号发生器输出电压的读数是在匹配负载的条件下标定的，若负载与信号源输出阻抗不匹配，则信号源输出电压的读数是不准确的。

5）输出信号的频谱纯度

输出信号的频谱纯度反映输出信号波形接近理想波形的程度。由于非线性失真、噪声等原因，使得正弦信号发生器的输出信号并不是单一频率的信号，还含有谐波等其他成分，即频谱不纯。表征正弦信号频谱纯度的性能指标为谐波失真度，即非线性失真度。谐波失真度可用失真度测试仪和频谱分析仪测量，详见项目2和项目4。

3. 调制特性

1）调制类型

高频信号发生器在输出正弦波的同时，一般还能输出调幅波（AM）和调频波（FM），有的还有脉冲调制（PM）等功能。这类带有输出已调波功能的信号发生器是测试无线电收发设备不可缺少的仪器。

2）调制信号

当调制信号由信号发生器内部产生时，称为内调制；当调制信号由外部加到信号发生器进行调制时，称为外调制。调制信号的频率可以是固定的，也可以是连续调节的。

3）调制特性

高频信号发生器的调制特性包括调制方式、调制频率、调制系数以及调制线性等。其中调制系数的有效范围指信号源的各项指标都能得到保证的调制系数范围。调幅波的调制系数范围一般为 0%～80%，调频波的最大频偏不小于 75 kHz。

1.6 信号发生器与仪器应用

1.6.1 正弦信号发生器

下面介绍几种传统的常用模拟信号发生器，这些仪器是由单元模拟电路为主组成的，与合成信号发生器在实现方式上有本质区别。这类仪器性能指标不是很高，但性价比较高，能满足一般试验测试要求，在模拟电子系统的设计、测试和维修中获得广泛应用。

正弦信号输入线性系统后，经线性系统运行后，其输出不受线性系统的影响，输出仍为正弦波，只是幅度和相位可能会有所变化。故正弦信号发生器在线性测试系统中应用十分广泛。模拟正弦信号发生器又分为低频信号发生器、高频信号发生器。

1. 正弦信号发生器（模拟）的一般组成

不同类型的正弦信号发生器的组成各不相同，但基本组成相似，其结构框图如图 1-3 所示。一般包括主振器、变换器、输出电路、指示器及电源五部分，如果正弦信号发生器产生的是调制信号，则还有一个调制器。

图 1-3 正弦信号发生器基本框图

1）主振器

主振器是信号发生器的核心部分，它产生不同频率的自激信号。信号发生器的工作频率范围、频率稳定度等特性主要取决于主振器的特性，频谱纯度、调制特性等也在很大程度上由主振器的工作特性决定。

2）变换器

变换器实现对主振信号的放大、整形及调制。它可以是电压放大器、功率放大器或调制器（高频信号发生器）等。

3）输出电路

输出电路的基本任务是调节输出信号的电平和变换输出阻抗，以提高输出电路带负载能力。它可以是衰减器、跟随器以及匹配变压器等。

4）指示器

指示器用来监测输出信号的电平、频率、功率及调制度等，因此它可能是电压表、频率计、功率计或调制度表。测试者可以通过指示器的信息，来调整输出信号的参数。必须指出，指示器的准确度一般不高，其示值仅供参考。

5）电源

电源通常是将工频交流电（市电）经过变压、整流、滤波、稳压后得到的直流电，为信号源各部分提供工作电源。

2. 低频信号发生器

低频信号发生器用来产生频率范围为 1 Hz～1 MHz 的低频正弦信号，兼有方波、三角波等及其他波形信号。频率范围为 20 Hz～20 kHz 时，称为音频信号发生器。它是一种多功能、宽量程的电子仪器，在低频电路测试中应用比较广泛，还可以为高频信号发生器提供外部调制信号。

1）低频信号发生器的组成

低频信号发生器根据振荡信号产生方式有波段式和差频式两种。

波段式信号发生器的组成框图如图 1-4（a）所示，输出频率由主振器决定，这种信号发生器带负载能力强，但是每个波段的频率覆盖系数（即最高频率与最低频率之比）只有 10 左右，要覆盖 1 Hz～1 MHz 的频率范围，至少需要五个波段。

差频式信号发生器的组成框图如图 1-4（b）所示，由可变频率振荡器 f_1 和固定频率振荡器 f_2 通过混频器产生两者差频，得到所需要的低频信号。依据图中的举例数据，f_1、f_2 都是兆赫兹数量级,但混频出的频率为几百赫兹到几兆赫兹的覆盖范围。故这种信号发生器频率覆盖范围大,频率连续可调,但缺点是对两个振荡器的频率稳定性要求很高,两个振荡器应远离整流管、功率管等发热元件,彼此分开,并良好屏蔽。

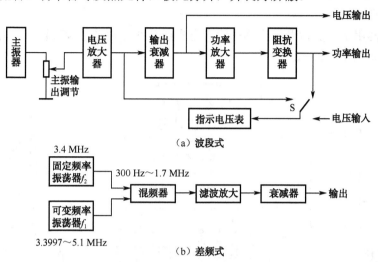

图 1-4 低频信号发生器的组成框图

下面以波段式低频信号发生器为例,简要说明各组成部分的特点及作用。

(1)主振器

低频信号发生器主振器大多采用 RC 文氏桥式振荡器,如图 1-5(a)所示。RC 文氏桥式振荡器实际上是一个电压反馈振荡器,它以运算放大器 A 为核心器件,附带一个具有选频功能的正反馈支路和一个具有稳幅作用的负反馈支路。该振荡器具有频率稳定,易于调节,输出波形失真小,振幅稳定等特点。主振器产生与低频信号发生器频率一致的低频正弦信号。实际电路常取 $R_1 = R_2 = R$,$C_1 = C_2 = C$,这样 RC 文氏桥式振荡器的振荡频率取决于 R、C,其表达式为:

$$f_0 = \frac{1}{2\pi RC} \tag{1-15}$$

电路频率的调节是通过改变电桥电路的阻值和容值实现的,用波段开关改变 R_1、R_2 进行频率粗调,改变 C_1、C_2 实现频率微调。文氏电桥振荡器实际电路如图 1-5(b)所示。

那么,为何不用 LC 振荡器呢?这是因为 LC 振荡器的振荡频率取决于下式

$$f_0 = \frac{1}{2\pi\sqrt{LC}}$$

当频率较低时,L、C 的数值较大,相应的体积、重量也相当大,分布电容、漏电导等也都很大,品质因数 Q 较小,谐振特性变坏,频率调节也困难。而 RC 振荡器中,频率降低,增大电阻容易做到,而且功耗也可减小。

(2)电压放大器

电压放大器的作用是对振荡器产生的微弱信号进行放大,并把后级电路以及负载和振荡器隔离开来,防止后级电路对振荡信号的频率产生影响。为了使主振输出调节电位器的阻值变化不影响电压放大倍数,要求电压放大器的输入阻抗较高。为了在调节输出衰减器

时不影响电压放大器,要求电压放大器的输出阻抗低,有一定的带负载能力。为了适应信号发生器宽频带等的要求,电压放大器应具有宽的频带、小的谐波失真和稳定的工作性能。所以一般采用射极跟随器或运放组成的电压跟随器。

(3) 输出衰减器

输出衰减器用于改变信号发生器的输出电压或功率,由连续调节和步进调节组成。常用的输出衰减器原理图如图 1-6 所示。

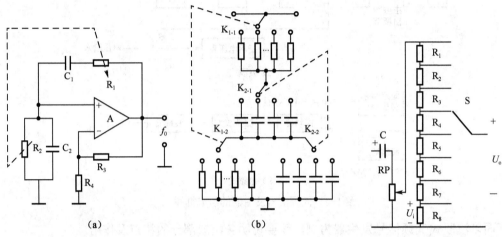

图 1-5　文氏电桥振荡器原理图　　　　图 1-6　常用输出衰减器原理图

图中电位器 RP 为连续调节器(细调),电阻 $R_1 \sim R_8$ 与开关 S 构成步进调节器(粗调)。调节 RP 或变换开关 S 的挡位可以改变信号发生器的输出电压或功率。步进衰减量一般用 U_o/U_i 的分贝值来表示,即 $20\lg(U_o/U_i)$,单位为 dB(分贝)。

衰减分贝数(dB)与衰减倍数的关系见表 1-4。

表 1-4　衰减分贝数(dB)与衰减倍数的关系

衰减分贝数(dB)	10	20	30	40	50	60	70	80	90
电压衰减倍数	3.16	10	31.6	100	316	1 000	3 160	10 000	31 600

实际输出电压应是电压表指示的电压值被衰减的分贝数相对应的倍数来除所得到的结果。

实例 1-8　将 XD22A 型低频信号发生器的"输出衰减"旋钮置于 50 dB 时,指示电压表的读数为 6 V,这时的实际输出电压是多少?

解　查表 1-6,可知 50 dB 所对应的倍数为 316,故实际输出电压为:
$$U = 6/316 = 18.99 \text{ mV}$$

(4) 功率放大器及阻抗变换器

功率放大器用来对衰减器输出的电压信号进行功率放大,使信号发生器达到额定功率输出。

为了能实现与不同负载匹配,功率放大器之后与阻抗变换器相接,这样可以得到失真小的波形和最大的功率输出。阻抗变换器只有在要求功率输出时才使用,电压输出时只需衰减器。

(5) 指示电压表

指示电压表用来指示电压放大器或功率放大器的输出电压幅度，或对外部输入电压进行测量。它一般接在输出衰减器之前，经过衰减的输出电压应根据电压表读数和衰减量进行计算。

2) 低频信号发生器的主要性能指标

通用低频信号发生器的一般性能指标有：

（1）频率范围：一般为 20 Hz～1 MHz，且连续可调。
（2）频率准确度：≤±（1～3）%。
（3）频率稳定度：一般为（0.1～0.4）%/h。
（4）输出电压：0～10 V 连续可调。
（5）输出功率：0.5～5 W 连续可调。
（6）非线性失真范围：（0.1～1）%。
（7）输出阻抗：50 Ω、75 Ω、150 Ω、600 Ω、5 kΩ等几种。
（8）输出形式：平衡输出与不平衡输出。

实训 1　XD2 型低频信号发生器的使用

低频信号发生器的型号众多，且向数字化方向发展。现以采用前述工作原理实现功能的传统 XD2 型低频信号发生器为例，介绍低频信号发生器的使用方法。

1. 面板

XD2 型低频信号发生器前面板示意图如图 1-7 所示，包括电源开关及指示灯、表头、熔丝、阻尼（快、慢）、频率范围和频率调节、输出衰减和输出细调以及输出端子。

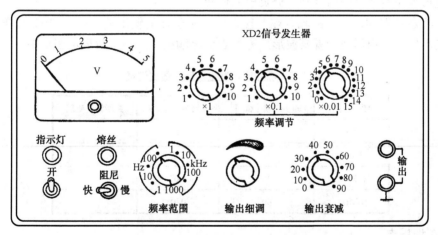

图 1-7　XD2 型低频信号发生器前面板示意图

2. 主要性能指标

XD2 型低频信号发生器的主要性能指标如下。

（1）频率范围：一般为 1 Hz～1 MHz，分为六个波段。
（2）频率准确度：±（1～3）%。

(3) 频率稳定度：一般为（0.1～0.4）%/h。

(4) 输出电压：0～5 V 连续可调。

(5) 输出功率：0.5～5 W 连续可调。

(6) 非线性失真范围：(0.1～1)%。

3. 实训目的

(1) 熟悉 XD2 型低频信号发生器的面板及其操作方法。

(2) 掌握用 XD2 型低频信号发生器产生低频正弦波信号的方法。

4. 实训器材

XD2 型低频信号发生器 1 台；示波器 1 台；交流毫伏表 1 台。

5. 实训内容及步骤

(1) 将仪器面板上的"输出细调"旋钮逆时针方向旋到底，接通电源，预热 3～5 min，最好 20 min 以上。

(2) 选择频率：根据所使用的频率范围，把"频率范围"开关拨在所需频率范围挡。然后再用面板上边的三个"频率调节"旋钮"×1"、"×0.1"和"×0.01"，按照十进制原则细调到所需的频率。例如，"频率范围"开关位于"100～1 000 kHz"位置，"频率调节"的"×1"指向"4"，"×0.1"指向"6"，"×0.01"指向"5"，则信号发生器输出的频率为 465 kHz。

(3) 调节输出电压：调节面板"输出衰减"波段开关和"输出细调"电位器，即可在"输出端"得到所需的输出电压。"0"dB 时，输出电压在 1～5 V 范围，可从电压表中直接读出。除"0"以外的其他衰减位置时，输出电压小于 1 V，实际输出的电压为电压表指示值再缩小所选"输出衰减"分贝值的倍数。

(4) 将示波器和毫伏表的输入端并接在信号发生器的输出端。按表 1-5 设置信号发生器的输出信号，用示波器观察波形，毫伏表监测输出电压，将数据填在表中。

表 1-5 低频信号发生器使用数据记录

频　　率	输出衰减（dB）	输出电压（V）	实际输出电压
250 Hz	0	1	
1 kHz	0	0.5	
465 kHz	20	0.03	
1 MHz	40	0.01	

6. 实训报告

(1) 记录实训步骤和实训结果，分析所得数据的正确性。

(2) 记录过程中遇到的问题，分析原因和写出解决方法。

7. 思考题

XD2 型低频信号发生器的操作顺序是怎样的？

3. 高频信号发生器

高频信号发生器和甚高频信号发生器统称为高频信号发生器，也称射频信号发生器。高频信号发生器主要用来向各种高频电子设备和电路提供高频信号能量或高频标准信号，以便测试设备电气性能。高频信号发生器因其所产生的信号的特性，应采取严密的屏蔽措施，以保证仪器内部信号不对外泄漏，同时保证外部信号对内部不产生干扰。

1）高频信号发生器的组成

高频信号发生器的组成框图如图 1-8 所示，主要包括主振级、缓冲级、调制级、输出级、衰减器、内调制振荡器、调频器等部分。

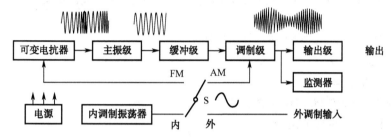

图 1-8 高频信号发生器的组成框图

（1）主振级

主振级是信号发生器的核心，通常是 LC 振荡电路，用于产生高频振荡信号。这种振荡器可调频率范围宽、频率准确度高、稳定度好。主振级的输出信号经缓冲后送到调制级进行幅度调制和放大，然后再送至输出级输出，进而保证有一定的输出电平调节范围。主振级电路结构简单，输出功率不大，一般在几到几十毫瓦的范围内。

（2）缓冲级

缓冲级主要起阻抗变换的作用，用来隔离调制级对主振级产生的不良影响，以保证主振级稳定工作。否则，由于调制级输入阻抗不高且在调幅过程中不断变化，而使主振级振荡频率不稳定并产生寄生调频。

（3）调制级

为了测试各种接收机的灵敏度和选择性等性能指标，必须用已调制正弦信号作为测试信号，这个任务在调制级中完成。调制的方式主要有调幅、调频和脉冲调制。调幅多用于 100 kHz～35 MHz 的高频信号发生器中，一般采用正弦调制。调频主要用于 30～1 000 MHz 信号发生器中，还有线性扫描。脉冲调制多用于 300 MHz 以上的微波信号源中。

（4）可变电抗器

可变电抗器与主振级的谐振回路相耦合，在调制信号作用下，控制谐振回路电抗的变化而实现调频。

（5）内调制振荡器

内调制振荡器用于为调制级提供频率为 400 Hz 或 1 kHz 的内调制正弦信号，该方式称为内调制。当调制信号由外部电路提供时，称为外调制。

（6）输出级

输出级可进一步控制输出电压的幅度，使最小输出电压达到 μV 数量级。且保证输出电平的调节范围宽，衰减量应能准确读数，有良好的频率特性，在输出端有准确且固定的输出阻抗。输出级主要由放大器、滤波器、输出微调器、输出倍乘器、衰减器、阻抗匹配等组成。

（7）监测器

监测器用以监测输出信号的载波幅度和调制系数。

（8）电源

电源用来供给各部分所需要的电压和电流。

2）高频信号发生器的主要性能指标

高频信号发生器能输出调幅信号、调频信号、音频信号、射频信号，有的高频信号发生器具有立体声调制功能、FSK 特性、PSK 特性和频率扫描特性。高频信号发生器的一般性能指标如下。

（1）频率范围：0.1～150 MHz，分多波段。

（2）音频内调制信号

① 调幅内调制信号：

音频频率：400/1 000 Hz 可选；

载频范围：0.1～150 MHz；

调制深度：0%～100%（50 Ω 终端负载）；

调幅指示准确度：≤±5%±2 个字（正弦波）。

② 调频内调制信号：

音频频率：400/1 000 Hz 可选；

载频范围：2～150 MHz；

最大调频频偏：≤载频频率的 10%；

调频指示准确度：≤±5%±2 个字（正弦波）。

③ 立体声内调制：

调制信号频率：左（L）、右（R）、左+右（L+R）；

载频范围：2～150 MHz。

④ 立体声调制隔离度：≥30 dB。

⑤ 调频信噪比：≥60 dB。

⑥ 内音频输出：1 000 Hz（0～6$V_{p\text{-}p}$ 可调）失真≤0.1%。

⑦ 外调制输入：幅度：0～6$V_{p\text{-}p}$。

频率：AM 20 Hz～10 kHz；FM 20 Hz～100 kHz。

（3）射频信号

① 输出幅度：不小于 50 mV_{rms}。

② 幅频特性：≤1.5 dB（0.1～150 MHz）。

③ 频率稳定度：优于 5×10^{-5}。

实训 2   AS1051S 型高频信号发生器的使用

高频信号发生器型号众多，但基本使用方法是类似的。下面以 AS1051S 型高频信号发生器为例，介绍高频信号发生器的使用，实物图如图 1-9 所示。

1. 面板

AS1051S型高频信号发生器前面板示意图如图1-10（a）所示，具体内容如下。

① 电源开关（左边有电源指示灯）。
② 音频输出幅度调节。
③ 频率调节。
④ 音频输出高、中、低开关。
⑤ 音频输出插座。
⑥ 高频输出插座。
⑦ 高频输出调节。
⑧ 高频输出高、低开关。
⑨ 立体声发生器调制选择：左（L）、右（R）、左+右（L+R）。
⑩ 频段选择开关。
⑪ 高频发生器的调频频宽调节。
⑫ 高频发生器的调幅、载频（等幅）、调频选择开关。
⑬ 频率调谐指针。
⑭ 频率刻度。

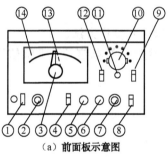

图1-9 AS1051S实物图

AS1051S型高频信号发生器后面板示意图如图1-10（b）所示，具体内容如下。

⑮ 外调左（L）输入插孔。
⑯ 外调右（R）输入插孔。
⑰ 外调高频输入插孔。
⑱ 电源输入插座。
⑲ 熔丝座。
⑳ 导频输出插座。

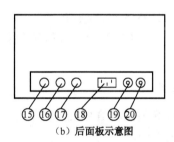

（a）前面板示意图　　　　（b）后面板示意图

图1-10 AS1051S型高频信号发生器

2. 主要性能指标

AS1051S型高频信号发生器由音频信号发生器、调频调幅高频信号发生器、调频立体声信号发生器、频段选择开关、各种功能开关和稳压电源等组成，能输出高频等幅波、调幅波、调频波，以及音频信号等，具有外调制输入功能。

1）调频立体声信号

工作频率：88～108 MHz±1%。
导频频率：19 kHz±1 Hz。
1 kHz内调制方式：左（L）、右（R）和左+右（L+R）。
外调输入：输入的信号源内阻小于600 Ω，输入幅度约15 mV。

输入插孔：左（L）声道输入和右（R）声道输入。

高频输出：不小于 50 mV 有效值，分高、低挡输出连续调节。

2）调频、调幅高频信号

工作频率：100 kHz～150 MHz 分六个频段，具体各频段误差见表 1-6。

高频输出幅频特性：0.1～30 MHz±1 dB 内；30～150 MHz±1.5 dB 内。

1 kHz 内调制方式：调幅、载频（等幅）和调频。

外调输入：输入信号的输出阻抗小于 600 Ω，输入幅度小于 2.5 V。

高频输出：不小于 50 mV 有效值，分高、低挡输出连续调节。

表 1-6　AS1051S 频率范围及误差

频段	频率范围（MHz）	频率刻度误差（%）
2	0.1～0.33	2
3	0.32～1.06	2
4	1～3.5	2
5	3.3～11	3
6	10～37	3
7	34～150	5

3）音频信号

工作频率：1 kHz±10%。

失真度：<1%。

音频输出：最大 2.5 V 有效值，分高、中、低三挡输出连续可调，最小可达微伏数量级。

3. 实训目的

（1）熟悉 AS1051S 型高频信号发生器的面板及其操作方法。

（2）掌握用 AS1051S 型高频信号发生器产生高频等幅信号、调幅信号、调频信号、音频信号。

4. 实训器材

（1）AS1051S 型高频信号发生器 1 台。

（2）示波器 1 台。

（3）交流毫伏表 1 台。

5. 实训内容及步骤

1）测试前准备

开启电源开关使指示灯发亮，预热 3～5 min。

2）输出音频信号

将频段选择开关置于"1"，调制开关置于"CW"（载频-等幅），示波器和交流毫伏表并联接在高频信号发生器的音频输出插座。选择高频信号发生器信号幅度开关"高、中、低"挡。低挡调节范围自微伏到 2 mV，中挡自毫伏到几十毫伏；高挡自几十毫伏到 2.5 V。示波器用来观察波形，将交流毫伏表所测数据填在表 1-7 中。

3）输出调频、调幅高频信号

示波器的输入端接高频信号发生器的高频输出插座。将高频信号发生器频段选择开关按需置于选定频段，调制开关根据需要选择 AM（调幅）或 FM（调频）。高频信号输出幅度由仪器右下方的电平选择开关决定，有 H（高）、L（低）两种选择，高频信号由高频输出插座输出。根据表 1-8 设置具体参数，用示波器观察信号波形。

表 1-7 输出音频信号数据记录

音频信号幅度开关	输出电压幅度
高挡	
中挡	
低挡	

表 1-8 输出调幅、调频信号时的仪器设置

	载波频率	信号幅度		载波频率	信号幅度
调幅 （AM）	2 MHz	H	调频 （FM）	2 MHz	H
	2 MHz	L		2 MHz	L
	15 MHz	H		15 MHz	H
	15 MHz	L		15 MHz	L

6. 实训报告

（1）记录实训步骤和实训结果，分析所得数据的正确性。

（2）记录过程中遇到的问题，分析原因和写出解决方法。

7. 思考题

调幅信号和调频信号各有什么特点？

1.6.2 脉冲信号发生器

脉冲信号发生器用于产生频率、脉宽和幅度可调的脉冲信号，广泛应用于测试校准脉冲设备和宽带设备。如测试视频放大器的振幅特性、过渡特性，逻辑器件的开关速度，门电路的延迟时间，以及电子示波器的检定等都需要脉冲信号发生器提供测试信号。脉冲信号发生器是时域测量的重要仪器。

1. 矩形脉冲信号参数

脉冲信号发生器通常以矩形窄脉冲为标准信号输出，矩形窄脉冲主要有单脉冲和双脉冲两种。图 1-11 为矩形单脉冲信号及其参数，图中各参数如下：

（1）脉冲周期 T：周期性脉冲相邻两脉冲相同位置之间的时间间隔。

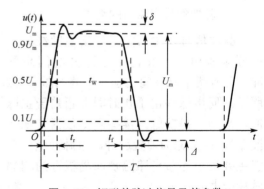

图 1-11 矩形单脉冲信号及其参数

(2) 脉冲重复频率 f：每秒内脉冲出现的个数，即脉冲周期的倒数。

(3) 脉冲幅度 U_m：脉冲底部到顶部之间的电压值。

(4) 脉冲宽度 t_w 或 τ：脉冲信号前、后沿 $50\%U_m$ 处的时间间隔。

(5) 脉冲占空比 τ/T：脉冲宽度 τ 与脉冲周期 T 的比值，又称占空系数。

(6) 脉冲上升时间 t_r：电压从 $10\%U_m$ 上升到 $90\%U_m$ 所用时间，又称脉冲前沿。

(7) 脉冲下降时间 t_f：电压从 $90\%U_m$ 下降到 $10\%U_m$ 所用时间，又称脉冲后沿。

(8) 上冲量 δ：上升超过 $100\%U_m$ 部分的幅度。

(9) 反冲量 Δ：下降到零以下的幅度。

2. 脉冲信号发生器的分类

按照用途和产生脉冲方式的不同，脉冲信号发生器分为通用脉冲信号发生器、快沿脉冲信号发生器、数字可编程脉冲信号发生器和特种脉冲信号发生器等。

1）通用脉冲信号源

通用脉冲信号源是最常用的脉冲信号源，其输出脉冲信号的频率、幅度、延迟时间等在一定范围内连续可调，输出脉冲一般都有正、负两种极性。有些产品还具有前后沿可调、双脉冲、群脉冲、闸门、外触发，以及单次触发等功能。

2）快沿脉冲信号源

快沿脉冲信号源以快速前沿为特征，主要用于各类电路瞬态特性测试，如测试示波器的瞬态响应，数字通信、雷达测试等场合。

3）数字可编程脉冲信号源

数字可编程脉冲信号源是伴随集成电路技术、微处理器技术发展而产生的新型脉冲与数字信号源。它输出格式化的数字信号波形，并一般带有通用接口总线（General Purpose Interface Bus，GPIB）接口，实现可编程控制功能。

4）特种脉冲信号源

特种脉冲信号源指具有特殊用途、对某些性能指标有特定要求的脉冲信号源，如功率脉冲源和数字序列脉冲源。

3. 脉冲信号发生器的组成

脉冲信号发生器除了输出主脉冲外，还要求输出一个超前于主脉冲的同步脉冲，而且两个脉冲间的延时可调如图 1-12 所示。同步脉冲由于在时间上超前于主脉冲，能用于提前触发某些观测仪器（如示波器），故又称为前置脉冲。双脉冲输出功能主要用于测量电路分辨间隔极近的相邻脉冲能力。

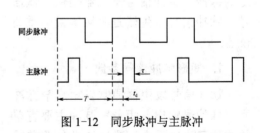

图 1-12 同步脉冲与主脉冲

脉冲信号发生器的基本组成框图如图 1-13 所示，主要包括主振级、延迟级、脉冲形成级、整形级与输出级等部分。

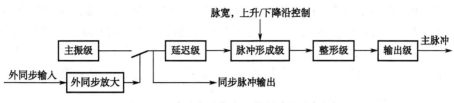

图 1-13 脉冲信号发生器的基本组成框图

1）主振级

主振级通常采用自激多谐振荡器、晶体管振荡器或锁相振荡器产生矩形波，作为下级的触发信号。对主振级的要求是频率稳定，幅度足够，对输出信号的前、后沿等参量要求不高。也可以不使用仪器内部的主振级，而是由外部信号经同步放大后作为延迟级的触发信号。同步放大电路将各种不同波形、幅度、极性的外同步信号转换成能触发延迟级正常工作的触发信号。

2）延迟级

主振级输出未经延时的同步脉冲，经延迟级延时后形成主脉冲。延迟电路通常由单稳态电路和微分电路组成。延迟时间 t_d 可以通过脉冲信号发生器的面板旋钮调节。

3）脉冲形成级

脉冲形成级是脉冲信号源的中心环节，产生稳定性较高、宽度准确且可调、波形良好的矩形脉冲。脉冲形成级通常由单稳态触发器等脉冲电路组成。

4）整形级与输出级

整形级与输出级一般由放大、限幅电路组成。整形级进行电压放大，输出级进行功率放大，以保证输出的主脉冲幅度可调、极性可切换，并且有良好的前、后沿等。

目前，脉冲信号发生器的功能很多都融合到其他信号源内，独立的脉冲信号发生器生产不多。

1.6.3 函数信号发生器

函数信号发生器是一种产生正弦波、方波、三角波等函数波形的仪器，其频率范围为几 mHz～几十 MHz，由于其输出波形均可用数学函数描述，故称为函数信号发生器。函数信号发生器一般具有调频、调幅等调制功能和压控频率（VCF）特性，被广泛应用于要求不高的生产测试、仪器维修等工作中。除作为正弦信号源使用外，还可以用来产生各种电路和机电设备的瞬态特性、数字电路的逻辑功能、压控振荡器及锁相环的性能。

函数信号发生器的构成方式很多，通常以某种波形为第一波形，由主振器产生此波形，然后利用第一波形经变换得到其他波形。根据主振器的性质和特点，函数信号发生器可以分为三种类型：正弦式、三角式和脉冲式。下面简要介绍它们的工作原理，重点介绍脉冲式函数信号发生器。

1. 函数信号发生器的工作原理

1）正弦式函数信号发生器

正弦式函数信号发生器是先产生正弦波，再得到方波和三角波，经缓冲放大器输出所需信号，其基本组成框图如图 1-14 所示。正弦波发生器产生正弦波，一路送至放大器输出正弦波，另一路经微分电路产生尖脉冲，用脉冲触发施密特触发器形成方波，方波形成电路输出两路信号，一路送缓冲放大器，经放大后输出方波，另一路作为积分器的输入信号，经密勒积分器将方波变换为三角波，经放大后输出。三个波形的输出由放大器中的选择开关控制。

2）三角式函数信号发生器

三角式函数信号发生器是先产生三角波，再变换为方波和正弦波，经缓冲放大器输出所需信号，其基本组成框图如图 1-15 所示。在实际电路中，方波形成电路和三角波形成电路是一体的，方波形成电路是三角波形成电路的组成部分。

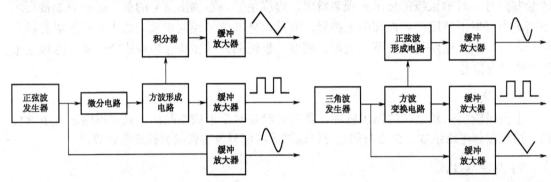

图 1-14 正弦式函数信号发生器基本组成框图　　图 1-15 三角式函数信号发生器基本组成框图

3）脉冲式函数信号发生器

（1）组成

脉冲式函数信号发生器是先产生方波，再变换为三角波和正弦波，经缓冲放大器输出所需信号，其基本组成框图如图 1-16 所示。在内触发或外触发脉冲的作用下，触发施密特触发器产生方波，积分器将方波积分形成三角波，正弦波转换电路将三角波转换成正弦波。

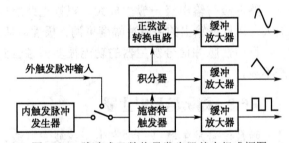

图 1-16 脉冲式函数信号发生器基本组成框图

（2）典型电路

① 方波—三角波形成电路：双稳态触发器通常采用施密特触发器，积分器采用密勒积分器。电路无独立主振器，由施密特触发器、密勒积分器、比较器组成的闭合回路构成自激振荡器，产生方波和三角波。

如图 1-17（a）所示，假设开关 S_1 悬空，当双稳态触发器输出 $u_1 = U_1$ 为高电平时，积分器输出 u_2 将开始线性下降。当 u_2 下降到等于参考电平 $-U_r$ 时，比较器使双稳态触发器翻转，u_1 由 U_1 变为 $-U_1$，同时，u_2 将开始以与下降相等的速率线性上升。当 u_2 上升到等于参考电平 U_r 时，双稳态触发器又翻转回去，完成一个循环周期。如图 1-17（b）所示，不断重复上述过程，即得到方波 u_1、三角波 u_2，以及由 u_2 经过正弦波成形电路变换成的正弦波。三种波形再经过输出级放大即可在输出端得到所需的波形。图 1-17（a）中 A、B 点波形极性相反。

如果 S_1 与 VD_1 相接，当触发器输出为 u_1 时，VD_1 导通，电阻 R_3 被短路，积分器很快下降，当下降到 $-U_r$ 时，触发电路翻转，触发器输出为 $-U_1$，VD_1 截止，R_3 接入电路，积分器输出缓慢上升，形成正向锯齿波 $u_2(t)$，触发器输出为矩形波 $u_1(t)$，如图 1-17（c）所示。如果 S_1 与 VD_2 相接，将得到反向锯齿波和极性相反的矩形波。如果再用电位器代替 R_3，调整该电位器可以改变矩形波占空比，占空比为脉宽与周期之比。

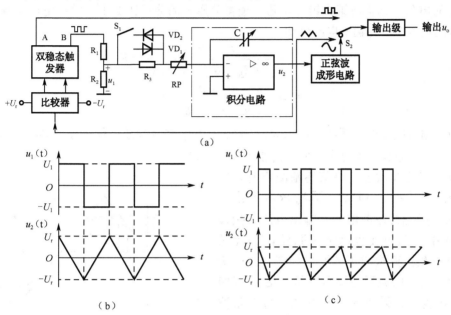

图 1-17 三角波-方波形成电路

② 正弦波形成电路：正弦波形成电路用于将三角波变换成正弦波，比较典型的电路是二极管网络变换电路，如图 1-18 所示。图中二极管和电阻构成三角波的"限幅"电路，实际上是一个由三角波的电压控制的可变分压器。

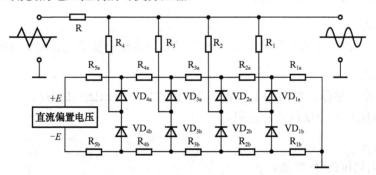

图 1-18 正弦波形成电路

在三角波的正半周，当 u_i 的瞬时值很小时，所有二极管都因被偏置电压 $+E$ 和 $-E$ 钳位而截止，输入的三角波经电阻 R 直接输出到输出端，$u_o = u_i$，输出波形与输入波形一致。

当三角波的瞬时电压 u_i 上升到 U_1 时，二极管 VD_{1a} 导通，电阻 R、R_1、R_{1a} 组成第一级分压器，输入三角波通过该分压器分压后传送到输出端，输出电压比输入电压低。此时的输入电压与输出电压分别为

$$U_i = U_1 = \frac{R_{1a}}{R_{1a}+R_{2a}+R_{3a}+R_{4a}+R_{5a}} \times E$$

$$U_O = \frac{R_1 + R_{1a}}{R + R_1 + R_{1a}} \times U_i$$

当三角波的瞬时电压 u_i 上升到 U_2 时，二极管 VD_{2a} 导通，电阻 R_2、R_{2a} 接入，与第一级分压器的电阻一起构成第二级分压器，使得分压器的分压比更小，输出电压衰减幅度更大。此时的输入电压与输出电压分别为

$$U_i = U_2 = \frac{R_{1a}+R_{2a}}{R_{1a}+R_{2a}+R_{3a}+R_{4a}+R_{5a}} \times E$$

$$U_O = \frac{R_2 + R_{1a}+R_{2a}}{R + R_2 + R_{1a}+R_{2a}} \times U_i$$

随着三角波幅度的不断增大，二极管 VD_{3a}、VD_{4a} 依次导通，使得分压器的分压比逐渐减小，输出电压衰减幅度更大，使三角波趋于正弦波。

同理，当三角波自正峰值逐渐减小时，二极管 VD_{4a}、VD_{3a}、VD_{2a}、VD_{1a} 依次截止，分压器的分压比又逐渐增大，输出电压衰减幅度依次变小，三角波也趋于正弦波，如此循环，最终三角波变换成正弦波，如图 1-19 所示。图 1-18 中的波形变换网络是利用 4 级网络、16 条线段，采用逼近的方法，将三角波变换为正弦波。网络的级数越多，逼近的效果越好。

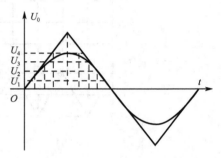

图 1-19 正弦波形成电路波形图

2. 函数信号发生器的主要性能指标

函数信号发生器的性能指标有：

1）输出波形

有正弦波、方波、三角波和脉冲等，具有 TTL 同步输出及单次脉冲输出等。

2）频率范围

一般分为若干频段，如 1~10 Hz、10~100 Hz、100 Hz~1 kHz、1~10 kHz、10~100 kHz、100 kHz~1 MHz 等六个波段。

3）输出电压

一般指输出电压的峰-峰值。

4）输出阻抗

函数波形输出，输出阻抗为 500 Ω；TTL 同步输出，输出阻抗为 600 Ω。

5）波形特性

正弦波形特性一般用非线性失真系数表示，一般要求≤3%；三角波形特性用非线性系数表示，一般要求≤2%；方波的特性参数是上升时间，一般要求≤100 ns。

实训 3　EE1641B1 型函数信号发生器的使用

下面以 EE1641B1 型函数信号发生器为例，介绍函数信号发生器的使用方法。

1. 面板

EE1641B1 型函数信号发生器面板图如图 1-20 所示，现将各部分简要介绍如下。

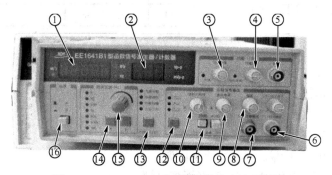

图 1-20　EE1641B1 型函数信号发生器面板图

① 频率显示窗口：显示输出信号的频率或外测频信号的频率。

② 幅度显示窗口：显示函数输出信号的幅度（50 Ω负载时的峰-峰值）。

③ 扫描宽度调节旋钮：调节此旋钮可以改变内扫描的扫频范围，在外测频时，逆时针旋到底（绿灯亮），外输入被测信号经过滤波器进入测量系统。

④ 扫描速率调节旋钮：调节此旋钮可以改变内扫描的时间长短。在外测频时，逆时针旋到底（绿灯亮），外输入被测信号经过衰减"20 dB"后进入测量系统。

⑤ 外部输入插座：外扫描控制信号或外测频信号由此输入。

⑥ TTL 信号输出端：输出标准的 TTL 幅度的脉冲信号，输出阻抗为 600 Ω。

⑦ 函数信号输出端：输出多种波形受控的函数信号，最大输出幅度 20 V_{p-p}（1 MΩ负载），10 V_{p-p}（50 Ω负载）。

⑧ 函数信号输出幅度调节旋钮：调节范围为 20 dB。

⑨ 输出函数信号的直流电平预置调节旋钮：调节范围为-5～+5 V（50 Ω负载）。当电位器处在"关"的位置时，为 0 电平。

⑩ 输出波形对称性调节旋钮：调节此旋钮可改变输出信号的对称性。当电位器处于关的位置时，输出对称信号。

⑪ 函数信号输出幅度衰减开关："20 dB"、"40 dB"两键均不按下，输出信号不衰减，直接输出到插座口。按下"20 dB"或"40 dB"键，则可选择 20 dB 或 40 dB 衰减。若上述两键同时按下，则衰减 60 dB。

⑫ 函数输出波形选择按钮：可选择输出正弦波、三角波或脉冲波。

⑬ "扫描/计数"按钮：可选择多种扫描方式和外测频方式。

⑭ 频率范围选择按钮：选择输出信号频率的范围。

⑮ 频率调节按钮：在选定的范围内调节输出信号频率。

⑯ 电源开关：此键按下时，接通电源，整机工作。此键释放，关掉整机电源。

2. 主要性能指标

（1）输出频率

0.2 Hz～15 MHz（正弦波），按十进制共分八挡，如表1-9所示。

表1-9　EE1641B1型函数信号发生器输出频率分挡情况

刻度	频率范围	刻度	频率范围
×1	0.2～2 Hz	×10 k	2～20 kHz
×10	2～20 Hz	×100 k	20～200 kHz
×100	20～200 Hz	×1 M	200 kHz～2 MHz
×1 k	200～2 kHz	×10 M	2～15 MHz

（2）输出阻抗

函数输出：50 Ω；TTL输出：600 Ω。

（3）输出信号波形

函数输出（对称或非对称输出）：正弦波、三角波、方波。

TTL输出：矩形波。

（4）输出信号幅度

函数输出：不衰减：（1～10 V_{p-p}）±10%连续可调。

衰减20 dB：（0.1～1 V_{p-p}）±10%连续可调。

衰减40 dB：（10～100 mV_{p-p}）±10%连续可调。

将20 dB与40 dB两个按钮同时按下时其衰减为60 dB。

TTL输出："0"电平≤0.8 V，"1"电平≥1.8 V（负载电阻≥600 Ω）。

（5）函数输出信号直流电平偏移（offset）调节范围

关断或（-5～+5 V）±10%（50 Ω负载）。

关断位置时输出信号的直流电平<0±0.1 V，负载电阻≥1 MΩ时，调节范围为（-10～+10 V）±10%。

（6）函数输出信号衰减

0 dB、20 dB、40 dB。

（7）输出信号类别

单频信号、扫频信号、调频信号（受外控）。

（8）函数信号输出非对称性（占空比）调节范围

关断或20%～80%（"关断"位置时输出波形为对称波形，误差≤2%）。

（9）扫描方式

内扫描方式：线性或对数。外扫描方式：由VCF输入信号决定。

（10）内扫描特性

扫描时间：（10 ms～5 s）±10%。扫描宽度：>1个频程。

（11）外扫描特性

输入阻抗约100 kΩ。输入信号幅度：0～2 V。输入信号周期：10 ns～5 s。

（12）输出信号特性

正弦波失真度：<1%。

三角波线性度：>99%（输出幅度的10%～90%区域）。

脉冲波上升沿、下降沿时间（输出幅度的10%～90%）：≤30 ns。

脉冲波的上升、下降沿过冲：≤5%V_0（50 Ω负载）。

测试条件：输出幅度5 V_{p-p}，频率10 kHz，直流电平调节为"关断"位置，对称性调节为"关"位置，整机预热 10 min。

(13) 输出信号频率稳定度

±0.1%/min，测试条件同上。

(14) 幅度显示

显示位数：三位（小数点自动定位）。

显示单位：V_{p-p} 或 mV_{p-p}。

显示误差：V_o±20%±1 个字（V_o 为输出信号的峰-峰值，负载电阻为 50 Ω；负载电阻 ≥1 MΩ时 V_o 读数需×2）。

分辨力（50 Ω负载）：0.1 V_{p-p}（衰减 0 dB）；10 mV_{p-p}（衰减 20 dB）；1 mV_{p-p}（衰减 40 dB）。

(15) 频率显示

显示范围：0.200 Hz～20 000 kHz。

显示有效位数：五位（10 000～20 000 kHz）。

四位（1 000～9 999 kHz）。

三位（5.00～9.99）×10^n Hz。

3. 实训目的

(1) 熟悉 EE1642B1 型函数信号发生器的面板装置及其操作方法。

(2) 掌握用 EE1642B1 型函数信号发生器产生正弦波、三角波或脉冲波的方法。

4. 实训器材

(1) EE1641B1 型函数信号发生器 2 台。

(2) 示波器 1 台。

(3) 交流毫伏表 1 台。

5. 实训内容及步骤

1）输出函数信号

示波器和交流毫伏表并联接在信号源的函数信号输出端（50 Ω）。根据表 1-10，选定输出波形的种类、输出信号的频段，由频率调节旋钮调整输出信号频率到所需值，由信号幅度衰减器按钮和幅度调节旋钮调节输出信号的幅度，由示波器监测波形形状，由毫伏表监测输出电压。

表 1-10 EE1641B1 型函数信号发生器函数输出面板设置

波形	频率	幅度	衰减（dB）	直流量	占空比（%）
正弦波	100 Hz	1 V_{p-p}	0	0	0
	1 kHz	2 V_{p-p}	0	+1V	0
三角波	10 kHz	2.5 V_{p-p}	20	0	0
	125 kHz	180 mV_{p-p}	40	0	30
脉冲波	500 kHz	100 mV_{p-p}	40	0	0
	10 MHz	50 mV_{p-p}	60	0	70

在上述波形正常输出的情况下,加入直流量和占空比,在示波器上观察信号的变化。由信号直流电平调节旋钮调整输出信号的直流电平。调节占空比旋钮可改变输出脉冲信号的占空比,可使三角波变为锯齿波,正弦波变为上升半周和下降半周分别为不同角频率的正弦波形。

2) TTL 脉冲信号输出

示波器和毫伏表接信号源 TTL 脉冲信号输出端。调节信号频率为 1 kHz、100 kHz、1 MHz,观察信号波形。

3) 外测频功能

将"扫描/计数"按钮选定为"外部计数方式"。将另一台信号源的函数信号引入此函数信号发生器的外部输入插座。此时,该函数信号发生器相当于频率计,测量外加信号的频率。

6. 实训报告

(1) 记录实训步骤和实训结果,分析所得数据的正确性。

(2) 记录过程中遇到的问题,分析原因和写出解决方法。

7. 思考题

什么是信号的占空比?调节信号发生器的占空比旋钮,对于正弦波、三角波、方波分别会产生什么效果?

1.6.4 合成信号发生器

1. 频率合成技术的分类与性能指标

现代测量和现代通信技术,对信号源频率的准确度和稳定度的要求越来越高。信号源输出频率的准确度和稳定度在很大程度上由主振器的输出频率性能决定。LC 或 RC 振荡器的频率稳定度只能达到 $10^{-3} \sim 10^{-4}$ 量级,而晶体振荡器的稳定度优于 $10^{-6} \sim 10^{-8}$ 量级,但晶体振荡器只能产生一个固定的频率。采用频率合成技术,可获得大量稳定的信号频率。

频率合成技术是对一个或多个高稳定度的基准频率,进行频率的加、减(混频)、乘(倍频)、除(分频)运算,从而合成所需的一系列频率。通过合成产生的各种频率信号,其频率稳定度可以达到与基准频率源相同的量级。

1) 频率合成方法的分类

频率合成方法可以分为直接模拟频率合成法、间接频率合成法、直接数字频率合成法三种。

(1) 直接模拟频率合成法

早期的频率合成是直接利用倍频器、分频器、混频器及滤波器等模拟电路来合成所需的频率。直接模拟频率合成法的优点是工作可靠,频率切换速度快,相位噪声低。但它需要大量的倍频器、分频器、混频器,以及可调的窄带滤波器,难于集成,体积庞大,价格昂贵。

(2) 间接频率合成法

间接频率合成法即锁相频率合成法。锁相环(PLL)能把压控振荡器(VCO)的输出频率锁定在基准频率上，锁相频率合成法是通过不同形式的锁相环，从一个基准频率合成出所需的各种频率。由于锁相频率合成的输出频率间接取自 VCO，所以该方式也称间接频率合成法。

锁相环路本身相当于一个窄带跟踪滤波器，它代替了大量的可调窄带滤波器，简化了结构，且易于集成和计算机控制。不足之处是它的频率切换时间相对较长，相位噪声大。

（3）直接数字频率合成法

直接数字频率合成法是近几年发展出来的一种新的频率合成法，又称 DDS 或 DDFS（Direct Digital Frequency Synthesis），是从相位概念出发，直接合成所需波形的一种全数字式的频率合成技术。它利用相位累加器提供一定增量的地址，去读取数据存储器中的正弦采样值，再经 D/A 转换得到一定频率的正弦信号。该方法不仅可以直接产生正弦信号的频率，而且还可以给出初相位，甚至可以给出不同形状的任意波形，这是前两种方法无法实现的。

直接数字频率合成法具有频率切换速度快、频率分辨率高、频率和相位易于程控等一系列优点，随着大规模集成电路的迅速发展，这种合成法的应用前景广泛。

2）频率合成技术的主要性能指标

频率合成技术的主要性能指标包括频率范围、频率间隔、频率准确度、频率转换时间、频率稳定度、频谱纯度等。

（1）频率范围：指频率合成过程中输出的最低频率和最高频率之间的变化范围，包括中心频率和带宽两个方面。频率范围也可用覆盖系数 k 来表示，k 为最高频率和最低频率之比。

（2）频率间隔：频率合成过程中输出频率是不连续的，两个相邻频率之间的最小间隔就是频率间隔。频率间隔又称频率分辨力。不同用途的频率合成，对频率分辨力的要求不同。

（3）频率转换时间：指频率合成过程中输出频率由某一个频率转换到另一个频率，并达到稳定所需要的时间。频率转换时间与所采用的频率合成方式密切相关。

（4）频率准确度和频率稳定度：频率准确度指频率合成过程中工作频率偏离规定频率的数值，即频率误差。频率稳定度指在规定时间间隔内，输出频率偏离标定值的数值，分为长期稳定度、短期稳定度和瞬时稳定度。

（5）频谱纯度：指输出信号接近理想标准信号的程度，一般用杂散分量和相位噪声来衡量。杂散分量又称寄生信号，分为谐波分量和非谐波分量两种，主要由频率合成过程中的非线性失真产生。相位噪声实际是指正弦信号频率的短期稳定性，是衡量输出信号相位抖动大小的参数。

2. 频率合成方法的原理

1）固定频率合成法

直接模拟频率合成法常见的电路形式有固定频率合成法、可变频率合成法。固定频率合成法的原理框图如图 1-21 所示。

图 1-21 固定频率合成法的原理框图

石英晶体振荡器提供基准频率，经分频器、倍频器后输出所需信号频率。输出频率为：

$$f_o = \frac{N}{D} f_r$$

式中，D 和 N 均为给定的正整数，而输出频率为固定值，所以称为固定频率合成法。

2）可变频率合成法

可变频率合成法的原理框图如图 1-22 所示。它可以根据需要选择各种输出频率。本图中可输出频率为 5.937 MHz 的信号。工作时，晶振产生 1 MHz 的基准信号，经谐波发生器产生相关的 1 MHz，2 MHz，…，9 MHz 等基准频率，然后通过多级十进制分频器、混频器的运算，最后产生 5.937 MHz 的输出信号。可见，只要选取不同挡的谐波进行组合，就能获得所需高稳定度的频率信号。

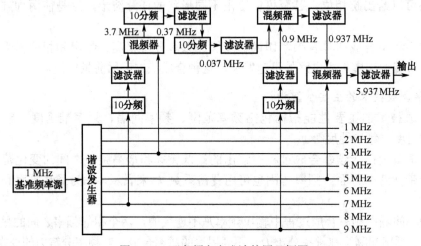

图 1-22 可变频率合成法的原理框图

由于频率合成器中只有一个 1 MHz 的基准频率，其他频率都是通过谐波发生器分频得到的一组组相干的频率，因此，这种频率合成器称为相干式频率合成器。

用多个石英晶体振荡器产生多个基准频率，再对这些基准频率通过混频等运算产生输出信号的频率合成器称为非相干式频率合成器。

3）间接频率合成法

锁相频率合成器的原理框图如图 1-23 所示。石英晶体振荡器提供基准频率源 f_r，参考分频器将基准频率源经 N 分频后送入鉴相器，而压控振荡器输出的频率经分频器 D 分频后也送入鉴相器，鉴相器将这两个信号的相位差以电压形式输给环路滤波器，滤除高频分量和噪声后，送压控振荡器，压控振荡器根据输入电压大小，改变输出信号的频率，完成窄带频率跟踪功能。

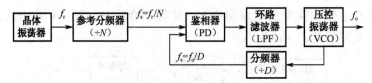

图 1-23 锁相频率合成器的原理框图

4）直接数字频率合成法

直接数字频率合成法（DDS）的基本原理框图如图 1-24 所示。电路由相位累加器、只读存储器、数模转换器 DAC 及低通滤波器组成。

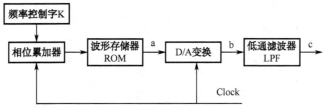

图 1-24　直接数字频率合成法的基本原理框图

以合成正弦波为例，幅值表 ROM 中存有正弦波的幅值码，相位累加器在时钟 Clock 的触发下，对频率控制字 K 进行累加，相位累加器输出的相位序列（即相码）作为地址去寻址 ROM，得到一系列离散的幅度编码（即幅码）。该幅码经过 DAC 变换后得到模拟的阶梯电压，再经过低通滤波器平滑后，即得到所需的正弦信号。当地址发生器从零开始计数到计满回零为止，表示一个完整的周期波形已经输出，如此不断重复进行，便可得到连续的波形信号。一般将相位累加器和 ROM 合称为数控振荡器（NCO）。合成正弦波时，图 1-24（a）、(b)、(c) 三处波形如图 1-25 所示。

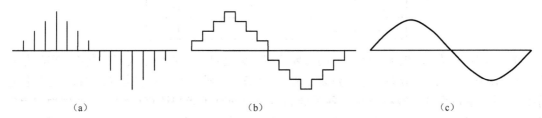

图 1-25　直接数字频率合成正弦波过程图

在正弦信号的一个周期（360°）内，按相位划分为若干等份 $\Delta\phi$，将各相位所对应的幅值按二进制编码存入 ROM 中。设 $\Delta\phi = 6°$，则一个周期共有 60 等份。由于正弦波对 180° 为奇对称，对 90° 和 270° 为偶对称，因此 ROM 中只需存储 0°～90° 范围的幅值码。若以 $\Delta\phi = 6°$ 计算，在 0°～90° 之间共有 15 等份，其幅值在 ROM 中占 16 个地址单元。又因为 $2^4 = 16$，所以可按 4 位地址码对 ROM 进行寻址。现设幅值码为 5 位，则在 0°～90° 范围内的编码关系如表 1-11 所示。

由此可知，直接数字频率合成的信号，其输出波形取决于波形存储器存放的数据。因此，只需将要产生的任意波形数据存入存储器中，即可产生所需的任意波形。

3. 任意波形发生器

许多应用及研究领域，不但需要一些规则的信号，同时还需要一些不规则信号用于系统特性的研究，如某些电子设备的性能指标测试、系统中各种瞬变波形和电子设备中出现的各种干扰的模拟研究，以及自然界中的雷电、地震等无规律现象的研究。一般的信号源只能提供单一的正弦波或脉冲波，多波形函数信号发生器也只能提供几种规则波形，不能提供不规则波形，甚至任意波形。

表 1-11　正弦信号相位与幅度的关系

地址码	相位	幅度（满度值为1）	幅值编码
0000	0°	0.000	00000
0001	6°	0.105	00011
0010	12°	0.207	00111
0011	18°	0.309	01010
0100	24°	0.406	01101
0101	30°	0.500	10000
0110	36°	0.588	10011
0111	42°	0.669	10101
1000	48°	0.743	11000
1001	54°	0.809	11010
1010	60°	0.866	11100
1011	66°	0.914	11101
1100	72°	0.951	11110
1101	78°	0.978	11111
1110	84°	0.994	11111
1111	90°	1.000	11111

直接数字频率合成技术（DDS）的重要特点，就是可以产生任意波形。利用 DDS 技术设计的 DDS 信号源，分为任意波形发生器（AWG）或任意函数发生器（AFG）。这类仪器不仅可以产生可变频的载频信号、各种调制信号，同时还能和计算机配合，产生用户自定义的有限带宽的任意信号。DDS 信号源以其突出的优越性能，已成为现代电子测量中应用最广泛的信号源。

1）任意波形发生器的功能

任意波形发生器的主要功能包括以下几方面。

（1）函数发生功能

任意波形发生器能替代函数发生器提供正弦波、方波、三角波、锯齿波等波形，还具有各种调制和扫频能力。利用任意波形发生器的这一基础功能就能满足一般实验的信号需求。

（2）任意波形生成

由于各种干扰的存在以及环境的变化，实际电路中往往存在各种缺陷信号和瞬变信号，例如过脉冲、尖峰脉冲、阻尼瞬变信号、频率突变信号等。任意波形发生器的一个重要功能就是产生这类波形信号，提供给待检测的设备或电路系统，以检测电子或芯片系统的实际性能。

（3）信号还原功能

军事、航空等领域，电路设计完成之后，需要做实验验证，而有些实验的成本很高或者风险性很大，如飞机试飞时发动机的运行情况。此时，可以利用任意波形发生器的信号还原功能，将现实环境下的各种不确定的信号采集下来，并通过计算机收集后发送给任意波形发生器存储，利用任意波形发生器不断地重复产生各种条件下无法预知或较难把握到的信号波形，模拟相同的条件与环境，为电路的测试和验证提供稳定的信号源。

2）任意波形的产生方法

任意波形信号源的核心是 RAM 中的波形数据，首先需要把欲产生的波形数据装入 RAM 中，即可产生相应的信号波形。装入波形数据的方法有：

（1）表格作图法

将波形画在小方格纸上，如图 1-26 所示。纵坐标按幅度相对值进行二进制数量化，横坐标按时间间隔编制地址，然后制成对应的数据表格，按序放入 RAM 中。对常用的标准波形，可将数据固化于 ROM 或存入非易失性 RAM 中，以便反复使用。

若用计算机配有的电子绘图板、手写板等工具直接绘出所需波形存入波形存储器中，则更方便快捷。

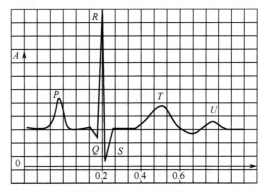

图 1-26 表格作图法示意图

（2）用数学表达式

对能用数学方程描述的波形，先将其方程（算法）存入计算机中，使用时，再输入方程中的有关参量，计算机经过计算后提供波形数据；也可用多个表达式分段连接成一个组合的波形。

（3）复制法

复制法是指将其他仪器（如数据采集器、数字示波器、X-Y 绘图仪等）获得的波形数据通过微机系统总线传输给波形数据存储器。该法适用于已采集的信号波形。有的任意波形发生器已配备了下载波形的相应软件，可以方便地复制各种波形。这为存储和再现自然界中的无规律信号提供了可能。

3）任意波形信号源的主要技术指标

（1）任意波形长度或波形存储器容量

因为任意波形信号源的波形实质上是由许多样点拼凑出来的，样点多则可拼凑较长的波形，所以用点数来表示波形长度。

波形存储器容量亦称波形存储器深度，是指每个通道能存储的最大点数。容量越大，存储的点数越多，表示波形随时间变化的内容越丰富，当然存储器的成本也相应提高。

（2）采样率

任意波形发生器的采样率是指 D/A 转换器从波形存储器中读取数据的时钟频率。目前，任意波形发生器的采样率为 10~300 MSa/s，有的甚至达 2 GSa/s（Sa/s 为每秒采集点数）。

注意，任意波形发生器的采样率并非 A/D 转换器所指的对信号波形采集的速率，而是指从波形存储器中抽取样点的速度。

（3）幅度分辨率

幅度分辨率为任意波形发生器能表现幅度细小变化的能力，它主要取决于 D/A 转换器的位数，因此不少厂家直接以 D/A 转换器的位数作为幅度分辨率的指标。但是由于其他因素的影响，实际幅度分辨率往往略低于 D/A 转换器位数。

（4）通道数

由于多通道输出更容易表现复杂波形间的相关关系，因此任意波形发生器大多采用两通道或多通道输出。例如，两路输出可以表现一组正交的信号波形，或表现发射出的雷达信号及接收到的反射波。若要表现地震波传送至不同位置的信号波形，鉴于各信号之间的幅度、相位甚至波形都发生了变化，需要多路任意波形发生器来模拟地震信号波形。

另外，任意波形发生器还有时钟准确度和稳定度、噪声系数、非线性失真、接口总线等技术指标。

实训 4　SDG1005 函数/任意波形发生器的使用

SDG1005 函数/任意波形发生器采用直接数字合成（DDS）技术，双通道输出；能输出 5 种标准波形，内置 48 种任意波形；具有 AM、FM、PM、DSB-AM、FSK、ASK、PWM、Sweep、Burst，以及输出线性/对数扫描和脉冲串波形等多种调制功能；具有波形输出，同步信号输出，外接调制源，外接基准 10 MHz 时钟源，外触发输入等多种输入/输出功能；具有独特的通道耦合和通道复制功能；内置高精度、宽频带频率计；配置标准接口，支持 U 盘存储和软件升级；可选配 GPIB 接口，可与 SDS1000 系列数字示波器无缝互连；配置功能强大的任意波编辑软件，支持远程命令控制。

1. 前面板

SDG1005 函数/任意波形发生器的前面板包括 LCD 显示屏、参数操作键、波形选择键、数字键盘、模式/功能键、方向键、旋钮和通道选择键等，如图 1-27 所示。各按键功能说明如下。

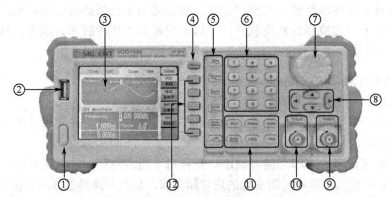

图 1-27　SDG1005 函数/任意波形发生器前面板

① 电源键：开启/关闭仪器。
② USB 接口：用于外接 USB 设备。
③ LCD 显示屏：3.5 英寸 TFT-LCD。
④ 通道切换键：用于切换两个通道。
⑤ 波形选择键：用于选择波形类型。

⑥ 数字键：用于键入值和参数，常与方向键和可调旋钮一起使用。

⑦ 可调旋钮：用于编辑值和参数。

⑧ 方向键：当编辑参数时，可用于选择数字。

⑨ CH1：用于打开或关闭 CH1 波形输出。

⑩ CH2：用于打开或关闭 CH2 波形输出。

⑪ 模式/辅助功能：用于设定模式，设置辅助功能。

⑫ 菜单键：位于 LCD 屏右侧，用于激活 LCD 屏上菜单的功能。

2. 后面板

SDG1005 函数/任意波形发生器的后面板提供多种接口，包括 10MHz 参考输入和同步输出接口、USB Device、电源插口和专用的接地端子，如图 1-28 所示，具体功能如下。

① 10 MHz 时钟输入接口。　　　② 同步输出接口。
③ 专用的接地端子。　　　　　　④ 调制输入接口。
⑤【EXTTrig/Gate/Fsk/Burst】接口。　⑥ USB Device 接口。
⑦ 电源插口。

3. 显示界面

SDG1005 函数/任意波形发生器的常规显示界面如图 1-29 所示，主要包括通道显示区、波形显示区、参数显示区和操作菜单区。

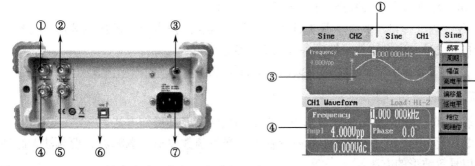

图 1-28　SDG1005 函数/任意波形发生器后面板　　图 1-29　SDG1005 函数/任意波形发生器的常规显示界面

① 通道显示区。

② 操作菜单区。

③ 波形显示区。

④ 参数显示区。

在操作菜单区，通过数字键、旋钮、方向键和对应的功能键来选择需要更改的参数，如频率/周期、幅值/高电平、偏移/低电平、相位等来输出所需要的波形。

4. 主要性能特点

（1）输出最高频率：5 MHz。

（2）输出通道数：2。

（3）波形：正弦波、方波、三角波、脉冲波、高斯白噪声、任意波，内置 48 种任意函数波形；任意波编辑软件提供 9 种标准波形：Sine、Square、Ramp、Pulse、ExpRise、

ExpFall、Sinc、Noise 和 DC，可满足最基本的需求；提供手动绘制、点点之间的连线绘制、任意点编辑的绘制方式等多种编辑波形方式，使创建复杂波形轻而易举。

（4）采样率：125 MSa/s。

（5）任意波长度：16 kpts。

（6）垂直分辨率：14 bits。

（7）频率特性：

　　正弦波：1 μHz～5 MHz；

　　方波：1 μHz～5 MHz；

　　脉冲波：1 μHz～5 MHz；

　　锯齿波/三角波：1 μHz～300 kHz；

　　高斯白噪声：5 MHz 带宽（-3 dB）；

　　任意波：1 μHz～5 MHz。

（8）频率分辨率：1 μHz。

（9）调制功能：AM、FM、PM、DSB-AM、FSK、ASK、PWM、Sweep、Burst。

（10）频率计：测量范围 100 mHz～200 MHz。频率计的设置分为自动和手动两种方式。

（11）标准接口：USB Host & Device，支持 U 盘存储和软件升级。

（12）选配接口：GPIB（IEEE-488）。

（13）可选配高精度时钟基准（1 ppm 和 10 ppm）。

（14）仪器内部提供 10 个非易失性存储空间以存储用户自定义的任意波形。支持远程命令控制，通过上位机软件可编辑和存储更多任意波形。

（15）支持中英文菜单显示及中英文嵌入式帮助系统。

5. 实训目的

（1）熟悉 SDG1005 函数/任意波形发生器的面板装置及其操作方法。

（2）掌握用 SDG1005 函数/任意波形发生器产生函数波形、调幅波、调频波、脉冲串、噪声信号等波形的方法。

6. 实训器材

（1）SDG1005 函数/任意波形发生器 1 台。

（2）示波器 1 台。

7. 实训内容及步骤

1）基本操作

（1）输出正弦波：按 Sine 键，通过菜单键、数字键、旋钮、方向键等，设置频率/周期、幅值/高电平、偏移量/低电平、相位，可以得到不同参数的正弦波。按表 1-12 设置仪器，用示波器观察波形。

（2）输出方波：按 Square 键，通过菜单键、数字键、旋钮、方向键等，设置频率/周期、幅值/高电平、偏移量/低电平、相位、占空比，可以得到不同参数的方波。按表 1-12 设置仪器，用示波器观察波形。

表 1-12　SDG1005 函数/任意波形发生器信号输出设置

波形	频率	幅度（V$_{p-p}$）	偏移量（V）	相位（°）	占空比（%）	延时（s）
正弦波	100 Hz	1	0	30	—	
	1 kHz	2	+1	0	—	
三角波	10 kHz	2.5	0	45		
	125 kHz	3	0	0	30	
方波	500 kHz	5	0	0	50	
	10 MHz	6	0	0	70	
脉冲波	50 kHz	4	0	0	脉宽 10 μs	20 ns
噪声信号	—	4	0	—		

（3）输出三角波（锯齿波）：按 Ramp 键，通过菜单键、数字键、旋钮、方向键等，设置频率/周期、幅值/高电平、偏移量/低电平、相位、对称性，可以得到不同参数的三角波（锯齿波）。按表 1-12 设置仪器，用示波器观察波形。

（4）输出脉冲波：按 Pulse 键，通过菜单键、数字键、旋钮、方向键等，设置频率/周期、幅值/高电平、偏移量/低电平、脉宽/占空比、延时，可以得到不同参数的脉冲波。按表 1-12 设置仪器，用示波器观察波形。

（5）输出噪声信号：按 Noise 键，通过菜单键、数字键、旋钮、方向键等，设置幅值/高电平、偏移量/低电平，可以得到不同参数的噪声波。按表 1-12 设置仪器，用示波器观察波形。

2）拓展操作

（1）输出任意波信号：按 Arb 键，通过菜单键、数字键、旋钮、方向键等，设置频率/周期、幅值/高电平、偏移量/低电平、相位，可以得到不同参数的任意波。还可在仪器内部存储器中对任意波进行编辑波形和装载波形操作。

（2）按照仪器使用说明书的操作，输出 SDG1005 函数/任意波形发生器存储的任意波形，如频率为 5 MHz、幅度为 2 V$_{rms}$、偏移量为 1 V$_{dc}$ 的 Sinc 波形（注意：不是 Sine 波形）。用示波器观察波形。

（3）输出线性扫描波形：按照仪器使用说明书的操作，输出一个 2~10 kHz 的扫频正弦波，采用内部扫描触发方式，线性扫描时间为 2 s。用示波器观察波形。

（4）输出脉冲串波形：按照仪器使用说明书的操作，使用内部脉冲源和 0° 的起始相位，输出一个循环数为 5、脉冲串周期为 3 ms 和延迟时间 500 μs 的脉冲串波形。用示波器观察波形。

（5）输出 AM 调制波形：按照仪器使用说明书的操作，输出一个载波频率为 10 kHz、幅度为 5 V$_{p-p}$，调制波频率为 200 Hz 的 AM 波形，调制深度为 80%。载波和调制波形均为正弦波。用示波器观察波形。

（6）输出 FM 调制波形：按照仪器使用说明书的操作，输出一个载波频率为 10 kHz、幅度为 5 V$_{p-p}$，调制波频率为 1 Hz 的 FM 波形，频偏为 2 kHz。载波和调制波形均为正弦波。用示波器观察波形。

（7）存储/读取操作：按 Store/Recall 键，可进入存储和调出操作菜单。对 SDG1000 系列函数/任意波形发生器内部的状态文件和数据文件进行保存和读取，并支持 U 盘存储。请操作存储现有波形数据，并存入 U 盘。

8. 思考题

任意波形发生器和函数信号发生器比较，功能上有哪些不同？

1.7 示波测试与仪器应用

1.7.1 示波器的分类与性能指标

示波技术是一种波形显示技术，它能够将人眼看不到的电信号转变成可视图形显现出来。示波器是示波技术的典型仪器，图 1-30 是各种示波器显示的实际信号波形。示波器表征测试信号随时间变化的过程，通过波形可以实现电压、周期、频率、时间、相位等基本参量的测量，以及脉冲信号的脉宽、前后沿、占空比等参量的测试。

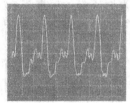
（a）钢琴音乐波形
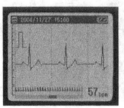
（b）心电图波形
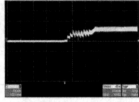
（c）电动车窗软启动电流波形
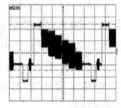
（d）全电视信号波形

图 1-30 示波技术展示

同时，示波测试技术还是其他多种电量和非电量测试的基本技术。如医疗仪器、勘测设备、频域测试仪器、数据域测试仪器等都需要把被测量显示出来。因此，示波测试技术成为一种最灵活、多用的综合性技术。示波器是当前电子测量领域中品种最多、数量最大、最常用的一种仪器。

1. 示波器的分类

从示波器的性能和结构出发，可将示波器分为模拟示波器、数字示波器、混合示波器和专用示波器。

1) 模拟示波器

（1）通用示波器

通用示波器采用单束示波管，有单踪型和多踪型，能够定性、定量地观测信号，是最常用的示波器。单踪示波器在荧光屏上只能显示一个信号的波形，多踪示波器是采用单束示波管并带有电子开关的示波器，它能同时观测几路信号的波形及其参数，或对两个以上的信号进行比较。

（2）多束示波器

多束示波器又称为多线示波器，它采用多束示波管。与通用示波器的叠加或交替显示多个波形不同，其屏上显示的每个波形都由单独的电子束产生，能同时观测、比较两个以

项目1　简单电子产品的性能测试

上的波形。

(3) 取样示波器

取样示波器根据取样原理将高频信号和超高频信号转换为低频离散信号，然后再用通用示波器原理显示其波形。这样，被测信号的周期被大大展宽，便于观察信号的细节部分，常用于观测 300 MHz 以上的高频信号及脉冲宽度为纳秒级的窄脉冲信号。目前已被数字存储示波器或数字取样示波器所取代。

2) 数字示波器

(1) 数字存储示波器 (DSO)

数字存储示波器 DSO (Digital Storage Oscilloscope) 能将电信号经过数字化及后置处理后再重建波形，具有记忆、存储被观测信号的功能，可以用来观测和比较单次过程和非周期现象、低频和慢速信号，以及在不同时间或不同地点观测到的信号。它往往还具有丰富的波形运算能力，如加、减、乘、除、峰值、平均、内插、FFT、滤波等，并可方便地与计算机及其他数字化仪器交换数据。

(2) 数字荧光示波器 (DPO)

数字荧光示波器 DPO (Digital Phosphor Oscilloscope) 采用先进的数字荧光技术，能够通过多层次辉度或彩色显示长时间信号，具有传统模拟示波器和现代数字存储示波器的双重特点。

3) 混合示波器 (MSO)

混合示波器 MSO (Mixed Signal Oscilloscope) 是把数字示波器对信号细节的分析能力和逻辑分析仪对多通道的定时测量能力组合在一起的仪器。

4) 专用示波器

不属于以上几类、能满足特殊用途的示波器称为专用示波器或特殊示波器。如监测和调试电视系统的电视示波器、主要用于调试彩色电视中有关色度信号幅度和相位的矢量示波器、医学上的心电仪等。

2. 示波器的主要性能指标

模拟示波器和数字示波器对于波形显示部分的相关性能指标相似，主要有以下几个方面。

1) 频带宽度 BW 和上升时间 t_r

示波器的频带宽度 BW 简称带宽，指示波器所能准确测量的频率范围。一般指 Y 通道输入信号上、下限频率 f_H、f_L 之差，即 $BW=f_H-f_L$。一般示波器的下限频率 f_L 可达直流 (0 Hz)，因此频带宽度可用上限频率 f_H 来表示。

上升时间 t_{r0} 是输入一个理想阶跃信号（上升时间为零）时，显示波形从稳定幅度的 10% 上升到 90% 所需的时间。上升时间 t_{r0} 与频带宽度 BW 有关，两者标志了示波器的最高响应能力。频带宽度 BW 与上升时间 t_{r0} 的关系可近似表示为：

$$BW \cdot t_{r0} \approx 0.35$$

2) 扫描速度

扫描速度是指荧光屏上单位时间内光点水平移动的距离，单位为"cm/s"。荧光屏上通常用间隔 1 cm 的坐标线作为刻度线，每 1 cm 称为 1 格，用"div"表示。因此扫描速度的单位也可表示为"div/s"。扫描速度越快，显示的波形越宽，反之，越窄。

扫描速度的倒数称"时基因数"，它表示单位距离代表的时间，单位为"t/cm"或"t/div"，时间 t 可为μs、ms 或 s，在通用示波器的面板上，通常按"1、2、5"的顺序分成很多挡。面板上还有时基因数的"微调"和"扩展"（×1 或×10 倍）旋钮，分别用于连续调节和成倍扩展波形宽度。当进行定量测量时，时基因数微调旋钮应置于"校准"位置。

3）偏转因数

偏转因数是指在输入信号作用下，光点在屏幕的垂直（Y）方向移动 1 格所需的电压值，单位为 V/div、mV/div，数值越小，波形幅度越大。在通用示波器的面板上，通常按"1、2、5"的顺序分成很多挡。

偏转因数的倒数称为"偏转灵敏度"，单位为 div/mV 或 div/V。偏转灵敏度表示了示波器 Y 通道的放大/衰减能力。

4）输入阻抗

当示波器和被测信号连接时，其输入阻抗 Z_i 形成被测信号的等效负载，标志被测信号的负载轻重。输入阻抗 Z_i 可等效为输入电阻 R_i 和输入电容 C_i 的并联，用Ω（MΩ）//pF 表示。测量高频信号时应考虑输入电容的影响。

5）输入方式

输入方式即输入耦合方式，一般有直流（DC）、交流（AC）和接地（GND）三种，可通过示波器面板选择。

6）触发源选择方式

触发源是指用于提供产生扫描电压的同步信号来源，一般有内触发（INT）、外触发（EXT）两种。

1.7.2 示波测试的基本原理

下面以阴极射线管示波器为例，分析示波测试的基本原理。

1. 阴极射线管

阴极射线管 CRT（Cathode Ray Tube）是通用示波器的核心器件，用来将电信号变换为光信号而加以显示。CRT 是一个抽真空的喇叭形玻璃体，主要由电子枪、偏转系统和荧光屏三大部分组成，其结构如图 1-31 所示。

1）电子枪

电子枪的作用是发射电子并形成很细的高速电子束，轰击荧光屏发光。它由灯丝 F、阴极 K、控制栅极 G、第一阳极 A_1、第二阳极 A_2 和后加速阳极 A_3 组成。

灯丝 F 用于加热阴极 K，阴极 K 是一个表面涂有氧化物的金属圆筒，在灯丝的加热下，阴极 K 散射出大量游离电子。

控制栅极 G 是顶端有孔的圆筒，套装在阴极 K 外面，其电位比阴极 K 电位低，通过调节控制栅极 G 对阴极 K 的负电位可控制射向荧光屏的电子数量，从而改变荧光屏上亮点的辉度。调节电位器 RP_1 可达到调节亮度的目的，称 RP_1 为"辉度（INTENSITY）"调节旋钮。

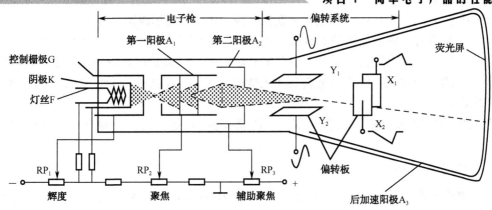

图 1-31 阴极射线管结构示意图

第一、二阳极 A_1、A_2 是中间开孔、内有许多栅格的金属圆筒，A_1 使电子汇聚，A_2 使电子加速，使电子束形成很细的高速电子。调节电位器 RP_2、RP_3 可使电子束达到最佳的聚焦效果，RP_2、RP_3 分别称为"聚焦（FOCUS）"和"辅助聚焦（AUX FOCUS）"调节旋钮。

后加速阳极 A_3 电压最高，用于加速电子束，提高示波管的偏转灵敏度。

2) 偏转系统

偏转系统的作用是使电子束在外加电压信号的作用下在 X、Y 方向发生位移。由相互垂直的水平偏转板（X_1、X_2）和垂直偏转板（Y_1、Y_2）组成。

如果仅在 Y 偏转板间加电压，则电子束将在垂直方向上运动。同理，若仅在 X 偏转板间加电压，电子束将在水平方向上运动。电场的强弱决定了偏移距离，电场的极性决定了偏移的方向。两对偏转板共同作用，决定了任一瞬间光点在荧光屏上的位置，该特性称为阴极射线示波管的线性偏转特性。

当在 Y_1、Y_2 偏转板上再叠加上对称的正、负直流电压时，显示波形会整体向上移位，反之，向下移位，调节该直流电压的旋钮称为"垂直移位（VERTICAL）"旋钮。当在 X_1、X_2 偏转板上再叠加上对称的正、负直流电压时，显示波形会整体向左移位，反之，向右移位，调节旋钮为"水平移位（HORIZONTAL）"旋钮。

3) 荧光屏

荧光屏的外壁是玻璃管壳，内壁涂有荧光物质。当高速电子轰击荧光物质时，荧光将电子的动能转变为光能，产生亮点，其亮度与轰击电子的数目、密度和速度有关。当电子束随信号电压偏转时，这个亮点的移动轨迹就形成了信号的波形。当电子束停止轰击荧光屏时，光点仍能保持一定的时间，这种现象称为余辉效应。利用余辉效应和人眼的视觉惰性，人们才看到荧光屏上光点的移动轨迹。

从电子束移去到光点亮度下降为原始值的 10%，所延续的时间称为余辉时间，按照余辉时间的长短，荧光物质分为：

(1) 极短余辉：小于 10 μs，适用于超高频示波器；

(2) 短余辉：10 μs～1 ms，适用于高频示波器；

(3) 中余辉：1 ms～0.1 s，适用于一般用途的普通示波器；

(4) 长余辉：0.1～1 s，适用于观察低频或非重复缓慢变化信号的示波器；

(5) 极长余辉：大于 1 s，适用于观察极缓慢变化信号的示波器。

设计示波器时，应根据用途选择荧光物质。被测信号频率越高，要求余辉时间越短。荧光物质发出的颜色有黄色、绿色、蓝色等几种。使用示波器时，应避免电子束长时间停留在荧光屏的一个位置，因为动能转换成光能的同时还产生热能，会使荧光物质受损，甚至烧成黑点。

荧光屏矩形区域内壁有透明刻度，一般横向为 10 div（格），纵向为 8 div，1 div=1 cm。

2. 波形显示原理

电子束进入偏转系统后，要受到 X、Y 两对偏转板的电场控制。X、Y 方向的控制作用有以下几种情况。

1）U_x、U_y 加固定电压的情况

（1）设 $U_x=U_y=0$，则光点在垂直和水平方向都不偏转，出现在荧光屏的中心位置，如图 1-32（a）所示。

（2）设 $U_x=0$，$U_y=$ 常量，光点在垂直方向偏移。设 U_y 为正电压，则光点从荧光屏的中心往垂直方向上移；若 U_y 为负电压，则光点从荧光屏的中心往垂直方向下移，如图 1-32（b）所示。

（3）设 $U_x=$ 常量，$U_y=0$，则光点在水平方向偏移。若 U_x 为正电压，则光点从荧光屏的中心往水平方向右移；若 U_x 为负电压，则光点从荧光屏的中心往水平方向左移，如图 1-32（c）所示。

（4）设 $U_x=$ 常量，$U_y=$ 常量，当两对偏转板上同时加固定的正电压时，应为两电压的矢量合成，光点出现在偏离中心的某个位置，如图 1-32（d）所示。

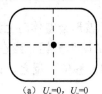

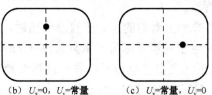
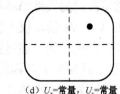

(a) $U_x=0$，$U_y=0$　　(b) $U_x=0$，$U_y=$ 常量　　(c) $U_x=$ 常量，$U_y=0$　　(d) $U_x=$ 常量，$U_y=$ 常量

图 1-32　显示亮点与偏转极板所加固定电压的关系

2）U_x 加扫描电压，$U_y=0$ 的情况

为了显示出被测波形，在 X 偏转板上加一个随时间线性变化的电压，使电子束在水平方向上的偏转距离与时间成正比，这是示波器测量时间、周期等参数的原理依据。电子束水平方向的这种运动称为"扫描"，能实现扫描的锯齿波电压称为"扫描电压"，改变扫描电压的大小，可以调整显示波形的宽度。当 $U_y=0$ 即不加被测信号，仅加扫描电压时，荧光屏上出现一条水平扫描基线，简称时基线。

光点自荧光屏左端向右端的连续扫动称为"扫描正程"，自右端迅速返回左端起扫点的过程称为"扫描逆程"，以确保实现下次扫描。扫描电压实际波形如图 1-33 所示。T_s 为扫描正程时间，T_b 为扫描逆程时间，T_w 为扫描休止时间，以保证下次扫描的起始点能够与本次扫描的起始点重合。整个扫描电压周期为 T_x，则有：

$$T_x = T_s + T_b + T_w$$

为便于分析，通常 T_w 不予考虑，当 T_b 和 T_w 均视为零时，扫描电压为理想扫描电压，如图 1-34 所示。

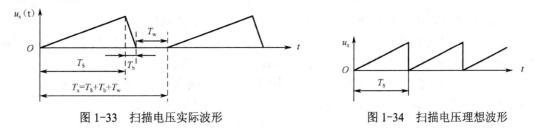

图 1-33 扫描电压实际波形　　　　　　图 1-34 扫描电压理想波形

3）U_x 加扫描电压，U_y 加被测正弦信号的情况

（1）若仅在 Y 偏转板加一个随时间变化的电压（被测信号），例如，$u_y=u_m\sin\omega t$，则电子束沿垂直方向运动，任一瞬间的偏转距离正比于被测信号电压，其轨迹为一条垂直直线，如图 1-35（a）所示。这是示波器测量电压等参数的原理依据。改变 Y 偏转板上的信号电压大小，可以调整显示波形的幅度。

（2）若仅在 X 偏转板上加锯齿波电压，则电子束沿水平方向运动，轨迹为一条水平线，如图 1-35（b）所示。

（3）在 Y 偏转板加正弦波信号电压，X 偏转板加锯齿波电压，亮点在荧光屏上的位置由 Y 轴和 X 轴电压共同决定。这时荧光屏上将显示出被测信号随时间变化的一个周期的波形曲线，如图 1-35（c）所示。

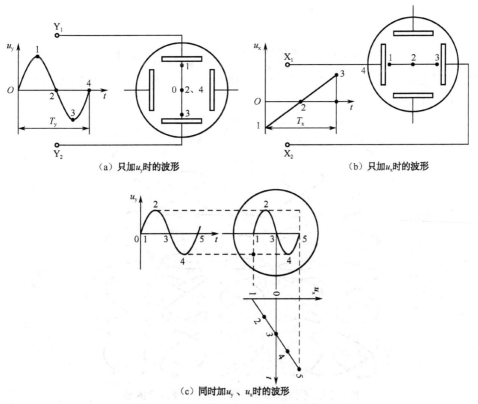

(a) 只加 u_y 时的波形　　　　　　(b) 只加 u_x 时的波形

(c) 同时加 u_y、u_x 时的波形

图 1-35 显示波形与偏转极板所加电压的关系

4）U_x、U_y 都加正弦信号的情况

示波器两个偏转板上都加正弦电压时显示的图形称为李沙育（Lissajous）图形，这种图形在相位和频率测量中常会用到。此时的示波器是一种 X-Y 图示仪。

（1）若两信号的初相相同，则可在荧光屏上画出一条直线，若两信号在 X、Y 方向的偏转距离相同，这条直线与水平轴呈 45°角，如图 1-36（a）所示。

（2）如果这两个信号初相位相差 90°，则在荧光屏上画出一个正椭圆；若 X、Y 方向的偏转距离相同，则荧光屏上画出的图形为圆，如图 1-36（b）所示。

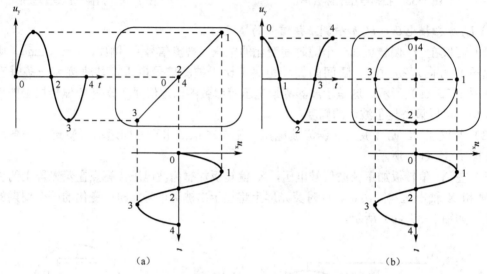

图 1-36 两个偏转板上都加正弦电压时显示的图形

（3）不同频率、不同相位差的正弦信号加到 X、Y 偏转板上，会出现不同形状的李沙育图形，如图 1-37 所示。

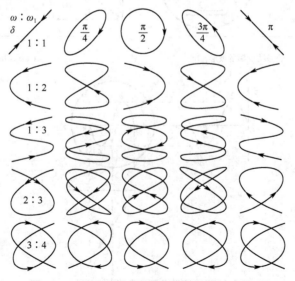

图 1-37 不同频率、不同相位差的李沙育图形

3. 同步的概念

如果 $T_x=2T_y$，其波形显示如图 1-38 所示，可以观察到两个周期的信号电压波形。如果波形多次重复出现，而且重叠在一起，就可以观察到一个稳定的图像。

由此可见，为了在屏幕上获得稳定的图像，T_x（包括正程和回程）与 T_y 之比必须成整数关系，即 $T_x = nT_y$（n 为正整数），以保证每次扫描起始点都对应信号的相同相位点上，这种过程称为"同步"。否则，荧光屏上显示的是被测信号随时间变化的不稳定波形。

4. 增辉和消隐

扫描正程时显示被测信号的波形，要求在此期间增强波形的亮度，即增辉，可以设法使电子枪发射更多的电子，即在控制栅极叠加正极性脉冲来实现增辉。在扫描逆程时，电子束在向左移动的过程中会出现亮线，该亮线称为"回扫线"。假如在扫描休止期，Y 偏转板上仍加有正弦电压，则电子束会在起始点位置出现一条垂直的亮线，该亮线称为"休止线"，如图 1-39 所示。回扫线和休止线都是不希望出现的，应进行消隐，否则，将影响波形的观测，可以在扫描回程时在控制栅极上叠加负极性脉冲来实现消隐。

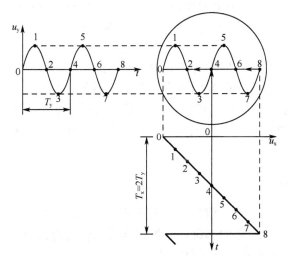

图 1-38 $T_x=2T_y$ 时显示的波形

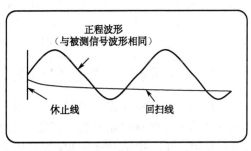

图 1-39 不消隐时显示的波形

5. 连续扫描和触发扫描

以上所述都是观察连续信号的情况，所采用的扫描锯齿波电压都是连续的，扫描是不间断的，这种扫描方式称为连续扫描。但当观测脉冲信号，尤其是占空比 τ/T 很小的脉冲过程时，连续扫描显得不合适。

连续扫描和触发扫描的比较如图 1-40 所示，图 1-40（a）所示为被测脉冲。若采用连续扫描方式显示，扫描信号的周期有以下两种可能的选择。

1）选择扫描周期等于脉冲重复周期

如图 1-40（b）所示，$T_x = T_y$，此时，屏幕上出现的脉冲波形集中在时基线的起始部分，图形在水平方向被压缩，以致难以看清脉冲波形的细节，诸如脉冲的前、后沿时间等很难观测。

2）选择扫描周期等于脉冲宽度

如图 1-40（c）所示，为了将脉冲波形在水平方向展开，选择 $T_x = \tau$，这时的扫描特点是：在一个脉冲周期内，光点在水平方向上完成多次扫描，但只有一次扫出脉冲波形，结果是屏幕上的时基线很明亮，而脉冲波形非常暗淡，不仅不利于观测，而且很难实现扫描同步。

利用触发扫描可以解决上述问题。触发扫描的特点是：只有在被测脉冲到来时才扫描一次，如图 1-40（d）所示。因此，触发扫描方式下的扫描发生器平时处于等待状态，只有送入触发脉

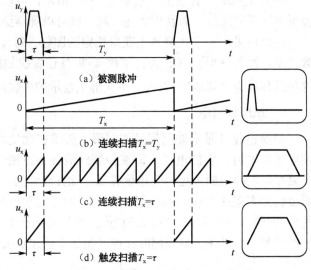

图 1-40　连续扫描和触发扫描的比较

冲时才产生一个扫描电压。只要选择扫描电压的持续时间等于或稍大于脉冲宽度，脉冲波形就可以展宽到几乎布满横轴。同时由于两个脉冲间隔期间内没有扫描，不会产生很亮的时基线。现代通用示波器的扫描电路一般均可调节在连续扫描或触发扫描两种方式下工作，有时在自动电路控制下，连续扫描和触发扫描可以实现自动变换，这种扫描方式称为自动扫描，是操作示波器时通常选用的扫描方式。

1.7.3　通用示波器的组成与工作原理

通用示波器是示波器中应用最广泛的一种，通常泛指采用单束示波管组成的示波器。通用示波器的工作原理是其他大多数示波器工作原理的基础，掌握了通用示波器的结构、特性和使用方法，就能较容易地掌握其他类型示波器的原理和应用。

1. 通用示波器的基本组成

如图 1-41 所示，通用示波器主要由示波管、垂直系统（Y 通道）、水平系统（X 通道）三部分组成。此外，还包括电源电路，产生仪器电路所需低压和示波管所需高压。校准信号发生器产生频率和幅度都很稳定的校准源，如 1 kHz、10 mV_{p-p} 的方波，以便对示波器有关技术指标进行校准调整。

2. 通用示波器的工作原理

1）垂直系统（Y 通道）

垂直系统由输入电路、前置放大器、延迟线和输出放大器等组成，如图 1-42 所示。垂直系统的主要作用是：把被测信号变换成大小合适的双极性对称信号，去驱动 Y 偏转板；向 X 通道提供内触发信号源，去启动扫描；补偿 X 通道的时间延迟，以观测到诸如脉冲等信号的完整波形。

项目1 简单电子产品的性能测试

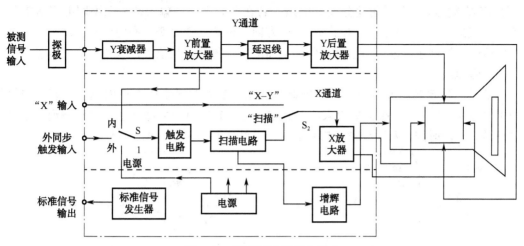

图 1-41 通用示波器基本组成

（1）输入电路

输入电路由耦合方式变换开关、衰减器等组成。

① 输入耦合方式选择：输入耦合方式选择一般有 DC、AC 和 GND 三个挡位。在不断开被测信号的情况下，"GND"耦合将 Y 通道输入端短路，为示波器提供测量直流电压的参考零电平。"AC"耦合时，输入信号经电容耦合到衰减器，直流信号被隔离，仅交流信号可通过，适于观察交流信号。"DC"耦合时，输入信号直接接至衰减器，适于观测频率很低的信号或带有直流分量的交流信号。

② 衰减器：衰减器对应示波器面板上的 Y 轴灵敏度粗调旋钮，是为测量不同幅度的被测信号而设置的。作用是衰减输入信号，以保证显示波形不至因过大而失真。衰减器常使用阻容步进衰减器，其原理如图 1-43 所示。

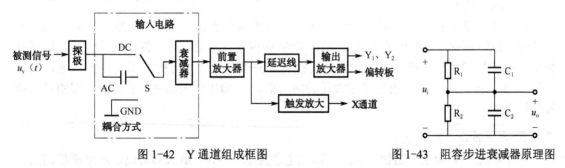

图 1-42 Y 通道组成框图　　　　图 1-43 阻容步进衰减器原理图

衰减器的衰减量为输出电压 u_o 与输入电压 u_i 之比，也等于 R_1、C_1 的并联阻抗 Z_1 与 R_2、C_2 的并联阻抗 Z_2 的分压比。

其中 C_1 做成可调电容，当满足 $R_1C_1=R_2C_2$ 时，则衰减器的分压比为：

$$\frac{u_o}{u_i} = \frac{Z_2}{Z_1+Z_2} = \frac{R_2}{R_1+R_2}$$

（2）前置放大器

前置放大器可将信号适当放大，从中取出内触发信号供 X 通道的触发电路，并具有灵敏度微调、校正、Y 轴移位、极性反转等作用。

Y 前置放大器大多采用差分放大电路，若在差分电路的输入端输入不同的直流电位，相应的 Y 偏转板上的直流电位和波形在 Y 方向的位置就会改变。利用这一原理，可通过调节"Y轴位移"旋钮，来调节直流电位，从而改变被测波形的位置，以便定位和测量。

（3）延迟级

为了显示稳定的脉冲波形，示波器通常采用内触发方式来产生扫描电压。因为扫描信号的引出是从 Y 通道系统分离出来，并且要经过一定的过程才能产生，它和被观测信号相比总是滞后一段时间，从而使被测信号的前沿无法完整显示，如图 1-44（a）所示。

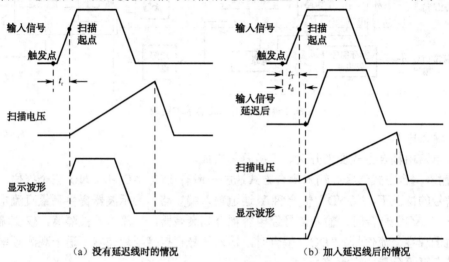

(a) 没有延迟线时的情况　　　　　(b) 加入延迟线后的情况

图 1-44　延时线的作用

延迟线将加到偏转系统的 Y 偏转板上的脉冲信号延迟一段时间 t_d，以保证在屏幕上扫描出包括上升时间在内的脉冲全过程，如图 1-44（b）所示。

（4）输出放大器

Y 输出放大器的功能是将延迟线传递来的被测信号放大到足够的幅度，用以驱动示波管的垂直偏转系统，使得电子束获得 Y 方向的满偏转。它通常采用推挽式放大器，这样有利于提高共模抑制比。可以采用改变负反馈的方法来改变放大器的增益。模拟示波器面板上的"×5"或"×10"开关表征了放大器的增益值。Y 输出放大器使示波器具有观测微弱信号的能力。

2）水平系统（X 通道）

水平系统（X 通道）由触发电路、扫描电路及水平（X）放大器组成。水平系统的主要作用是：在触发信号的作用下，产生幅度足够的随时间线性变化的扫描电压，输出到水平偏转板，使光点在水平方向上展开；给示波管提供增辉、消隐脉冲（Z 通道）；为双踪示波器电子开关提供交替显示的控制信号等。其组成框图如图 1-45 所示。

（1）触发电路

触发电路的作用是为扫描电路提供符合要求的触发脉冲，以触发扫描发生器产生稳定的扫描电压。其组成框图如图 1-46 所示。触发电路包括触发源选择、触发耦合方式选择、扫描触发方式选择、触发极性选择、触发电平选择和放大整形等电路。为使屏幕上得到稳定清晰的信号波形，应合理操作示波器。

项目1 简单电子产品的性能测试

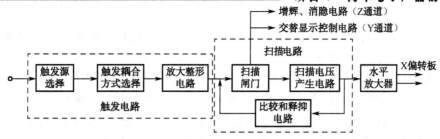

图1-45 水平通道组成框图

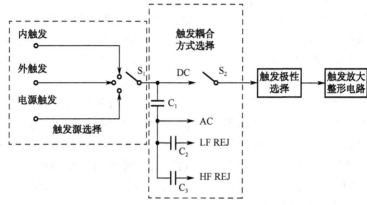

图1-46 触发源与触发耦合方式选择电路

① 触发源选择：触发源即触发信号的来源。触发源选择通常有内触发（INT）、外触发（EXT）和电源触发（LINE）三种，由面板上相应开关进行选择。

a. 内触发（INT）：将Y前置放大器输出的位于延迟线前的被测信号作为触发信号，因触发信号与被测信号的频率一致，故适用于观测被测信号。

b. 外触发（EXT）：用外接的、与被测信号有周期性关系的信号作为触发源，该信号由示波器面板"EXT"端接入。当被测信号不宜作为触发信号，或者要比较两个信号的时间关系时，可用外触发。

c. 电源触发（LINE）：使用50 Hz的工频交流电经变压器降压后，产生触发信号。适用于观测与50 Hz交流有同步关系的信号。

② 触发耦合方式选择：触发源选择好后，为了适应不同的触发源信号频率，触发源信号到触发电路的耦合方式有多种，通用示波器通常设有直流耦合（DC）、交流耦合（AC）、低频抑制耦合（LF REJ）、高频抑制耦合（HF REJ）四种，由面板上的相应开关进行选择。

a. 直流耦合（DC）：是一种直接耦合方式，用于接入直流或缓慢变化的触发源信号，或者频率较低并含有直流分量的触发源信号。

b. 交流耦合（AC）：AC耦合即电容耦合，如图1-46所示，信号经电容C_1接入，具有隔直作用，用于观察从低频到较高频率的信号，用"内"或"外"触发均可。

c. 低频抑制耦合（LF REJ）：触发源信号经C_1、C_2组成的高通滤波器接入，电容容量较小，对2 kHz以下的频率成分有抑制作用，适用于观察含有低频干扰（50 Hz）的信号，可以避免波形晃动。

d. 高频抑制耦合（HF REJ）：触发源信号经C_1、C_3组成的低通滤波器接入，适用于抑制高频成分的耦合。

③ 扫描触发方式（TRIG MODE）选择：模拟示波器扫描触发方式通常有常态（NORM）触发、自动（AUTO）触发、电视（TV）触发三种。

a．常态（NORM）触发：即触发扫描，是指有触发源信号并产生了有效的触发脉冲时，扫描电路才被触发，才能产生扫描锯齿波电压，荧光屏上才有扫描线。

b．自动（AUTO）触发：是指没有触发脉冲时，扫描系统按连续扫描方式工作，荧光屏上显示扫描线。当有触发脉冲信号时，扫描电路能自动返回触发扫描方式。自动触发是一种最常用的触发方式。

c．电视（TV）触发：电视触发方式是在原有放大、整形电路基础上，插入电视同步分离电路实现的，以便对电视信号（如行、场同步信号）进行监测与电视设备维修。

④ 触发极性和触发电平选择：触发极性和触发电平决定了触发脉冲产生的时刻，并决定了扫描的起点，即决定了被显示信号的起点。

触发极性是指触发点位于触发源信号的上升沿（正极性）还是下降沿（负极性）。极性开关拨在"＋"位置上时，在信号增加的方向上，当触发信号超过触发电平时就产生触发。拨在"－"位置上时，在信号减少的方向上，当触发信号超过触发电平时就产生触发。

触发电平是指触发脉冲到来时所对应的触发放大器输出电压瞬时值（正电平、负电平、零电平）。触发电平调节又称同步调节，它使得扫描与被测信号同步。如图 1-47 所示为不同触发极性和触发电平时的波形显示原理。

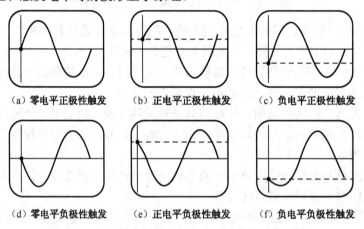

图 1-47　不同触发极性和触发电平时的波形显示原理

⑤ 放大整形电路：由于输入到触发电路的信号复杂，其边沿陡峭和幅度等特性不一定满足扫描信号发生器的要求。因此，需要对触发信号进行放大和整形。放大整形电路的基本形式是电压比较器，当输入的触发源信号与通过"触发极性"和"触发电平"选择的信号之差达到某一设定值时，比较电路翻转，输出矩形波，然后经微分电路，整形出触发脉冲。

（2）扫描电路

扫描电路又称时基电路，其作用是产生线性良好的锯齿波扫描电压。扫描电路主要由扫描闸门、锯齿波发生器、比较和释抑电路等组成，又称为扫描发生器环路，如图 1-48 所示。

扫描闸门电路产生快速上升或下降的闸门信号，以启动扫描发生器工作。同时把闸门信号送至增辉电路，以便在扫描正程加亮扫描的光迹。比较和释抑电路在扫描开始后将闸

项目1 简单电子产品的性能测试

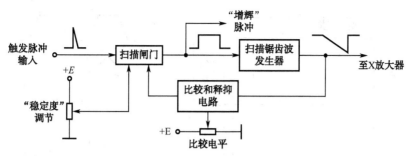

图1-48 扫描电路组成框图

门封锁,不再让它受到触发,直到扫描电路完成一次扫描且回复到原始状态之后,比较和释抑电路才解除对闸门的封锁,使其准备接受下一次触发。因此,比较和释抑电路起到稳定扫描锯齿波的形成、防止干扰和误触发的作用,确保每次扫描都在触发源信号的同样的起始电平上开始,以获得稳定的图像。扫描发生器产生的锯齿波电压送入X放大器放大后,加至水平偏转板产生扫描电压。

(3)水平放大器

X放大器的作用是为示波管的水平偏转板提供对称的推动电压,使电子束能在水平方向上产生足够的偏转。当示波器用于显示被测信号波形时,X放大器的输入信号是扫描电压;当示波器工作在"X-Y"方式时,X放大器的输入信号是外加的X信号。

改变X放大器的增益可以使亮点在屏幕的水平方向得到扩展,或对扫描速度进行微调,以校准扫描速度。改变X放大器有关的直流电位也可以使光迹产生水平位移。

3. 示波器的双踪显示原理

实际工作中常常需要同时观测两个或两个以上的多个波形,即多踪显示。多踪示波器在单线示波器的基础上,在Y通道增设电子开关,采用分时复用的原理,分别把多个垂直通道的信号轮流接到Y偏转板上,利用电子开关的高速变换特性和人眼的视觉惰性,最终实现多个波形的同时显示。

比较常用的是双踪示波器,其Y通道方框图如图1-49所示。根据电子开关工作方式的不同,双踪示波器可以实现"信道1"、"信道2"、"叠加"、"交替"和"断续"五种显示方式。电子开关内部如图1-50(a)所示。

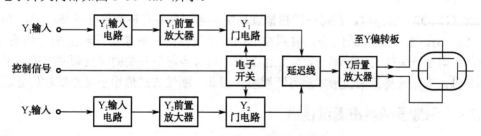

图1-49 双踪示波器Y通道方框图

1)信道1(CH_1)

开关S_1、S_2、S_7、S_8断开,开关S_3、S_4、S_5、S_6闭合,CH_1输入的信号接入Y_1通道,单踪显示CH_1的波形。

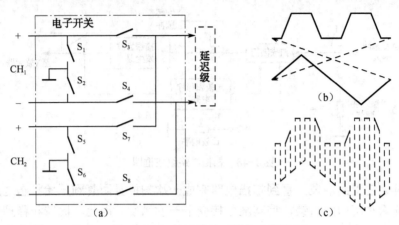

图 1-50 双踪波形显示原理示意图

2）信道 2（CH_2）

开关 S_3、S_4、S_5、S_6 断开，开关 S_1、S_2、S_7、S_8 闭合，CH_2 输入的信号接入 Y_2 通道，单踪显示 CH_2 的波形。

3）叠加（ADD）

开关 S_1、S_2、S_5、S_6 断开，开关 S_3、S_4、S_7、S_8 闭合，CH_1 和 CH_2 输入的两路信号接入各自的 Y 通道，并在公共通道内实现求和（CH_1+CH_2），显示叠加（ADD）后的波形。当 CH_2 输入的信号经倒相后再叠加时，则实现求差（CH_1-CH_2）。

以上 3 种为单踪显示，即只显示一个波形。以下两种为双踪显示，显示两个波形。

4）交替（ALT）

交替（ALT）状态时，由时基闸门脉冲控制开关 S_3、S_4、S_5、S_6 和 S_1、S_2、S_7、S_8 断开或闭合，每间隔一个扫描周期变换一次状态，使得 CH_1 和 CH_2 输入的信号轮流接通、交替显示。显然，电子开关的切换频率是扫描频率的一半，若扫描频率过低，显示波形会产生闪烁现象，故交替方式适于观测高频信号。设 CH_1、CH_2 的输入分别为梯形波、三角波信号，则示波器显示的波形如图 1-50（b）所示。

5）断续（CHOP）

断续（CHOP）状态时，在每一次扫描过程中，电子开关高速切换开关 S_3、S_4、S_5、S_6 和 S_1、S_2、S_7、S_8 的断开或闭合，被测波形由许多线段时断时续地显示出来，如图 1-50（c）所示。电子开关的工作频率一般为几百 kHz，只有当电子开关的转换频率远远高于被测信号频率时，人眼观察到的波形才没有断续感。因此，断续方式适用于观测低频信号。

1.7.4 示波器的基本测试技术

示波器能够将被测信号显示在屏幕上，用以定性地观察信号波形，定量地测量信号的多项参数。数字示波器除具有模拟示波器的大部分功能外，还具有自动设置、自动测量，以及数据处理与信号分析等功能。因此，下面先以模拟示波器为例，说明示波器的基本测试技术，再列举数字示波器区别于模拟示波器的一些功能。

项目 1 简单电子产品的性能测试

1. 示波器的选用

示波器种类繁多，要获得满意的测量结果，应根据测量任务并考虑性价比来选择示波器。反映示波器适用范围的两个主要工作特性是垂直通道的频带宽度和水平通道的扫描速度，这两个特性决定了示波器可以观察的最高信号频率或脉冲的最小宽度。

示波器的带宽 BW 是一项核心技术指标，它反映了示波器观测高频信号时显示波形的失真程度，一般应根据所需信号的最高频率分量予以选用，满足"5 倍带宽法则"：

$$示波器所需带宽=被测信号的最高频率成分\times 5$$

与带宽相关的参数是上升时间 t_{r0}，它表示示波器输入理想方波时，由于带宽限制，示波器所显示波形的上升时间。若被测脉冲的上升时间为 t_{ry}，则对应"5 倍带宽法则"，应有 $t_{r0} < \frac{1}{5}t_{ry}$，否则，应按下式修正：

$$t_{r1} = \sqrt{t_{r2}^2 - t_{r0}^2} \tag{1-16}$$

式中，t_{r1} 为被测脉冲实际上升时间，t_{r2} 为根据波形直接测出的被测脉冲上升时间，t_{r0} 为示波器本身上升时间。

从示波器带宽和性价比考虑，一般 100 MHz 以下示波器可考虑选用模拟示波器，100 MHz 以上则选用数字存储示波器，其在使用上更便捷。在选用数字示波器时，还应综合考虑采样率、存储深度、垂直和水平分辨力、波形更新率、外部通道接口等。其中，有些指标相互关联，应深入理解其含义，合理选择。

2. 用示波器测量电压

示波器测量电压有它独有的特点，除了可以测量各种波形的幅值，如测量脉冲波的电压幅值和各种非正弦波的电压幅值外，还可以直接测量非正弦波的各种瞬时值，这是其他电压测量仪表无法做到的。如利用示波器测量某个脉冲电压波形的各部分电压值，诸如上冲量、反冲量等。利用示波器测量电压的基本方法有下面几种。

1）直流电压的测量

示波器测量直流电压的原理是利用被测电压在屏幕上呈现一条直线，该直线偏离时间基线（零电平线）的高度与被测电压的大小成正比。被测直流电压值 U_{DC} 为：

$$U_{DC} = h \times D_Y \tag{1-17}$$

式中，h 为被测直流信号线的电压偏离零电平线的高度，单位为 cm 或 div；D_Y 为示波器的垂直偏转因数，单位为 V/div 或 mV/div。

若使用带衰减器的探头进行测量，则应考虑衰减系数 k。此时，被测直流电压值 U_{DC} 为：

$$U_{DC} = h \times D_Y \times k \tag{1-18}$$

注意：示波器垂直偏转灵敏度微调旋钮置于校准位置（CAL），否则电压读数不准确。确定零电平线时将示波器的输入耦合开关置于"GND"位置，调节垂直位移旋钮，将扫描基线移至屏幕中央位置。接着将示波器的输入耦合开关拨到"DC"挡，观察此时水平亮线的偏转方向，若位于前面确定的零电平线之上，则被测直流电压为正极性；若向下偏移，则为负极性。

实例 1-9 示波器测直流电压及垂直灵敏度开关示意图如图 1-51 所示，$h=4\,\mathrm{div}$，$D_Y=0.5\,\mathrm{V/div}$，若 $k=10:1$，求被测直流电压值。

解 根据式（1-18）可得：
$$U_{\mathrm{DC}} = h \times D_Y \times k = 4 \times 0.5 \times 10 = 20\,\mathrm{V}$$

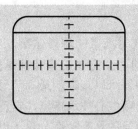
(a) 波形图

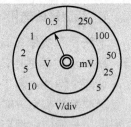
(b) 垂直灵敏度开关示意图

图 1-51 测量直流电压

2）交流电压的测量

使用示波器测量交流电压的最大优点是可以直接观测到波形形状，确认波形是否失真，还可以显示其频率和相位。但是，使用模拟示波器只能测量交流电压的峰-峰值，或任意两点间的电位差值，其有效值或平均值无法直接读数求得。被测交流电压峰-峰值 $U_{\mathrm{P-P}}$ 为：

$$U_{\mathrm{P-P}} = h \times D_Y \qquad (1\text{-}19)$$

式中，h 为被测交流电压波峰和波谷的高度，或欲观测的任意两点间的高度；D_Y 为示波器的垂直偏转因数。

若使用带衰减器的探头进行测量，则应考虑衰减系数 k。此时，被测直流电压峰-峰值 $U_{\mathrm{P-P}}$ 为：

$$U_{\mathrm{P-P}} = h \times D_Y \times k \qquad (1\text{-}20)$$

注意：示波器垂直偏转灵敏度微调旋钮置于校准位置（CAL），否则电压读数不准确。示波器的输入耦合开关置于"AC"位置。

实例 1-10 示波器正弦电压如图 1-54 所示，$h=8\,\mathrm{div}$，$D_Y=0.5\,\mathrm{V/div}$，若 $k=1:1$，求被测正弦信号的峰-峰值和有效值。

解 根据式（1-19）可得正弦信号的峰-峰值为：
$$U_{\mathrm{P-P}} = h \times D_Y = 8 \times 0.5 = 4\,\mathrm{V}$$

正弦信号的有效值为：
$$U = \frac{U_{\mathrm{P}}}{\sqrt{2}} = \frac{U_{\mathrm{P-P}}}{2\sqrt{2}} = \frac{4}{2\sqrt{2}} = 1.414\,\mathrm{V}$$

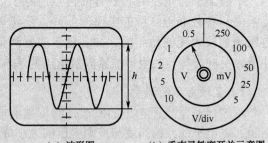

图 1-52 测量交流电压

实例 1-11 示波器测量脉冲信号，已知示波器的 Y 通道处于"校正"位置，灵敏度开关置于 250 mV/div，屏幕显示波形如图 1-53 所示，求这 4 个脉冲列中的幅度最大差值。

解 根据图示脉冲最大差值为脉冲 1 和脉冲 3 的差值，两点在屏幕上的距离 h 为 6.8 div。则幅度最大差值为：

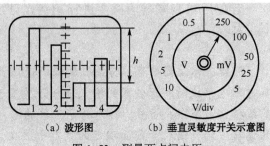

图 1-53 测量两点间电压

$$U_{P-P} = h \times D_Y = 6.8 \times 0.25 = 1.7 \text{ V}$$

3. 用示波器测量时间和频率

线性扫描时，扫描电压的线性变化使电子束在水平方向上的偏转距离与时间成正比，示波管荧光屏的水平轴就是时间轴，因此，可用示波器直接测量整个波形或波形任意部分持续的时间。

1）测量周期和频率

对于周期性信号，可以直接测得周期，进而计算频率（$f = 1/T$）。被测交流信号的周期为：

$$T = xD_x \tag{1-21}$$

式中，x 为被测交流信号的一个周期在屏幕水平方向所占的距离，单位为 cm 或 div；D_x 为示波器的时基因数，单位为 s/cm 或 s/div。

若使用了 X 轴扩展倍率开关，应考虑扩展倍率 k_x。此时，被测交流信号周期 T 为：

$$T = xD_x / k_x \tag{1-22}$$

实例 1-12 示波器屏幕上的波形如图 1-54 所示，信号一个周期 $x = 7$ div，时基因数开关置于"10 ms/div"位置，扫描扩展开关"×10"按下，求被测信号的周期。

解 根据式（1-22）可得被测交流信号周期为：

$$T = xD_x / k_x = 7 \times 10 / 10 = 7 \text{ ms}$$

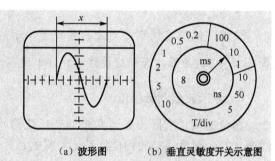

(a) 波形图　　(b) 垂直灵敏度开关示意图

图 1-54　测量信号的周期

由上例可见，示波器测量周期比较方便。但由于示波器的分辨力较低，所以为减小测量误差，提高测量准确度，常采用"多周期测量法"，即测量周期时，读出 N 个信号周期波形在屏幕水平方向所占的距离 x_N，则被测信号周期 T 为：

$$T = x_N D_x / N \tag{1-23}$$

2）测量时间间隔

（1）用示波器测量同一信号中任意两点 A 与 B 的时间间隔的测量方法与周期测量方法相同。如图 1-55（a）所示，A 与 B 的时间间隔 T_{A-B} 为：

$$T_{A-B} = x_{A-B} D_x \tag{1-24}$$

式中，x_{A-B} 为 A 与 B 的时间间隔在水平方向的距离。

（2）若 A、B 两点分别为脉冲波前后沿的中点，则所测时间间隔为脉冲宽度，如图 1-55（b）所示。

（3）采用双踪示波器可测量两个信号的时间差。如图 1-55（c）所示，两个独立被测信号分别输入示波器的两个通道，待波形稳定后，选择合适的波形起点，即将波形移到某一刻度线上，由式（1-24）得到两波形的时间差 T_{A-B}。

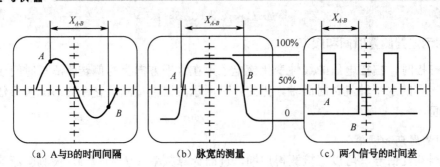

(a) A与B的时间间隔　　　(b) 脉宽的测量　　　(c) 两个信号的时间差

图 1-55　测量信号的时间间隔

3）测量脉冲上升时间

由于示波器的 Y 轴放大器内安装了延迟线，因此采用内触发方式可测量脉冲波形的前沿或后沿时间。测量方法是读出波形显示幅度的 10%～90%范围的前沿和后沿的水平宽度 x_1、x_2，如图 1-56 所示，则

上升时间为：
$$t_r = x_1 \times D_x \tag{1-25}$$

下降时间为：
$$t_f = x_2 \times D_x \tag{1-26}$$

注意：使用这种测量方法的前提是，示波器本身的上升时间与被测信号的上升时间满足 $t_{r0} < \frac{1}{5} t_{ry}$ 的关系，否则应按式（1-16）进行修正。

4．用示波器测量相位

相位的测量实际上是对两个同频正弦信号相位差的测量，因为正弦信号的相位是随时间变化的，测量绝对的相位值是无意义的。

1）用双踪示波法测量相位

利用示波器线性扫描下的多波形显示是测量相位差的最直接、最简便的方法。相位测量原理是把一个完整的信号周期定为 360°，然后将两个信号在 X 轴上的时间差换算成角度值。

测量方法：将欲测量的两个信号 A 和 B 分别接到示波器的两个输入通道，示波器设置为双踪显示方式，调节旋钮，使屏幕上显示两个大小适中的稳定波形，如图 1-57 所示。先观察出信号一个周期在水平方向上所占长度 x_T，然后再测出两波形对应点（如过零点、峰值点等）之间的水平距离 x，则两信号的相位差为：

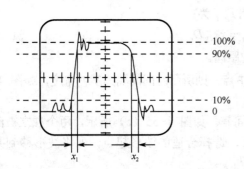
图 1-56　测量脉冲上升或下降时间

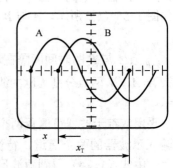
图 1-57　测量两信号的相位差

$$\Delta\varphi = \frac{x}{x_{\mathrm{T}}} \times 360° \tag{1-27}$$

式中，x 为两波形对应点之间的水平距离，x_{T} 为被测信号一个周期在水平方向所占距离。

注意：该方法需要用其中一个信号去触发另一个信号，最好选择幅值较大的那个信号作为触发信号，以便提供一个统一的参考点。双踪示波法在测量相位差较小的信号时误差较大。

2）用李沙育图形法测量频率和相位

李沙育图形法是利用示波器的 X 和 Y 通道分别输入被测信号和一个已知信号，调节已知信号的频率，使屏幕上出现稳定的李沙育图形，根据已知信号的频率（相位）便可求得被测信号的频率（相位）。

（1）测量频率

示波器工作于 X-Y 方式，X 和 Y 两信号对电子束的使用时间总是相等的，而且 X 和 Y 信号分别确定的是电子束水平、垂直方向的位移，所以信号频率越高，波形经过垂直线和水平线的次数越多（如正弦波每个周期经过两次），即垂直线、水平线与李沙育图形的交点数分别与 X 和 Y 信号频率成正比。因此，李沙育图形存在关系：

$$\frac{f_{\mathrm{Y}}}{f_{\mathrm{X}}} = \frac{N_{\mathrm{H}}}{N_{\mathrm{V}}} \tag{1-28}$$

式中，N_{H}、N_{V} 分别为水平线、垂直线与李沙育图形的交点数；f_{Y}、f_{X} 分别为示波器 Y 和 X 信号的频率。

实例 1-13 如图 1-58 所示的李沙育图形，已知 X 信号频率为 6 MHz，问 Y 信号的频率是多少？

解 分别在李沙育图形上画出垂直线和水平线，则 $N_{\mathrm{H}}=2$，$N_{\mathrm{V}}=6$，根据式（1-28）得：

$$f_{\mathrm{Y}} = \frac{N_{\mathrm{H}}}{N_{\mathrm{V}}} \times f_{\mathrm{X}} = \frac{2}{6} \times 6 = 2\,\mathrm{MHz}$$

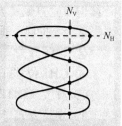

图 1-58 李沙育图形

李沙育图形法适合测量频率比在 1:10～10:1 之间的信号，否则波形显示复杂，给测量带来困难。

（2）测量相位差

在低频相位差的测量中，常用李沙育图形法（也称椭圆法）。这时示波器工作于 X-Y 方式，两个同频率、同幅度的正弦信号分别送至 X、Y 通道，屏幕上出现一个椭圆波形，即李沙育图形，如图 1-59 所示。由椭圆上的坐标可求得两信号的相位差为：

$$\Delta\varphi = \arcsin\frac{y_0}{y_{\mathrm{m}}} \quad \text{或} \quad \Delta\varphi = \arcsin\frac{x_0}{x_{\mathrm{m}}} \tag{1-29}$$

式中，$\Delta\varphi$ 为两信号的相位差；x_0、y_0 为椭

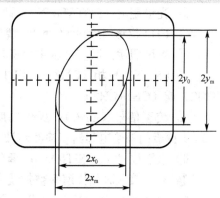

图 1-59 椭圆法测量信号的相位差

圆与 X 轴、Y 轴截距的一半；x_m、y_m 为光点在 X 轴、Y 轴方向上的最大偏转距离的一半。

虽然李沙育测量过程比双踪示波法复杂，但其测量结果比双踪示波法要准确。

实训 5　YB4320A 型双踪示波器的使用

1. 面板

YB4320A 型双踪示波器前面板如图 1-60 所示，各控制旋钮和按键的功能如下。

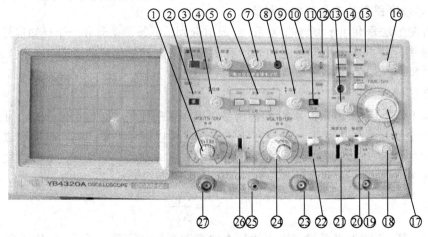

图 1-60　YB4320A 型示波器前面板图

① 垂直衰减器（粗调）（VOLTS/DIV）、微调（VAR）：调节垂直偏转灵敏度；用于连续调节垂直偏转灵敏度，顺时针旋足为校正位置。

② ×5 扩展：垂直方向上幅度×5。

③ 电源开关（POWER）：接通或关断电源。

④ CH1 位移（POSITION）：调节通道 1 光迹在屏幕上的垂直位置。

⑤ 辉度（INTER）：调节光迹的亮度。

⑥ 垂直方式（VERT MODE）：CH1 或 CH2，通道 1 或 2 单独显示；交替，两个通道交替显示。

⑦ 聚焦（FOCUS）：调节光迹的清晰度。

⑧ 光迹旋转（ROTATION）：调节光迹与水平刻度线平行。

⑨ CH2 位移（POSITION）：调节通道 2 光迹在屏幕上的垂直位置。

⑩ 刻度照明：照亮屏幕中坐标尺。

⑪ ×5、Y2 反相（CH2 INVERT）：垂直方向上幅度×5；在 ADD 方式下得到（CH1-CH2）或（CH1+CH2）。

⑫ 校正信号（CAL）：提供幅度为 0.5 V、频率为 1 kHz 的校正方波信号；用于 10：1 探极的补偿电容器和检测示波器垂直与水平的偏转因数。

⑬ 水平位移（POSITION）：调节光迹在屏幕上的水平位置。

⑭ ×5：接入时扫描速率被扩展为 5 倍。

⑮ 触发极性（SLOP）：用于选择信号的上升沿或下降沿触发扫描。

⑯ 微调（VARIABLE）：用于连续调节扫描速度，顺时针旋足为校正位置。

⑰ 扫描速率（SEC/DIV）：用于调节扫描速度，顺时针旋足为X-Y。

⑱ 电平（LEVER）：用于调节被测信号在某一电平触发扫描。

⑲ 外触发输入（EXT. INPUT）：外触发输入插座。

⑳ 触发源选择（TRIG SOURCE）：用于选择触发源，包括INT（内）和EXT（外）。

㉑ 触发方式（TRIG MODE）：常态（NORM），无信号时，无显示，有信号时，与电平控制配合显示稳定波形；自动（AUTO），无信号时，显示光迹，有信号时，与电平控制配合显示稳定波形；电视场（TV-V，TV-H），用于显示电视场信号；峰值自动（P-P AUTO），无信号时，屏幕显示光迹，有信号时，无须与电平配合即能够获得稳定波形显示。

㉒ 耦合方式（AC—DC—GND）：用于选择被测信号馈入垂直通道的耦合方式。

㉓ CH1 OR Y：被测信号的输入插座。

㉔ 垂直衰减器（粗调）（VOLTS/DIV）、微调（VAR）：调节垂直偏转灵敏度；用于连续调节垂直偏转灵敏度，顺时针旋足为校正位置。

㉕ GND：示波器公共地端。

㉖ 耦合方式（AC—DC—GND）：用于选择被测信号馈入垂直通道的耦合方式。

㉗ CH1 OR X：被测信号的输入插座。

2. 主要性能指标

1）垂直偏转系统

偏转因数范围：5 mV/div～5 V/div，按1-2-5顺序分10挡，精度为±5%。

上升时间：5～35 ℃：≤17.5 ns；0～5 ℃或35～40 ℃：≤23.3 ns。

宽度（-3 dB）：5～35 ℃：≥20 MHz；5～35 ℃：≥15 MHz。

AC耦合下限频率：≤10 Hz。

输入阻抗：1 MΩ±2%//30±5 pF。

2）触发系统

触发灵敏度：常态或自动方式，内1.5 div，外0.5 V；电视场方式（复合同步信号测试），内1 div，外0.3 V。

自动方式的下限触发频率：≤20 Hz。

3）水平偏转系统

扫描时间因数范围：0.1 μs/div～0.2 s/div，按1-2-5顺序分20挡，使用扩展×5时，最快扫描速率为20 ns/div；精度：×1时±5%；×5时±8%。

扫描线性：×1时±5%；×5时±10%。

4）X-Y方式

偏转因数：同垂直偏转系统。

带宽（-3 dB）：DC～1 MHz。

X-Y相位差：≤3°（DC～50 kHz）。

5）校准信号

方波，幅度为 0.5 V±2%，频率为 1 kHz±2%。

3. 实训目的

（1）熟悉 YB4320A 型双踪示波器的面板装置及其操作方法。

（2）掌握 YB4320A 型双踪示波器的使用。

4. 实训器材

（1）函数信号发生器 2 台（或任意波形发生器 1 台）。

（2）YB4320A 型双踪示波器 1 台。

5. 示波器使用前的检查

（1）将示波器面板上的各旋钮置于如下位置：

电源——弹出；辉度——顺时针 1/3 处；聚焦——适中；

垂直位移——适中；显示方式——双踪；CH2 反相——弹出；

水平位移——适中；X-Y——弹出；×5 扩展——弹出；

触发方式——自动；触发源——CH1 或 CH2；触发极性——弹出；

耦合方式——AC；垂直偏转因数——1V/div；扫描时基因数——0.1 ms/div；

微调（水平、垂直）——顺时针（锁定）；交替触发——弹出；交替扩展——弹出。

（2）按下电源开关接通电源，电源指示灯亮，预热 3 min，仪器即进入正常工作状态。

（3）顺时针调节辉度旋钮，屏上将出现扫描线。注意：辉度不能太亮，以免损伤荧光物质。

6. 实训内容及步骤

1）测量机内校准信号参数

示波器提供标准 1 kHz、$0.5V_{P-P}$ 的方波校准信号。现对该校准信号进行测量。

（1）测量幅度、频率：对示波器调零完之后，Y 轴耦合方式开关置"AC"或"DC"，触发源选择开关置"内"。将校准信号接入通道 1，调节 X 轴扫描因数开关（t/div）和 Y 轴垂直偏转因数开关（V/div），观测显示是否正确，读出方波的幅度和频率，填入表 1-13 中。

（2）测量上升时间 t_r：调节示波器的时基因数旋钮，将波形横向展开，如图 1-61 所示。接着按下扫描因数×5 的扩展键，调节水平位移，调出两条水平引线。读出幅度的 10%～90% 所占时间，即上升时间 t_r，填入表 1-13 中。具体的计算公式如下：

上升时间 t_r = 上升沿格数×扫描时基因数÷5

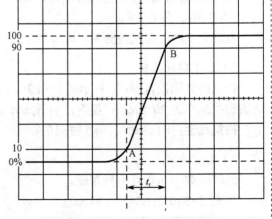

图 1-61 校准信号上升时间测量

2）测量直流偏置电压 V_0

信号发生器输出 1 kHz，$2V_{P-P}$ 的正弦波，将信号源的直流偏置按钮调到一定位置。示波器 CH1 置为"DC"耦合，调节示波器使波形显示正常，读出波形峰值的格数即高度 g_1，然后将 CH1 置为"AC"耦合，并读波形峰值的格数 g_2，最后按以下公式计算直流偏置电压 V_0，填入表 1-13 中。

$$直流偏置电压 V_0 = (g_1 - g_2) \times 垂直偏转因数$$

3）测量正弦波参数

调节信号发生器相应旋钮，使信号源输出 100 Hz、5 V_{P-P} 的正弦波。调节示波器相应旋钮，使波形显示正常。在示波器上读出相关数据，计算重复周期 T_0、电压峰-峰值 U_{PP}，及信号频率，填入表 1-14 中。

$$电压峰-峰值 U_{PP} = 波峰到波谷的格数 \times 垂直偏转因数$$

$$重复周期 T_0 = 单周期的格数 \times 扫描时基因数$$

$$信号频率 = 1/信号周期$$

表 1-13 校准信号测量数据记录

	标 准 值	实 测 值
幅度	0.5 V_{P-P}	
频率	1 kHz	
上升时间	—	
直流偏置电压	—	

表 1-14 正弦信号测量数据记录

	标 准 值	实 测 值
峰-峰值	5 V_{P-P}	
周期		
频率	100 Hz	

4）测量三角波波形对称度 $\dfrac{T_a}{T_b}$

调节信号发生器相应旋钮，使信号源输出 1 kHz、2 V_{P-P} 的锯齿波。调节示波器相应旋钮，使波形显示正常。调节示波器垂直幅度旋钮和扫描因数开关，读出波形上升时间和下降时间，最后计算波形对称度，填入表 1-15 中。

$$上升时间 T_a = 上升沿格数 \times 扫描时基因数$$

$$下降时间 T_b = 下降沿格数 \times 扫描时基因数$$

$$波形对称度 = \frac{T_a}{T_b}$$

5）测量两同频率正弦波信号相位差 φ

首先，示波器显示方式为双踪，Y1 和 Y2 输入耦合方式开关置接地，调节 Y1 和 Y2 的垂直位移旋钮，使两条扫描基线重合。

接着，按图 1-62 所示连接实验电路，将函数信号发生器的输出调至 1 kHz、2 V_{P-P} 的正弦波，经 RC 移相网络获得频率相同但相位不同的两路信号，示波器的 CH1 和 CH2 通道分别接测试点 1 和测试点 2，观察波形。

注意： 为使波形稳定，应使内触发信号取自被设定作为测量基准的一路信号。

采用任意波形发生器时，由于任意波形发生器本身具有两路输出，故不需要移相网络。

表 1-15 三角波对称度测量数据记录

	实测值	备注
上升时间		
下降时间		
对称度		

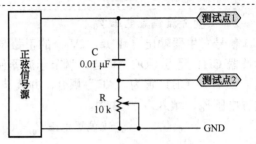

图 1-62 RC 移相电路

然后将 Y1 和 Y2 输入耦合方式开关置"AC"挡位,调节"触发电平"、"时基因数"及"垂直偏转因数"开关位置,使荧光屏上显示出易于观察的两个相位不同的正弦波,如图 1-57 所示。

根据两波形在 X 轴方向差距格数 x,以及信号一个周期所占格数 x_T,可求得两波形相位差 φ。

$$\varphi = \frac{x}{x_T} \times 360°$$

将实验结果与理论计算值进行比较,填入表 1-16 中。

表 1-16 测量两同频率信号相位差数据记录

信号一个周期所占格数	两波形在 X 轴方向差距格数	相位差	
		实测值	计算值
$x_T=$	$x=$	$\varphi_{实验}=$	$\varphi_{理论}=$

其中:$\varphi_{理论} = -\arctan\dfrac{1}{\omega RC} = -\arctan\dfrac{1}{2\pi fRC}$

注意:R、C 读数的有效数字,R 精度为 0.1%,C 精度为 0.5%。

6)用李沙育图形测频率

示波器置 X-Y 方式。用函数信号发生器作为 f_x 信号源,输入 CH1 端,用另一台函数信号发生器提供 f_y 信号,输入 CH2 端,根据给定的信号 f_x 调出李沙育图形,获得李沙育图形与水平、垂直切线的切点数目,根据式(1-28)计算 f_y 频率,绘出李沙育图形,填入表 1-17 中。

表 1-17 李沙育图形测频率数据记录

$f_x:f_y$	1:1	2:1	3:1	3:2	4:3
f_x (Hz)	50	50	50	200	300
N_x					
N_y					
f_y (Hz)					
李沙育图形					

注意:采用任意波形发生器时,由于任意波形发生器本身具有两路输出,故只需 1 台。

7)其他开关的操作练习

(1)选择不同的触发极性

按下"极性"按钮并观察波形显示的变化。

（2）选择不同的扫描速度

切换信号源的频率挡位，选择不同的扫描速度，调节扫描时基旋钮并观察不同扫描速度下的波形显示。

（3）观察波形叠加

示波器两通道时基线重合。两个信号源分别输出相同频率、不同波形的信号，按下 CH1、CH2 按钮，同时显示这两个信号。接着按下"叠加"按钮并观察（CH1+CH2）波形显示情况。

7. 实训报告

（1）记录实训步骤和实训结果，分析所得数据的正确性。

（2）记录过程中遇到的问题，分析原因和写出解决方法。

8. 思考题

模拟示波器测量前，如何调整合适的探头补偿？

1.7.5 取样技术在示波器中的应用

前面介绍的通用示波器是"实时示波器"，测量时间（一个扫描正程）等于被测信号的实际持续时间，即实时（Real Time）测量。随着被测信号的频率越来越高，被测脉冲的前沿越来越陡，通用实时示波器的带宽受垂直放大器和示波管频率响应的限制，最高只能到几百兆赫兹，已不能满足需要。此时，取样技术应运而生。取样技术在示波测试中的应用，是目前扩展示波器带宽的有效方法之一。

1. 取样的基本概念

取样就是从被测波形上取得样点的过程。为了观测高频信号，普通示波器的前面加一个专门的取样装置，然后在荧光屏上以断续的亮点显示出被测信号的波形来，只要取样点数足够多，显示的离散点就能还原原波形的形状。

取样技术的实质是频率变换技术。取样分为实时取样和非实时取样两种。

1）实时取样

从一个信号波形中取得所有取样点，来表示一个信号波形的方法称为实时取样。如图 1-63 所示，电子开关 S 组成取样门，取样门由周期为 T_0 的取样脉冲 $p(t)$ 所控制，在取样脉冲出现瞬间，取样门接通，输入信号被取样。若取样脉冲宽度 t_w 很窄，则可认为被测信

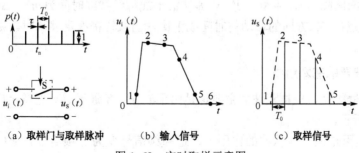

(a) 取样门与取样脉冲   (b) 输入信号   (c) 取样信号

图 1-63 实时取样示意图

号 $u_i(t)$ 的幅度在 t_w 时间内不变，这样每次取样所得即为取样瞬间 $u_i(t)$ 的瞬时值。实时取样时，取样脉冲周期小于输入信号周期，取样信号频率高于输入信号频率，所以，实时取样不能用于高频信号的观测，常用于非周期现象和单次过程的观测。

2）非实时取样

从被测信号的若干周期上取得样点的方法称为非实时取样，如图 1-64 所示。非实时取样的信号间隔是灵活的，可以间隔 10 个、100 个信号波形甚至更多信号周期取一个样点。因此，取样技术是一种频率变换技术，通过"非实时取样"将高频信号变成低频信号，将极窄的快速脉冲展宽后再以模拟示波器的方法显示被测信号。利用非实时取样技术，示波器可以观察吉兆赫兹（GHz）以上的超高频信号。

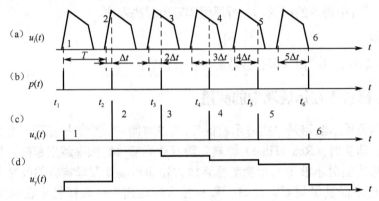

图 1-64　非实时取样示意图

图 1-64（a）～（d）所示分别是被测信号 $u_i(t)$、取样脉冲 $p(t)$、取样门输出的取样信号 $u_S(t)$，以及经过保持及延长后形成的阶梯信号 $u_y(t)$，再经过直流放大后送至 Y 偏转板。图中是间隔一个信号周期的取样，每一次取样的时间相对于上一次延迟 Δt，取样点按顺序取遍整个信号波形，取样所得的脉冲序列，其包络波形可以重现原信号波形，但频率大大降低了。若每次间隔 m 个周期取样，则两个取样脉冲之间的时间间隔为 $mT + \Delta t$。非实时取样的缺点是要求被测信号是周期性的，同时采样过程较慢，因此比较耗时。

3）显示信号的合成过程

图 1-65 展示了由取样点合成波形的过程。为了在屏幕上显示出由不连续的亮点构成的波形，X、Y 偏转板上都应加阶梯电压。加在 Y 偏转板上的阶梯电压是前述 $u_y(t)$，合成波形每两点间的时间间隔为 $mT + \Delta t$，故 X 偏转板上加每级持续时间为 $mT + \Delta t$ 的阶梯电压，使得屏幕上的亮点在 X 方向的移动与时间成正比。当取样密度足够高时，则显示波形与被测波形非常近似。

2. 取样示波器的基本组成

与通用示波器类似，取样示波器主要也是由示波管、X 通道、Y 通道组成，其基本组成框图如图 1-66 所示。

Y 通道的作用是在取样脉冲的作用下，把高频信号变为低频信号。它由取样电路、放大电路及延长电路组成。取样电路由取样门和取样脉冲发生器组成。延长电路由延长门、

项目 1　简单电子产品的性能测试

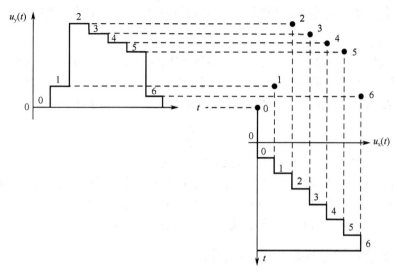

图 1-65　取样示波器的波形合成

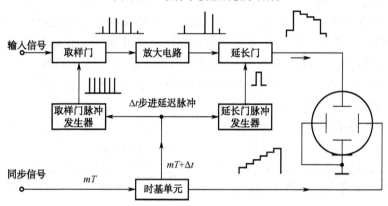

图 1-66　取样示波器基本组成框图

延长脉冲发生器组成。取样门平时关闭,只有取样脉冲到来时才打开并取出样品信号。延长电路起记忆作用,把每个取样信号幅度记录下来并展宽,供最后信号合成用。延长电路的输出端接至通用示波器 Y 偏转板。

X 通道的主要任务是产生时基扫描信号,同时产生 Δt 步进延迟脉冲送 Y 通道,控制取样脉冲发生器和延长门脉冲发生器的工作,即配合整个示波器的工作。

3. 取样示波器的主要性能参数

1) 带宽

取样示波器能观测频率很高的信号,带宽高达上百吉赫兹。由于取样后的频率已经变低,因此对取样示波器的频带限制主要在取样门。取样门所用元器件的高频特性要足够好,取样脉冲本身要足够窄,以保证取样期间被测信号的电压基本不变。

2) 取样密度

取样密度指荧光屏 X 轴上显示的被测信号每格所对应的取样点数,常用每厘米的光点数来表示,即为 "n/cm"。过小的取样密度使取样点过稀,可能使重现的波形失真;过大的取样密度也会使一次扫描所用时间过长,可能导致波形闪烁。故取样密度应选取合适。

3)等效扫速

在通用示波器中,扫描速度为荧光屏上每厘米代表的时间(t/cm)。在取样示波器中,虽然屏幕上显示 n 个亮点需要 $n(mT+\Delta t)$ 的时间,但它等效于被测信号经历了 $n\Delta t$ 的时间。因此,把等效扫描速度定义为等效的被测信号经历时间 $n\Delta t$ 与水平方向展开的距离 L 之比,即

$$S = \frac{n\Delta t}{L}$$

单纯的取样示波器只能观测重复性的周期信号,应用范围有限。随着数字技术的发展,已将取样技术融合到数字示波器中了。现代数字示波器不仅可以观测超高频重复性的周期信号,还可以观测瞬态的单次脉冲,因此,目前市场上已很少见到单纯的取样示波器了,但取样示波器技术为现代数字示波器奠定了良好的基础。

1.7.6 数字存储示波器的组成与功能

数字存储示波器(Digital Storage Oscilloscope, DSO)简称数字示波器,是 20 世纪 70 年代初发展起来的一种新型示波器。这类示波器先将输入模拟信号波形进行数字化,然后存入数字存储器中,并通过显示技术还原被测波形。它可以方便地实现对被测信号的长期存储,并能利用机内微处理器系统对存储信号做进一步的处理,例如,对被测波形的频率、幅值、前后沿时间、平均值等参数的自动测量以及多种复杂的处理。数字存储示波器的出现使传统示波器的功能发生了重大变革。

一般来说,数字存储示波器具有信号数字化处理和重现波形两个主要的工作过程。数字化处理过程包括"采样"和"量化"过程,所谓采样即在离散的时间点上对输入模拟信号取值的过程,而量化是借助 A/D 转换器将采样值转换为二进制数码的过程。重现波形的过程则是垂直系统和水平系统提取 RAM 中的二进制序列信息并将其还原成电压信号的过程。

1. 数字存储示波器的组成

现代典型数字存储示波器由 Y 通道、X 通道和 LCD 显示屏等组成,其原理框图如图 1-67 所示。数字示波器运用数字信号处理技术,由微处理器控制各部分协调工作。A/D 转换器将模拟信号转换为数字信号,写入存储器。波形显示时,读出存储器中的数据,送入 LCD 驱动器,然后加到 LCD 显示屏,进而达到以密集的光点重现被测模拟量的目的。

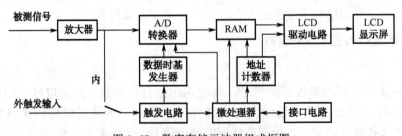

图 1-67 数字存储示波器组成框图

1)采样和 A/D 转换

采样使连续波形离散化。采样可分为实时采样和等效实时采样(非实时采样)两种方

式,主要取决于采样脉冲的产生方法。A/D 转换器是波形存储的关键部件,它决定了示波器的最高采样速率、存储带宽以及垂直分辨力等多项指标。模拟量经 A/D 转换后,得到相应数字量,这些数字量按照一定顺序被存放在 RAM 中。目前,采用的 A/D 转换形式有逐次比较型、并联型、串并联型以及 CCD+A/D 组合(CCD:电荷耦合器件)等形式。

2)数字时基发生器

数字时基发生器用来产生采样脉冲信号,以控制 A/D 转换器的采样速率和存储器的写入速度。依据采样方式的不同其组成有所差异。

当示波器工作于实时采样状态时,时基发生器相当于扫描时间因数(t/div)控制器,即时基分频器。先由晶振产生时钟信号,再用若干分频器将其分频,得到各种不同的时基信号,由该信号来控制 A/D 转换器即可得到不同的采样速率。

当示波器工作于等效实时采样状态时,不能由时基控制器直接控制 A/D 转换速率,而是由间隔为 $mT+\Delta t$ 的取样脉冲来控制 A/D 转换速率和存储器写入速率。

3)地址计数器

地址计数器用来产生存储器地址信号,它由二进制计数器组成。计数器的位数由存储容量决定。当存储器执行写入操作时,地址计数器的计数频率应该与控制 A/D 转换器采样时钟的频率相同,即计数器时钟输入端应接采样脉冲信号。而执行读出操作时,可采用较慢的时钟频率。

4)RAM

欲实现对高速信号的测量,应选用存储速度较快的 RAM;若测量时间较长,则应选用存储容量较大的 RAM;若要断电后仍能长期存储波形数据,应配备 E^2PROM。有些新型数字示波器配有硬盘等大容量存储设备,可将波形数据以文本文件形式长期保存。

5)I/O 接口电路

I/O 接口电路有 GPIB、USB 等接口总线,用于和计算机、打印机、互联网等进行数据交换,以构成自动测试系统或实现远程控制等。

2. 数字存储示波器的显示方式

为了适应对不同波形的观测,数字存储示波器具有多种灵活的显示方式。

1)点显示与插值显示

点显示就是在屏幕上以间隔点的形式将采集的信号波形显示出来。由于各点之间没有任何连线,每个信号周期必须要有足够多的点才能正确地重现信号波形,一般要求每个正弦信号周期显示 20~25 个点。在点显示情况下,当被观察的信号在一个周期内采样点数较少时会引起视觉上的混淆现象。为克服视觉混淆现象,数字示波器往往采用插值显示。所谓插值显示,就是利用插值技术在波形的两个采样点数据间补充一些数据。数字示波器广泛采用线性插值和正弦插值法两种方式。采用插值显示可以降低对 DSO 采样速率的要求。

2)基本显示与单次触发显示

基本显示方式又称刷新显示方式,工作过程是:当满足触发条件时,就对信号进行采集并存到存储器中,然后将存储器中的波形数据复制到显示存储器中去,从而使得屏幕的显示内容不断随信号的变化而更新。这种连续触发显示的方式与模拟示波器的基本显示方式类似,是最常使用的一种显示方式。

单次触发显示是当满足条件时,就对信号进行连续采集并将其存于存储器的连续地址单元中,一旦数据将存储器的最后一个单元填满后,采集过程即告结束,然后不断地将存储器中的波形数据复制到显示存储器中,在此期间示波器不再采集新的数据。这种方式对观测单次出现的信号非常有效。模拟示波器不具备这样的显示方式。

3)滚动显示

滚动显示的表现形式是被测波形连续不断地从屏幕右端进入,从屏幕左端移出。示波器犹如一台图形记录仪,记录笔在屏幕的右端,记录纸由右向左移动,当发现欲研究的波形部分时,还可将波形存储或固定在屏幕上,以做细微的观察与分析。

滚动显示方式的机理是每当采集到一个新的数据时,就把已存在存储器中的所有数据都向前移动一个单元,即将第一个单元的数据冲掉,其他单元的内容依次向前递进,然后再在最后一个单元中存入新采集的数据。每写入一个数据,就进行一次读过程,读出和写入的内容不断更新,因而可以产生波形滚滚而来的滚动效果。滚动显示主要适于缓慢变化的信号。

4)锁存和半存显示

锁存显示就是把一幅波形数据存入存储器之后,只允许从存储器中读出数据进行显示,不准新数据再写入,即前述的单次触发显示。

半存显示是指波形被存储之后,允许存储器奇数(或偶数)地址中的内容更新,但偶数(或奇数)地址中的内容保持不变。于是屏幕上便出现两个波形,一个是已存储的波形信号,另一个是实时测量的波形信号。这种显示方法可以实现将现行波形与过去存储下来的波形进行比较的功能。

3. 数字存储示波器的主要性能指标

数字存储示波器中与波形显示部分有关的技术指标和模拟示波器相似,下面分析其与波形存储部分有关的主要性能指标。

1)最高采样速率(Sa/s)

数字存储示波器的基本原理是在被测模拟信号上采样,以有限的采样点来表示整个信号波形。最高采样速率指单位时间内完成的完整 A/D 转换的最高次数,即每秒的采样点数,单位为点/秒(Sa/s),也常用频率表示。最高采样速率愈高,仪器捕捉信号的能力愈强。现代数字存储示波器最高采样速率可达 20 GSa/s。

2)存储带宽

模拟示波器的带宽是以 3 dB 带宽定义的,而数字存储示波器的存储带宽是指以存储方式工作时所具有的频带宽度。存储带宽与取样速率密切相关,根据取样定理,如果取样速率大于或等于信号最高频率分量的 2 倍,便可无失真地重现原模拟信号。实际上,在数字存储示波器的设计中,为保证显示波形的分辨力,往往要求增加更多的取样点,一般取 4~10 倍或更多。

3）分辨力

分辨力指示波器能分辨的最小电压增量和最小时间增量，即量化的最小单元，用于反映存储信号波形细节的综合特性。分辨力包括垂直（电压）分辨力和水平（时间）分辨力。垂直分辨力与 A/D 转换器的分辨力相对应，常以屏幕每格的分级数（级/div）或百分数表示。水平分辨力由存储器的容量来决定，常以屏幕每格含多少个取样点（点/div）或百分数表示。

示波管屏幕坐标的刻度一般为 8×10 div。若示波器采用 8 位 A/D 转换器（256 级），则其垂直分辨力为 32 级/div，用百分数表示为 1/256≈0.39%。若采用容量为 1 KB 的存储器，则水平分辨力为 1 024/10≈100 点/div，或用百分数表示为 1/1 024≈0.1%。

4）存储容量

存储容量又称存储深度，由主存储器的最大存储容量来表示，常以字（word）为单位。存储容量与水平分辨力在数值上互为倒数关系，存储容量愈大，水平分辨率就愈高。

早期数字存储器的存储容量有 256 B、512 B、1 KB、4 KB 等，新型的数字存储器的存储采用快速响应深存储技术，存储容量可达 2 MB 以上。

5）读出速度

读出速度是指将存储的数据从存储器中读出的速度，常用 t/div 表示。其中，时间等于屏幕中每格内对应的存储容量×读脉冲周期。使用时应根据显示器、记录装置等对速度的不同要求，选择不同的读出速度。

4. 数字存储示波器的特点

与模拟示波器相比，数字存储示波器有下述几个特点。

1）波形的采集和显示可以分离

数字存储示波器在存储工作阶段，对快速信号采用较高的速率进行取样与存储，对慢速信号采用较低速率进行取样与存储，但在显示工作阶段，其读出速度采取了一个固定的速率，不受取样速率的限制，因而可以获得清晰而稳定的波形。数字存储示波器可以无闪烁地观察频率很低的信号，对于测速极快信号而言，不必用带宽很高的阴极射线示波管，这是模拟示波器无能为力的。采集与显示两者能分离的关键在于数字示波器具有波形存储能力，存储功能起到了缓冲与隔离作用。

2）具有长时间存储信号的能力

这种特性对观察单次出现的瞬变信号尤为有利。有些信号，如单次冲击波、放电现象等都在短暂的一瞬间产生，在示波器的屏幕上一闪而过，而数字存储示波器把波形以数字方式存储起来，且其存储时间在理论上可以是无限长的。

3）具有先进的触发功能

数字存储示波器不仅能显示触发后的信号，而且能显示触发前的信号，并且可以任意选择超前或滞后的时间，这为材料强度、地震研究、生物机能实验提供了有利的工具。除此之外，数字存储示波器还可以向用户提供边沿触发、组合触发、状态触发、延迟触发等多种方式，来实现多种触发功能，方便、准确地对电信号进行分析。

4）测量精度高

模拟示波器水平精度由锯齿波的稳定度和线性度决定，故很难实现较高的时间精度，一般限制在 3%～5%。而数字存储示波器由于使用晶振作为高稳定时钟，有很高的测时精度。采用多位 A/D 转换器也使幅度测量精度大大提高。尤其是能够自动测量直接数字显示，有效地克服示波管对测量精度的影响，使大多数的数字存储示波器的测量精度优于 1%。

5）具有很强的处理能力

这是由于数字存储示波器内含微处理器，因而能自动实现多种波形参数的测量与显示，如上升时间、下降时间、脉宽、频率、峰-峰值等参数的测量与显示。能对波形实现多种复杂的处理，如取平均值、取上下限值、频谱分析以及对两波形进行加、减、乘等运算处理。同时还能使仪器具有许多自动操作功能，如自检与自校等功能。

6）具有数字信号的输入/输出功能

通过各种通信接口，可以很方便地将存储的数据送至计算机、合成信号源或其他外部设备，进行复杂的数据运算或分析处理，以及复杂波形的产生。同时还可以通过各种通信接口与计算机一起构成强有力的自动测试系统。

随着数字信号处理技术的发展，数字存储示波器在性能上大大超越模拟示波器，且技术水平一直在高速发展着，从发展趋势来看，数字示波器将取代模拟示波器。

5. 数字存储示波器的基本功能

数字示波器有很多传统模拟示波器所不具备的功能，有些功能具有一定的代表性。了解这些功能有助于加深对数字示波器的认识，也有助于理解其工作原理和更有效地操作。

1）自动设置（Auto Scan）

自动设置是通过软件自动调定示波器设置的功能。无须人工调节示波器的垂直、水平等各项设置，只需按一下自动设置键，软件就会对输入波形进行计算，使仪器调到合适的扫速、合适的垂直灵敏度、合适的触发电平，从而得到满意的波形显示。当被测信号频繁改变时，可利用该功能键提高探测速度。

2）存入/调出（Save/Recall）面板设置

当需要多次重复使用某几套设置，观测几个不同波形或对同一个波形在不同的设置条件下进行测量时，可以预先将设置好的几套面板参数存储起来。只需顺序按下"Save+数字键"，数字示波器即自动把当前的设置参数存到非易失存储器中，关机后也不会丢失。测试需要时，可以按"Recall+数字键"随时把它们调出来，避免了每次测量时的烦琐设置，特别适合于反复进行的测试程序，如生产线上的多种波形的重复测量。

3）光标测量（ΔU、ΔT）

数字示波器具有同时显示两个电压光标和两个时间光标的能力。简单地利用面板上的转轮，调整游标，可以测量波形上任何一点的绝对电平、离触发参考点的时间值或者直接读出波形上任意两点的电压差（ΔU）、时间差（ΔT）及电压与时间的相关特性等。

项目 1　简单电子产品的性能测试

4）自动顶—底（Auto Top-Base）

在"ΔU"菜单下，按"自动顶—底"键，仪器软件将用统计平均算法自动地把两个电压光标移到波形的顶部和底部。通过 ΔU 的读数指示，可以立即准确读出波形幅度值或分别读出顶部或底部的绝对电平值。此外，ΔU 光标能自动放在波形的 10%—90%、20%—80%、50%—50%处，以便做出特殊测量。

5）精密沿寻找（Precise Edge Find）

如果已经把电压光标放在了波形 50%—50%处，就可以在"ΔT"菜单下按精密沿寻找键，让仪器自动地把两个 ΔT 光标分别放在指定的脉冲沿上。此功能可以对不均匀脉冲的脉宽、周期等进行精密测量，也可以进行双通道两个脉冲波形的延迟测量。

6）自动脉冲参数测量

能进行自动脉冲参数测量，包括频率、周期、占空比、上升时间、下降时间、正宽度、负宽度、上冲量、反冲量、峰-峰电压、有效值电压等参数。

7）平均显示

数字示波器利用优良的软件设计进行快速连续平均，平均次数可设定。利用平均，能提高波形显示分辨力，利用平均可以提取淹没在非相关噪声中的信号。

8）单次捕捉（Single）

单次捕捉实际上只是其中一个采集周期对信号进行取样的结果，因此，所得的样点之间的间隔等于采样频率的倒数。若最高采样速率为 40 MSa/s，则样点间隔为 25 ns。若 4 个样点表示一个窄脉冲，那么，可以捕捉的最窄脉冲宽度为 100 ns。

9）捕捉尖峰干扰

数字示波器中设置了峰值检测模式。尽管一个采样区间对应很多采样时钟，但峰值检测模式在一个采样区间内只检测出其中的最大值和最小值作为有效采样点。这样，无论尖峰位于何处，宽范围的高速采样保证了尖峰总能被数字化，而且尖峰采样点必然是本区间的最大值或最小值，其中正尖峰对应最大值，负尖峰对应最小值。这样，尖峰脉冲就能可靠地检出、存储并显示。峰值检波模式非常适合在较大时基设定范围内捕捉重复的尖峰干扰或单脉冲干扰。

实训 6　GDS-2072A 型数字存储示波器的使用

GDS-2072A 型数字存储示波器带宽 70 MHz，2 通道，2 GSa/s 实时采样率，2 MB 内存深度，最高每秒 80 000 次波形更新，具有超大彩色 LCD 显示屏以及采用 VPO（Visual Persistence Oscilloscope，视觉持久示波器）技术。加配逻辑分析仪配件，可实现逻辑分析仪的功能，通过逻辑触发捕获信号，使逻辑波形和模拟波形显示在同一个屏幕上，方便比较和时间分析。

1. 前面板

GDS-2072A 型数字存储示波器前面板实物图如图 1-68（a）所示，前面板示意图如图 1-68（b）所示。各按键功能说明如下。

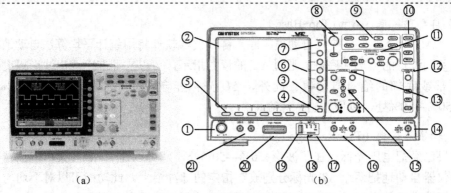

图 1-68　GDS-2072A 型数字存储示波器前面板

① Power 键：开机/关机。

② LCD 显示屏：8 英寸 SVGA TFT 彩色 LCD，800×600 分辨率。

③ Menu Off 键：隐藏系统菜单。

④ Option 键：使用已安装的选配件，如逻辑分析仪、信号源。

⑤ 底部菜单键（Bottom Menu）：用于选择 LCD 屏底部界面菜单。

⑥ 右侧菜单键（Side Menu）：用于选择 LCD 屏右侧界面菜单。

⑦ Hardcopy 键：一键保存或打印。

⑧ Variable and Select 键：可调万能旋钮用于增加/减小数值或选择参数，Select 键确认选择。

⑨ 功能键：进入和设置示波器的不同功能。

　Measure 键：设置和删除自动测量项目。

　Cursor 键：设置和运行光标测量。

　Test 键：设置和运行 GW Instek 应用软件及选配功能，如电源分析软件。

　Acquire 键：设置捕获模式，包括分段存储功能。

　Display 键：显示设置。

　Help 键：帮助菜单。

　Save/Recall 键：存储和调取波形、图像、面板设置。

　Utility 键：系统设定，可设置 Hardcopy 键、显示时间、语言、校准和 Demo 输出。

⑩ 执行控制：

　Autoset 键：自动设置触发、水平刻度和垂直刻度。

　Run/Stop 键：停止（Stop）或继续（Run）捕获信号。也用于运行或停止分段存储的信号捕获。

　Single 键：单次触发模式。

　Default 键：默认键，恢复初始设置。

⑪ 水平和搜索控制（Horizontal Controls）：用于改变光标位置、设置时基、缩放波形和搜索事件。

　Position 键：用于调整波形的水平位置。

TIME/DIV 键：用于改变水平刻度。
Zoom 键：Zoom 与水平位置旋钮结合使用。
Play/Pause 键：查看每一个搜索事件。
Search 键：进入搜索功能菜单，设置搜索类型、源和阈值。
Search Arrows 键：方向键用于引导搜索事件。
Set/Clear 键：当使用搜索功能时，Set/Clear 键用于设置或清除感兴趣的点。

⑫ 触发控制（Trigger Controls）：控制触发电平和选项。
Level 键：设置触发电平。
Menu 键：显示触发菜单。
50% 键：触发电平设置为 50%。
Force‑Trig 键：强制触发波形。

⑬ 垂直控制（Vertical Controls）：用于设置波形垂直位置、垂直缩放波形。
POSITION 键：设置波形的垂直位置。
CH1 键、CH2 键：设置通道。
VOLTS/DIV 键：设置通道的垂直刻度。

⑭ External Trigger 键：外部触发信号输入端（输入阻抗：1 MΩ，电压输入：±15 V 峰值，EXT 触发电容：16 pF）。

⑮ 运算、参考值、总线键：
Math 键：设置数学运算功能。
Reference 键：打开或关闭参考波形。
BUS 键：设置并行和串行总线（UART、I^2C 和 SPI）。逻辑分析仪选件包括串行总线和并行总线功能（DS2-08LA/DS2-16LA）。

⑯ CH1、CH2 插座：模拟通道输入，输入阻抗 1 MΩ。

⑰ 基本信号发生器：作为探头补偿、触发输出或针对演示目的（FM 信号、UART、I^2C、SPI）。默认情况下 3 组输出为：1—触发输出；2—FM 波形；3—探头补偿信号（CAL 输出一个 2 V_{p-p}、1 kHz 方波信号）。

⑱ 连接待测物的接地线，共地。

⑲ USB Host 接口：Type A，1.1/2.0 兼容，用于数据传输。

⑳ Logic Analyzer 接口：用于连接逻辑分析仪探头。仅当安装逻辑分析仪模块后该接口功能才启用。

㉑ GEN1、GEN2：信号发生器输出端，与选配的信号发生器模块一起使用。

2. 后面板

GDS-2072A 型数字存储示波器后面板实物图如图 1-69（a）所示，可弹性地选择 LAN/SVGA、GPIB、信号发生器，以及 8 或 16 通道逻辑分析仪。后面板示意图如图 1-69（b）所示。各按键功能说明如下。

① CAL：校准信号输出，用于精确校准垂直刻度。
② USB Device 接口：USB Device 接口，用于远程控制。
③ USB Host 接口：USB Host 接口，用于数据传输。

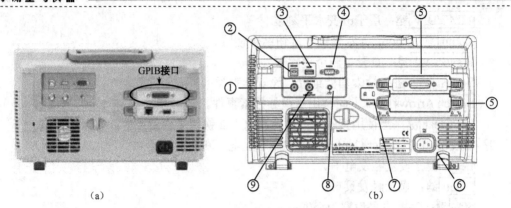

图1-69 GDS-2072A数字存储示波器后面板

注：每次仅可使用一个后面板USB接口。使用USB Host接口将禁用USB Device接口。

④ RS-232 接口：RS-232接口用于远程控制。

⑤ Slots 模块插槽：两个选配模块安装槽，DS2-LAN（以太网和SVGA）；DS2-GPIB（GPIB）；GLA-08（8通道逻辑分析仪）；GLA-16（16通道逻辑分析仪）；DS2-FGN（任意波信号源）。

⑥ Power 插座：电源插座，AC电源，100～240 V，50/60 Hz。

⑦ Security Slot 钥匙锁槽：兼容Kensington安全锁槽。

⑧ GND接口：用于示波器外壳接地。

⑨ Go-No Go 输出插座：以500 μs脉冲信号表示Go/No Go（通过/不通过）测试结果。

3. 显示界面

GDS-2072A型数字存储示波器的常规显示界面如图1-70所示。可选择简体中文界面。

LCD显示区：

模拟波形（Analog Waveforms）：显示模拟输入信号波形，CH1黄色、CH2蓝色。

总线波形（Bus Waveforms）：显示并行总线或串行总线波形。以十六进制或二进制表示。

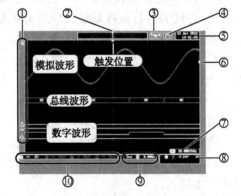

图1-70 GDS-2072A数字存储示波器显示界面

数字波形（Digital Waveforms）：显示数字通道波形，最多16组数字通道。

① 通道指示符（Channel Indicators）：显示每一激活通道信号波形的零电平基准位，激活通道以固定颜色显示。

② 内存条（Memory Bar）：屏幕显示波形在内存中所占比例和位置。

③ 触发状态（Trigger Status）： Trig'd 已触发； PrTrig 预触发； Trig? 未触发，屏幕不更新； Stop 触发停止，显示在Run/Stop模式； Roll 滚动模式； Auto 自动触发模式。

④ 捕获模式（Acquisition Mode）： 正常模式； 峰值侦测模式； 平均模式。

⑤ 日期和时间（Date and Time）：显示当前日期和时间。

⑥ 触发电平（Trigger Level）：显示触发电平位置。

⑦ 信号频率（Signal Frequency）：显示触发源频率。

⑧ 触发配置（Trigger Configuration）：包括触发源、触发斜率、触发电平、耦合方式。

⑨ 水平状态（Horizontal Status）：显示水平刻度和位置。

⑩ 通道状态（Channel Status）：CH1，DC 耦合，2 V/div。

4．主要性能指标

1）垂直系统

带宽：DC～70 MHz（-3 dB）。

上升时间：5 ns。

带宽限制：20 MHz。

垂直分辨力：8 bit@1 MΩ，1 mV～10 V。

输入耦合：AC、DC、GND。

输入阻抗：1 MΩ//16 pF。

精确度：在 2 mV/div 或更大挡位时，精确度为±（3%×|读数|+0.1 div+1 mV）；

在 1 mV/div 时，精确度为±（5%×|读数|+0.1 div+1 mV）。

极性：正向、反向。

最大输入电压：300 V（DC+AC Peak），CAT I。

偏移范围：1～20 mV/div，±0.5 V；50～200 mV/div，±5 V；500 mV/div～5 V/div，±50 V；10 V/div，±500 V。

波形信号处理：+、-、×、÷、FFT、FFTrms、微分、积分、开根号。

2）触发系统

触发源：CH1、CH2、Line、EXT。

触发方式：自动模式、一般模式、单次模式。

触发类型：边缘、脉冲宽度、视频、矮波、上升和下降、交替、事件延迟（1～65 535 event）、时间延迟（10 ns～10 s）、Logic*、Bus*（*需选配逻辑分析配件）。

触发延迟时间：10 ns～10 s。

耦合选项：AC、DC、LF rej.、HF rej.Noise rej.。

灵敏度：DC～100 MHz 约 1 div 或 1.0 mV；100～200 MHz 约 1.5 div 或 15 mV；200～300 MHz 约 2 div 或 20 mV。

3）外部触发

范围：±15 V。

灵敏度：DC～100 MHz 约 100 mV；100～300 MHz 约 150 mV。

输入阻抗：1 MΩ±3%//16 pF。

4）水平系统

范围：1 ns/div～100 s/div（1-2-5 分度）。

前置触发：最大 10 div。

后置触发：最大 1 000 div。

精确度：在任何≥1 ms 的时间间格中为±20 ppm。

5）信号撷取采集系统

实时采样率：2 GSa/s。

等效采样率：100 GSa/s。

记录长度：2 Mpts；内部闪存容量 64 MB。

撷取模式：一般、平均、峰值侦测、单次；

峰值侦测：2 ns（典型）；

平均模式：可选择 2～256 次。

6）X-Y 模式

X 轴输入：通道 1；

Y 轴输入：通道 2；

相移：100 kHz 时±3°。

7）光标量测系统

光标：振幅参数、时间参数并可限定范围。

自动量测：36 种：Pk-Pk、Max、Min、Amplitude、High、Low、Mean、Cycle Mean、RMS、Cycle RMS、Area、Cycle Area、ROVShoot、FOVShoot、RPREShoot、FPREShoot、Frequency、Period、RiseTime、FallTime、+Width、−Width、Duty Cycle、+Pulses、−Pulses、+Edges、−Edges、FRR、FRF、FFR、FFF、LRR、LRF、LFR、LFF、Phase。

自动计数：6 位计数器，范围由 2 Hz 至额定带宽。

自动设置：单按钮即自动设定所有的垂直、水平通道和触发系统程序、自动设置程序可以撤销。

储存设置：20 组。

储存波形：24 组。

8）显示系统

显示器：8 英寸 TFT LCD SVGA 彩色显示。

显示器分辨率：水平 800×垂直 600（SVGA）。

插补点方式：Sin（x）/x 及等效采样。

波形显示方式：点、向量、可变余辉显示（16 ms～10 s）、无穷余辉显示。

波形刷新率：最快每秒 80 000 次波形更新。

显示网格线：8×10 格。

9）接口

RS-232C：DB-9 接口。

USB 接口：USB 2.0 高速主机端口，USB 高速设备端口。

以太网络：RJ-45 接口，HP Auto-MDIX 10/100 Mbps（选配）。

Go-NoGo 输出：最大 5 V/10 mA TTL 集电极开路输出。
SVGA 输出：SVGA 影像输出模块（选配）。
GPIB 接口：GPIB 模块（选配）。
Kensington 安全锁：后面板安全插槽可以连接至标准的 Kensington 安全锁。

10）逻辑分析仪（选配）

采样率：500 MSa/s。

带宽：200 MHz。

记录长度：最大每通道 2 MB。

输入通道：16 通道（D15～D0）或 8 通道（D7～D0）。

触发类型：Edge、Pattern、Pulse Width、Serial bus（I^2C、SPI、UART）。

临界值选择：TTL、CMOS、ECL、PECL、User Defined。

临界值精确度：±100 mV。

最大临界值范围：±10 V。

最大输入电压：±40 V。

垂直分辨率：1 b。

5. 主要功能及其扩展功能

GDS-2072A 型数字存储示波器能够测量模拟信号、数字信号、多种总线（I^2C、SPI、UART、CAN、LIN 等），可配置多种接口（RS-232、以太网、SVGA、GPIB），另加配置可扩展出逻辑分析仪（8 通道或 16 通道）、任意波信号源等，组合成一台混合型数字示波器（MSO），又称多合一示波器。如图 1-71 所示，为四通道示波器 GDS-2204A 型数字存储示波器。

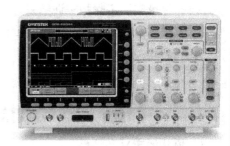

图 1-71　五合一示波器

通过升级扩展成电压表后安装针对电压表的软件，即可在显示屏上更直观地读出电压值。

GDS-2072A 型数字存储示波器功能强大，操作方便。与其他数字示波器一样，递进式的菜单使得教材很难全面表述其丰富的测量功能，下面仅就数字示波器的基本操作进行训练。其他功能请参阅仪器操作手册。

6. 实训目的

（1）熟悉 GDS-2072A 型数字存储示波器的面板装置及其操作方法。

（2）掌握 GDS-2072A 型数字存储示波器的基本测量功能。

7. 实训器材

（1）SDG1005 函数/任意波形发生器 1 台（或函数信号发生器 2 台）。

（2）GDS-2072A 型数字存储示波器 1 台。

8. 实训内容及步骤

（1）调节探头补偿。将探头连接 CH1 和 CAL 信号输出端（2 V_{p-p}、1 kHz 补偿方波），

电子测量与仪器

按 Autoset 键,调节探头上的补偿电容直至示波器上出现补偿正确波形。

(2) 熟悉菜单。探头接 CAL 校准信号,按底部菜单键进入右侧菜单,按右侧菜单键设置参数或进入子菜单,用可调旋钮调节菜单项或变量,用 Select 键确认或退出,再次按此底部菜单键,返回右侧菜单。

(3) 练习使用 Save/Recall 键,练习存储和调取图像、波形和面板设置,并对文件编号。

(4) 练习触发类型的选择。

(5) 练习使用 Run/Stop 键和 Single 键,即连续采集和单次采集。

(6) 练习使用 Cursor 键,熟悉电压光标、时间光标的使用。

(7) 练习使用 Measure 键,熟悉自动测量。学会最大值、最小值、峰-峰值、幅值、平均值、上升时间、下降时间、脉宽、占空比、相位等的测量。

(8) 基本测量练习。

参照"实训 5 YB4320A 型双踪示波器的使用"中的"实训内容及步骤",练习使用数字示波器测量正弦波参数、测量三角波波形对称度、测量两同频率正弦波信号相位差、用李沙育图形测频率等。将图像存储到 U 盘中。在实训报告中记录测量数据,并附上相应图像。

9. 实训报告

(1) 记录实训步骤和实训结果,分析所得数据的正确性。

(2) 记录过程中遇到的问题,分析原因和写出解决方法。

10. 思考题

与模拟示波器相比,数字示波器有哪些特点?

知识拓展 1　示波器探头

1. 探头的定义和特性

探头是从待测电路获取最小的能量,并以最大的信号保真度传送至测量仪器的设备。示波器主要用来测量电压信号。探头的作用是把被测的电压信号从测量点引到示波器进行测量。如果信号在探头处就已经失真了,那么示波器做得再好也没有用。探头的设计要比示波器难得多,因为示波器内部可以做很好的屏蔽,也不需要频繁拆卸,而探头除了要满足探测方便性的要求以外,还要保证至少和示波器一样的带宽。图 1-72 所示为各种外形的示波器探头。

探头对测试的影响有两方面,一是探头对被测电路的影响;二是探头造成的信号失真。理想的探头应该是对被测电路没有任何影响,同时对信号没有任何失真。理想探头的特性具体如下。

(1) 带宽无限。

(2) 零输入电容。

(3) 无穷大输入电阻。

(4) 无限动态范围。

(5) 衰减为 1。

(6) 零延时。

(7) 零相移。

(8) 机械尺寸与待测点吻合。

2. 探头的等效模型

为了考量探头对测量的影响,通常可以把探头模型简单等效为一个 R、L、C 的模型,如图 1-73 所示。虚线左侧为被测电路,虚线右侧为探头。

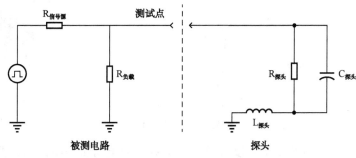

图 1-72　各种外形的示波器探头　　　　　图 1-73　探头的等效模型

探头本身有输入电阻。为了尽可能减小对被测电路的影响,要求探头的输入电阻要尽可能大。但由于探头输入电阻不可能做到无穷大,因此会和被测电路产生分压,实际测到的电压可能不是探测点上的真实电压。为了避免探头电阻对测量造成影响,一般要求探头输入电阻要大于信号源电阻和负载电阻的 10 倍以上。大部分探头的输入阻抗在几十千欧到几十兆欧间。

探头本身有输入电容,即探头的寄生电容。它是影响探头带宽的最重要因素,寄生电容会衰减高频成分,把信号的上升沿变缓。理想情况下探头输入电容为 0,但是实际做不到。通常高带宽的探头寄生电容都比较小。一般无源探头的输入电容在 10 pF 至几百 pF 间,带宽高些的有源探头输入电容一般在 0.2 pF 至几 pF 间。

探头输入端还会受到电感的影响,尤其是在高频测量的时候。电感来自于探头和被测电路间的那段导线,同时信号的回路还要经过探头的地线。通常 1 mm 探头的地线会有大约 1 nH 的电感,信号和地线越长,电感值越大。探头的寄生电感和寄生电容组成了谐振回路,当电感值太大时,在输入信号的激励下就有可能产生高频谐振,造成信号的失真。所以高频测试时需要严格控制信号和地线的长度,否则很容易产生振铃,如图 1-74 所示。

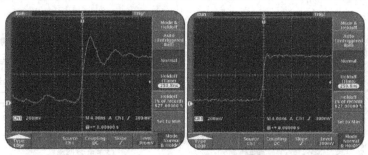

　　(a) 不匹配探头测得的振铃现象　　　　　(b) 良好探头测得的波形

图 1-74　不同示波器探头测试脉冲上升沿

电子测量与仪器

3. 示波器的输入接口

示波器的输入接口电路和探头共同组成了探测系统。示波器输入接口原理图如图 1-75 所示，示波器的输入端有 1 MΩ或 50 Ω的匹配电阻。大部分的示波器输入接口采用的是 BNC 或兼容 BNC 的形式。示波器的探头种类很多，但是示波器的匹配电阻只有 1 MΩ或 50 Ω两种选择，故不同种类的探头需要不同的匹配电阻形式。图 1-76 所示为几种探头接口。

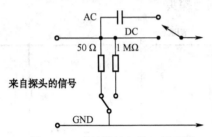

图 1-75　示波器输入接口原理图

图 1-76　探头接口

从电压测量的角度来说，为了对被测电路影响小，示波器可以采用 1 MΩ的高输入阻抗，但是由于高阻抗电路的带宽很容易受到寄生电容的影响，所以 1 MΩ的输入阻抗广泛应用于 500 MHz 带宽以下的测量。对于更高频率的测量，通常采用 50 Ω的传输线，所以示波器的 50 Ω匹配电阻主要用于高频测量。

4. 探头的分类

探头按测量的信号类型可以分为电压探头、电流探头、光探头等；按是否需要供电可以分为无源探头和有源探头。

1）无源探头

无源探头是指整个探头都由无源器件构成，包括电阻、电容、电缆等。图 1-77 所示为几种无源探头。探头中通常设置有衰减器。无源探头的衰减比（输入∶输出）有 1∶1、10∶1 和 100∶1 三种，前两种的应用比较普遍。无源探头结构图如图 1-78 所示，其原理图如图 1-79 所示。如果要正确地测量高频波和方波，需要调节探极补偿电容 C。调整补偿电容时，将示波器标准信号发生器产生的方波加到探极上，用螺丝刀左右旋转补偿电容 C，直到调出图 1-80（a）所示的标准方波，即最佳补偿 $RC = R_i C_i$。否则，会出现图 1-80（b）所示的电容过补偿 $RC > R_i C_i$，或图 1-80（c）所示欠补偿 $RC < R_i C_i$ 情况。

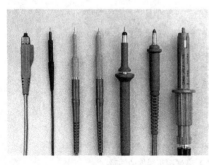

图 1-77　几种无源探头

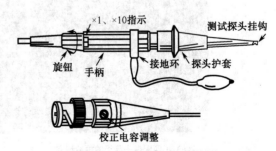

图 1-78　无源探头结构图

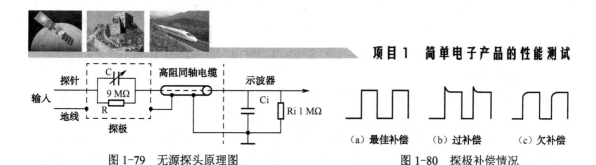

图 1-79　无源探头原理图　　　　　图 1-80　探极补偿情况

2）有源探头

有源探头内部一般有需要供电的放大器,所以叫有源探头,其原理如图 1-81 所示。放大器的输入阻抗比较高,所以有源探头可以提供比较高的输入阻抗;同时放大器的输出驱动能力又很强,所以可以直接驱动后面 50 Ω 的负载和传输线。由于 50 Ω 的传输线可以提供很高的传输带宽,再加上放大器本身带宽较高,所以整个有源探头系统相比无源探头可以提供更高带宽。有源探头实物如图 1-82 所示。

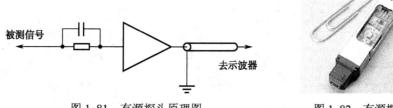

图 1-81　有源探头原理图　　　　　图 1-82　有源探头

有源探头的优点是低输入电容、高带宽、高输入阻抗、适合 50 Ω 输入电阻示波器,用于高速电路的设计与调试。有源探头的缺点是价格比较贵,其动态范围有限,需要供电。

（1）差分探头

有源探头里的一个分支是差分有源探头,区别在于其前端的放大器是差分放大器,原理如图 1-83 所示。差分放大器的好处是可以直接测试高速的差分信号,同时其共模抑制比高,对共模噪声的抑制能力比较好。解决了参考点不是地的浮动测量问题,以及小信号和高频信号测量时的交流地回路的干扰。差分探头实物图如图 1-84 所示。

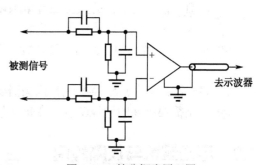

图 1-83　差分探头原理图

（a）低压差分探头　　　　　　（b）高压差分探头

图 1-84　差分探头

（2）电流探头

还有一种有源探头是电流探头，其前端有一个磁环，使用时磁环套在被测的导线上，如图 1-85（a）所示。电流流过电线所产生的磁场被这个磁环收集，如图 1-85（b）所示。磁通量和流过的电流成正比。磁环内部有一个霍尔传感器，可以检测磁通量，其输出电压和磁通量成正比。因此，电流探头的输出电压就和被测电线上流过的电流成正比。典型电流探头的转换系数是 0.1 V/A 或 0.01 V/A。

电流探头的主要好处是不用断开供电线就可以进行电流测量，同时由于其基于霍尔效应，所以既可以进行直流测量，也可以用于交流测量。

电流探头的典型应用场合是系统功率测量、功率因子测量、开关机冲击电流波形测量等。电流探头的主要缺点在于其小电流的测量能力受限于示波器的本底噪声，所以小电流测量能力有限。一般小于 10 mA 的电流就很难测量到了。电流探头实物如图 1-86 所示。

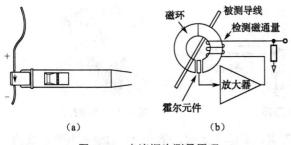

图 1-85 电流探头测量原理   图 1-86 电流探头

（3）电流探头的使用

① 仔细阅读说明书上的安全注意事项以及探头量程。
② 钳式电流探头必须将滑块推到底，直到探头显示："CLOSED"。
③ 每一次测量之前，对于有源电流探头需要预热 20 min 以上，以保证测量结果的精确。
④ 每一次测量之后都需要进行探头消磁，避免剩磁对测量结果的影响。
⑤ 如果需要更高的测量精度，在每次使用前，请使用专用的电流校准夹具进行校正。

1.8 电压测量与仪器应用

1.8.1 电压测量的基本要求

电压量的测量广泛存在于科学研究与生产生活中，电压测量是许多电参量测量与非电参量测量的基础，是电子测量的重要内容。

在电子测量领域，电压、电流、功率是表征电信号能量的三个基本参数，而电流、功率往往可转换为电压进行间接测量。电子电路和电子设备的各种工作状态和特性都可以通过电压量表现出来，例如，频率特性、调制特性、增益与衰减特性、灵敏度、线性工作范围、失真度、电路的饱和与截止状态等。一个系统的输入和输出的信号幅度，常常是衡量系统性能的关键指标。例如，通信系统中，通过测量发射机的发射功率以确定其覆盖地域范围；通过测量接收机接收微弱信号的能力，获知其接收远地电台的能力。

在非电参量测量中，许多物理量，如温度、压力、振动、速度、加速度等，都可以通过传感器转换成电压，通过电压测量即可方便地实现对这些物理量的测量。

由于电子电路测量中的待测电压具有频率范围宽、幅度差别悬殊、波形形式多样等特点，所以对电压测量提出了一系列的要求，主要概括如下。

1. 足够宽的电压测量范围

电子电路中待测电压的大小，低至纳伏级（10^{-9} V）或皮伏级（10^{-12} V），高到兆伏级（10^6 V）。测量之前，应对被测电压有大概的估计，所用电压表应具有相当宽的量程或具有针对性。测量小信号时应选用高灵敏度电压表，测量高电压时应选用绝缘强度高的电压表。

2. 足够宽的频率范围

电子电路中电压信号的频率范围相当宽，包括直流（零频）和交流频率从微赫（10^{-6} Hz）到吉赫（10^9 Hz）或更高。频段不同，测量方法手段也各异，所用电压表也必须具有足够宽的频率范围。

3. 足够高的测量准确度

电压测量仪器的测量准确度一般用以下三种方式之一表示：

（1）$\pm\beta\%U_m$，即满度值的百分数，$\pm\beta\%$ 为满度相对误差，U_m 为电压表满刻度值。线性刻度的模拟电压表都采用这种方式。

（2）$\pm\alpha\%U_x$，即读数值的百分数，$\pm\alpha\%$ 为读数相对误差，U_x 为电压表测量读数值。对数刻度电压表中较多采用该方式。

（3）$\pm(\alpha\%U_x + \beta\%U_m)$，是一种用于线性刻度电压表的较严格的准确度表征，数字电压表都采用这种方式。

直流电压的测量，各种分布参量的影响极小，因此，直流电压的测量可获得很高的准确度。例如，目前直流数字电压表可达 10^{-7} 量级。交流电压的测量，一般要通过 AC/DC 变换电路，且测量高频电压时，分布性参量的影响不容忽视，再加上波形误差，即使采用数字电压表，交流电压的测量准确度目前也只能达到 $10^{-2} \sim 10^{-4}$ 量级。

4. 足够高的输入阻抗

测量电压时，电压表等效为输入电阻 R_i 和输入电容 C_i 的并联，如图 1-87 所示，其输入阻抗 Z_i（$R_i//C_i$）是被测电路的额外负载。为尽量减小测量仪器对被测电路的影响，要求仪器具有高输入阻抗，即 R_i 应尽可量大，C_i 应尽量小。

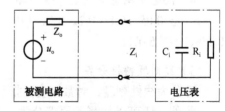

图 1-87 电压表测量电压等效电路

直流数字电压表的输入电阻在小于 10 V 量程时可达 10 GΩ，甚至更高（1 000 GΩ）；高量程时一般可达 10 MΩ。低频测量时，交流电压表输入阻抗的典型值为 1 MΩ//15 pF；高频测量时，输入电阻 R_i 和输入电容 C_i 的容抗将变小，二者对被测电路的影响变大，电压表输入阻抗的影响不可忽略，必要时应对测量结果进行修正。

5. 足够高的抗干扰能力

电压测量易受外界干扰影响，当信号电压较小时，干扰往往成为影响测量精度的主要因素，相应要求高灵敏度电压表（如数字式电压表、高频毫伏表等）必须具有较高的抗干扰能力，测量时也要特别注意采取相应措施（如正确的接线方式、必要的电磁屏蔽等），以减小外界干扰的影响。

1.8.2 电压测量仪器的分类

常见的测量电压的仪器是电压表和示波器。一般的电压测量仪器主要指各类电压表。在工频（50Hz）和要求不高的低频（低于几十 kHz）测量时，可使用万用表电压挡，其他情况大都使用电子电压表。按测量结果的显示方式，电子电压表分为模拟式电压表和数字式电压表。

模拟式电压表的准确度和分辨力不及数字式电压表，但由于结构相对简单，价格较为便宜，频率范围也宽，另外在某些不需要准确测量电压大小，只需要知道电压范围或变化趋势的场合，例如作为零示器或者谐振电路调谐时峰值、谷值的观测，此时用模拟式电压表则更为直观。数字式电压表的优点表现在于测量准确度高，测量速度快，输入阻抗大，过载能力强，抗干扰能力强和分辨力高等。

1. 模拟式电压表分类

1）按测量功能分类

分为直流电压表、交流电压表。

2）按工作频段分类

可分为超低频电压表（低于 10 Hz）、低频电压表（低于 1 MHz）、视频电压表（低于 30 MHz）、高频或射频电压表（低于 300 MHz）和超高频电压表（高于 300 MHz）。

3）按测量电压量级分类

分为电压表和毫伏表。电压表的主量程为 V（伏）量级，毫伏表的主量程为 mV（毫伏）量级。主量程是指不加分压器或外加前置放大器时电压表的量程。

4）按电压测量准确度等级分类

分为 0.05、0.1、0.2、0.5、1.0、1.5、2.5、5.0 等级，其满度相对误差分别为 0.05%、0.1%、…、5.0%。

5）按刻度特性分类

可分为线性刻度、对数刻度、指数刻度和其他非线性刻度。

此外，还可以按测量原理分类，这将在交流电压测量中介绍。按现行国家标准，模拟电压表的主要技术指标有固有误差、电压范围、频率范围、频率特性误差、输入阻抗、波峰因数、等效输入噪声、零点漂移等。

2. 数字式电压表分类

数字式电压表一般按测量功能分为直流数字电压表和交流数字电压表。直流数字电压表按其 A/D 变换原理分为比较型、积分型和复合型三类。交流数字电压表按其 AC/DC 变换原理分为峰值型、平均值型和有效值型三类。

数字式电压表的技术指标较多，包括准确度、基本误差、工作误差、分辨力、读数稳定度、输入阻抗、输入零电流、带宽、串模干扰抑制比（SMR）、共模干扰抑制比（CMR）、波峰因数等。

1.8.3 模拟式电压表的应用

在电工基础等课程中，我们了解到模拟式直流电压表通过给表头串联分压电阻，来实现多量程直流电压表。下面重点介绍模拟式交流电压表。

1. 交流电压的表征量

交流电压的表征量包括平均值 $\bar{U}$、峰值 U_p、有效值 U 以及波形因数 K_F、波峰因数 K_P。

1）平均值 $\bar{U}$

平均值又称为均值，指波形中的直流成分，因此，纯交流电压的平均值为 $\bar{U}=0$，含有直流分量的交流电压的平均值为 $\bar{U}=U_0$，其中 U_0 为其直流分量的值。为了更好地表征交流电压的大小，交流电压的平均值特指交流电压经过检波（即整流）后波形的平均值。

$$\bar{U} = \frac{1}{T}\int_0^T |u(t)|\,\mathrm{d}t \quad 0 \leqslant t < T$$

式中，$\bar{U}$ 为全波平均值；T 为被测电压 $u(t)$ 的周期。

2）峰值 U_p

周期性交变电压 $u(t)$ 在一个周期内偏离零电平的最大值称为峰值，用 U_p 表示，正、负峰值不等时分别用 $U_\mathrm{p+}$ 和 $U_\mathrm{p-}$ 表示；$u(t)$ 在一个周期内偏离直流分量 $\bar{U}$ 的最大值称为幅值或振幅，用 U_m 表示，正、负幅值不等时分别用 $U_\mathrm{m+}$ 和 $U_\mathrm{m-}$ 表示，如图1-88（a）所示。

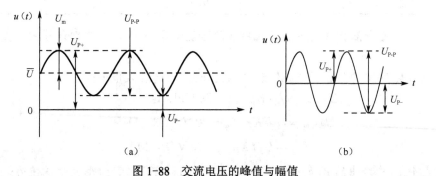

图1-88 交流电压的峰值与幅值

对于双极性对称的纯交流电压，如图1-88（b）所示。$\bar{U}=0$ 且正、负幅值相等，数值上存在关系：

$$U_\mathrm{p+} = U_\mathrm{p-} = U_\mathrm{p} = U_\mathrm{m}$$

经常用到的交流电压表征量还有谷值和峰-峰值 $U_\mathrm{p-p}$。

3）有效值 U

在电工理论中曾定义：当该交流电压和数值为 U 的直流电压分别施加于同一电阻上

时，在一个周期内两者产生的热量相等。则某一交流电压的有效值等于直流电压的数值 U。用数学式可表示为：

$$U = \sqrt{\frac{1}{T}\int_0^T u^2(t)\mathrm{d}t}$$

交流电压的大小通常是指它的有效值 U，有效值又称为均方根值（rms），用 U 或 U_{rms} 表示。

4）波形因数、波峰因数

交流电压的有效值、平均值和峰值间有一定的关系，可分别用波形因数及波峰因数表示。

波形因数 K_F 定义为交流电压的有效值 U 与平均值 $\bar{U}$ 之比，即：

$$K_\text{F} = \frac{U}{\bar{U}}$$

波峰因数 K_P 定义为交流电压的峰值 U_p 与有效值 U 之比，即：

$$K_\text{P} = \frac{U_\text{p}}{U}$$

不同波形的波形因数和波峰因数具有不同的定值，利用波形因数和波峰因数可以实现某种波形的峰值、有效值、平均值之间的转换。表 1-18 列出了几种常见波形的、波形因数和波峰因数。

表 1-18 常见波形的波形因数和波峰因数

波 形	峰 值	平 均 值	有 效 值	波形因数 K_F	波峰因数 K_P
正弦波	U_p	$\frac{2}{\pi}U_\text{p}$	$\frac{U_\text{p}}{\sqrt{2}}$	1.11	$\sqrt{2} \approx 1.414$
三角波	U_p	$\frac{U_\text{p}}{2}$	$\frac{U_\text{p}}{\sqrt{3}}$	1.15	$\sqrt{3} \approx 1.732$
方波	U_p	U_p	U_p	1	1

实例 1-14 已知正弦波、方波、三角波的峰值都是 20 V，试分别计算三种波形的有效值、平均值。

解 根据表 1-18 中给出的 K_P 的值，可得三种波形的有效值为：

$$U_{\text{正弦波}} = U_\text{p} / K_{\text{P正弦波}} = 20\,\text{V}/1.414 = 14.1\,\text{V}$$
$$U_{\text{三角波}} = U_\text{p} / K_{\text{P三角波}} = 20\,\text{V}/1.73 = 11.6\,\text{V}$$
$$U_{\text{方波}} = U_\text{p} / K_{\text{P方波}} = 20\,\text{V}/1 = 20\,\text{V}$$

根据表 1-18 中给出的 K_F 的值，以及上述有效值，可得三种波形的平均值为：

$$\bar{U}_{\text{正弦波}} = U_{\text{正弦波}} / K_{\text{F正弦波}} = 14.1\,\text{V}/1.11 = 12.7\,\text{V}$$
$$\bar{U}_{\text{三角波}} = U_{\text{三角波}} / K_{\text{F三角波}} = 11.6\,\text{V}/1.15 = 10.1\,\text{V}$$
$$\bar{U}_{\text{方波}} = U_{\text{方波}} / K_{\text{F方波}} = 20\,\text{V}/1 = 20\,\text{V}$$

2. 模拟式交流电压表的衰减器

当被测电压较高时，需采用衰减器将较高的电压变成低电压。为适应多量程测量，常采用多挡步进式衰减器。

1）可变衰减器

如图1-89所示为可变衰减器，属于低阻衰减器。各挡位衰减比为

开关S置"1"时，衰减比$K_1=1$；

开关S置"2"时，衰减比$K_2=\dfrac{R_2+R_3+R_4+R_5}{R_1+R_2+R_3+R_4+R_5}$；

开关S置"3"时，衰减比$K_3=\dfrac{R_3+R_4+R_5}{R_1+R_2+R_3+R_4+R_5}$；

开关S置"4"时，衰减比$K_4=\dfrac{R_4+R_5}{R_1+R_2+R_3+R_4+R_5}$；

开关S置"5"时，衰减比$K_5=\dfrac{R_5}{R_1+R_2+R_3+R_4+R_5}$。

可见，通过调节仪表面板上的量程开关，使波段开关S与不同的触点连接，使被测信号获得不同的衰减量。

2）补偿式分压器

可变衰减器中，若采用大的分压电阻来提高输入阻抗，则寄生电容的影响很大，会使电路的工作频率降低。因此，采用补偿式衰减器，对衰减器的频率响应进行补偿，补偿式衰减器属于高阻衰减器。

如图1-90所示，R_1、R_2为分压电阻，C_1、C_2为补偿电容。输出电压u_o和输入电压u_i之比等于阻抗$Z_1(R_1/\!/C_1)$与$Z_2(R_2/\!/C_2)$的阻抗比。当补偿合适时，电压比等于R_1、R_2的分压比，即：

$$\frac{u_o}{u_i}=\frac{Z_2}{Z_1+Z_2}=\frac{R_2}{R_1+R_2}$$

可见补偿正确时，电压衰减量与频率无关，电路可获得宽频带的频率响应。

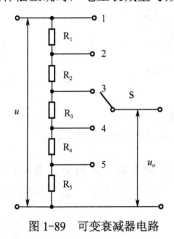

图1-89　可变衰减器电路　　　　图1-90　补偿式衰减器电路

3. 模拟式交流电压表的检波器

电压表测量交流电压时，先将交流信号变成直流信号，再按照测量直流电压的方法进行测量，其核心为交直流转换AC/DC。交直流转换AC/DC大多利用检波器来实现。检

波器按其响应特性分为峰值、均值和有效值检波器三种，交流电压表则相应地分为峰值电压表、均值电压表和有效值电压表。

1）峰值检波器

峰值检波器的输出直流电压与输入交流电压的峰值成正比，如图 1-91 所示。图 1-91（a）所示为二极管串联式，图 1-91（b）所示为二极管并联式，图 1-91（c）所示为输入信号为正弦波时的峰值检波波形图。

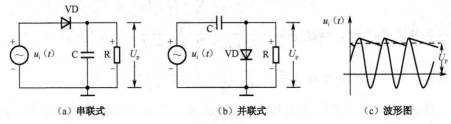

(a) 串联式　　　　　　　　　(b) 并联式　　　　　　　　　(c) 波形图

图 1-91　峰值检波器电路及波形图

峰值检波器的基本原理是通过二极管正向快速充电使输出电压达到输入电压峰值，而二极管反向截止时输出电压保持该峰值。对检波电路元件参数的要求是：

$$(R_\mathrm{S}+r_\mathrm{d})C \leqslant T_{\min}, \quad RC \geqslant T_{\max} \tag{1-30}$$

式中，R_S、r_d 分别为等效信号源的内阻和二极管正向导通电阻；$T_{\min}$、$T_{\max}$ 分别为输入信号的最小、最大周期；串联式检波电路中 C 为充电电容，并联式检波电路中 C 还起到隔直作用；R 为等效负载电阻。满足式（1-30）即可使电容器快速充电和慢速放电。从波形图可知，峰值检波器的实际输出存在较小的波动，其平均值略小于实际峰值。

2）均值检波器

均值检波电路可由整流电路实现，图 1-92（a）、（b）所示分别为二极管全波整流电路和半波整流电路。

整流电路输出的直流电流 I_o 与被测交流电压的平均值 $\overline{U}$ 成正比，即

$$I_\mathrm{o} = \frac{\overline{U}}{2r_\mathrm{d}+r_\mathrm{m}}$$

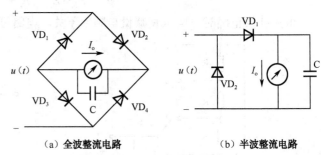

(a) 全波整流电路　　　　　　　(b) 半波整流电路

图 1-92　均值检波器电路

式中，r_d、r_m 分别为检波二极管的正向导通电阻和电流表内阻，对特定仪表可视为常数；$\overline{U}$ 为被测信号全波或半波平均值。表头两端并联电容 C，目的是滤除整流后的交流成分，避免指针摆动。

3）有效值检波器

有效值检波器的输出直流电压正比于输入交流电压的有效值。目前常见的有分段逼近式、热电转换式、计算式三种有效值检波器。有效值的定义为 $U=\sqrt{\dfrac{1}{T}\displaystyle\int_0^T u_\mathrm{x}^2(t)\mathrm{d}t}$，如果通过

检波器来实现,就要求检波器的输出信号与输入信号之间具有平方律的关系。

(1) 分段逼近式有效值检波器

二极管的正向伏安特性曲线起始部分一小段接近平方律特性,但动态范围窄。如采用分段逼近法可得到动态范围较宽的接近理想的平方律特性,能实现此功能的电路称为分段逼近式有效值检波器。图 1-93(a)所示为二极管检波电路,图 1-93(b)所示为分段逼近式检波器的输入/输出特性。最终实现检波器的输出电流 I 和被测信号 u_x 的有效值的平方成正比:

$$I = KU_x^2$$

式中,K 为检波二极管 VD 的检波系数。

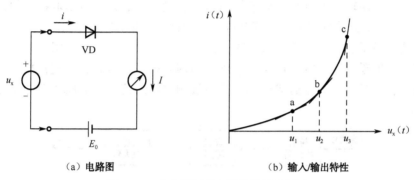

图 1-93 分段逼近式有效值检波器原理

(2) 热电转换式有效值检波器

热电转换式也称为热电偶式,热电转换式有效值电压表的原理如图 1-94 所示。AB 是加热丝,M 为热电偶,它由两种不同的导体组成,其中与 AB 耦合端 C 叫热端,而 D、E 端为冷端。AB 加热的温度正比于被测电压有效值的平方,热

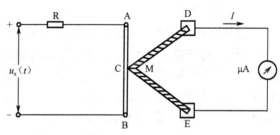

图 1-94 热电偶转换原理

电偶热端 C 温度高于冷端 D、E 而产生热电势。此热电势与温度成正比,也就是说与被测电压有效值的平方成正比。于是电路中产生一个与被测电压有效值的平方成正比的电流,驱动微安表偏转。

(3) 计算式有效值检波器

由于热电转换式有效值检波器具有热惯性和加热过载能力差等缺点,现代电压表中广泛采用计算式有效值检波器,其原理框图如图 1-95 所示。首先利用模拟乘法器实现交流电压 $u(t)$ 的平方运算,再进行积分和开方运算,实现交流电压有效值的数学计算式。

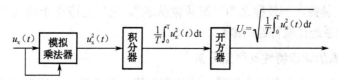

图 1-95 计算式有效值检波原理框图

4. 模拟式交流电压表的结构

模拟式交流电压表（模拟电子电压表）是在模拟式万用表电压挡的基础上加上放大环节，用以测量微弱信号，扩大仪表量程的下限，提高测量灵敏度。因此，模拟电压表有两个基本部件：检波器和放大器。

为了满足不同测量对象的要求，模拟式交流电压表有放大-检波式、检波-放大式和外差式等不同的结构形式。

1）检波-放大式

检波-放大式电压表组成框图如图 1-96 所示，该方案特点是被测信号先检波再放大。因检波在前，故采用输入阻抗高的峰值检波器，被测电压的频率范围取决于检波器的频率响应，一般在 20 Hz 到数百兆赫兹，甚至可达 1 GHz，故有"高频毫伏表"或"超高频毫伏表"之称。缺点是不能进行阻抗变换，输入阻抗低，灵敏度达到毫伏级。为了使测量灵敏度不受直流放大器零点漂移等的影响，一般利用调制式（即斩波式）直流放大器放大检波后的直流信号。而且将检波器做成探头直接与被测电路连接，从而减小分布参数及外部干扰信号的影响。

图 1-96 检波-放大式电压表组成框图

2）放大-检波式

为避免检波-放大式电压表中检波器的灵敏度的限制，可采用先放大被测信号，再进行大信号检波的方式。放大-检波式电压表组成框图如图 1-97 所示，检波器常采用均值检波器，放大器为宽带交流放大器，它决定了电压表的频率范围，一般上限为 10 MHz。灵敏度受到内部噪声和外部干扰的限制，一般为几百微伏至几毫伏。因此，这种电压表常称为"宽频毫伏表"或"视频毫伏表"。

图 1-97 放大-检波式电压表组成框图

3）外差式

由于宽频电压表的交流放大器的带宽较宽，限制了小信号电压的测量能力，其灵敏度有限。采用如图 1-98 所示的外差式电压表，虽然也属于放大-检波式，但因外差式电压表利用混频器，将输入信号变为固定中频信号后进行交流放大，可以较好地解决交流放大器增益与带宽的矛盾，其灵敏度可以提高到微伏级。其频带宽度取决于本振频率范围，可从 100 kHz 至数百兆赫兹，一般称之为"高频微伏表"。它广泛应用于放大器谐波失真、滤波器衰耗特性及通信系统传输特性的测量。

5. 交流电压表的响应特性及误差分析

表征交流电压的基本参量中，最重要的是有效值。采用模拟电压表测量交流电压时，最

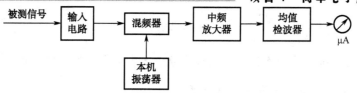

图 1-98 外差式电压表组成框图

希望得到的也是有效值。因此，模拟电压表的表头刻度统一按无失真的纯正弦有效值刻度。

1）峰值电压表的刻度特性和波形响应误差

采用峰值检波器的电压表称为峰值电压表，一般为检波-放大结构，其响应为被测电压的峰值，但表头刻度是按正弦波有效值定度的，所以，当被测电压 $u(t)$ 为正弦波时，表头的读数 α 即为该正弦波的有效值，即 $\alpha = U_\sim = U_{p\sim}/\sqrt{2}$。对于非正弦波，读数 α 没有直接意义，既不等于被测量的峰值，也不等于其有效值，需由读数 α 换算出相应的峰值和有效值。

（1）峰值读数与有效值的换算

换算依据是，对于峰值电压表，测量任意波形"读数相等则峰值相等"。换算步骤如下：

① 由读数 α 计算出被测非正弦波电压的峰值，即 $U_{PN} = U_{p\sim} = \sqrt{2}\alpha$（注：下标"N"表示任意波形信号）。

② 根据 U_{PN} 和该波形的波峰因数 K_{PN}（具体数值见表 1-20），计算任意波形的有效值为：

$$U_N = \frac{U_{PN}}{K_{PN}} = \frac{\sqrt{2}\alpha}{K_{PN}}$$

（2）峰值表读数未经换算的波形误差

若将峰值电压表读数 α 直接作为非正弦波的有效值，则产生的波形误差为：

$$\gamma = \frac{\alpha - \frac{\sqrt{2}\alpha}{K_{PN}}}{\frac{\sqrt{2}\alpha}{K_{PN}}} = \frac{K_{PN} - \sqrt{2}}{\sqrt{2}} = \frac{K_{PN}}{\sqrt{2}} - 1 \quad (1-31)$$

式（1-31）称为峰值电压表的波形误差，它反映了读数值和实际值之间的差距。容易得出，若不经读数换算，直接将读数认为是有效值，则方波的波形误差为：

$$\gamma = \frac{1-\sqrt{2}}{\sqrt{2}} \times 100\% \approx -29\%$$

同理可计算出峰值电压表测量三角波时，不经换算的波形误差约为 22%。所以用峰值电压表测量非正弦波电压时，一定要进行波形换算，以减小波形误差。用峰值表测量交流电压，除了波形误差之外，还有理论误差，由图 1-91 原理图可知，峰值检波电路的输出电压的平均值总是小于被测电压的峰值 U_P，这是峰值电压表固有误差。

实例 1-15 用峰值电压表分别测量正弦波、方波及三角波电压，电压表示值均为 10 V，问被测电压有效值是多少？

解 对于正弦波，$U_\sim = \alpha = 10\ \text{V}$

对于方波，$U_方 = \frac{U_{P方}}{K_{P方}} = \frac{\sqrt{2}\alpha}{1} = \sqrt{2} \times 10 \approx 14.14\ \text{V}$

对于三角波，$U_\triangle = \dfrac{U_{P\triangle}}{K_{P\triangle}} = \dfrac{\sqrt{2}\alpha}{\sqrt{3}} = \dfrac{\sqrt{2}}{\sqrt{3}} \times 10 \approx 8.2\ \text{V}$

还可以由求得的有效值和各波形的波形因数进一步求得各波形的平均值。

2）均值电压表的刻度特性和波形响应误差

采用均值检波器的电压表称为均值电压表，采用放大-检波结构，其响应为被测电压的平均值，但表头刻度是按正弦波有效值定度的，所以，当被测电压 $u(t)$ 为正弦波时，表头的读数 α 为该正弦波的有效值，即 $\alpha = U_\sim = \overline{U}_\sim \times K_{F\sim} = \overline{U}_\sim \times 1.11$。对于非正弦波，读数 α 没有直接意义，需由读数 α 换算出相应的均值和有效值。

（1）均值读数与有效值的换算

换算依据是，对于均值电压表，测量任意波形"读数相等则均值相等"，换算步骤如下。

① 由读数 α 计算出被测非正弦波电压的峰值，即 $\overline{U}_N = \overline{U}_\sim = \dfrac{U_\sim}{K_{F\sim}} = \dfrac{\alpha}{1.11} = 0.9\alpha$。

② 根据 $\overline{U}_N$ 和该波形的波形因数 K_{FN}（具体数值见表1-18），计算任意波形的有效值为：
$$U_N = K_{FN}\overline{U}_N = K_{FN} \times 0.9\alpha$$

（2）均值表读数未经换算的波形误差

若将均值电压表读数 α 直接作为非正弦波的有效值，则产生的波形误差为：
$$\gamma = \dfrac{\alpha - K_{FN} \times 0.9\alpha}{K_{FN} \times 0.9\alpha} = \dfrac{1 - K_{FN} \times 0.9}{K_{FN} \times 0.9} = \dfrac{1.11}{K_{FN}} - 1 \tag{1-32}$$

式（1-32）称为均值电压表的波形误差，它反映了读数值和实际值之间的差距。容易得出，若不经读数换算，直接将读数认为是有效值，则方波的波形误差为：
$$\gamma = \left(\dfrac{1.11}{1} - 1\right) \times 100\% \approx 11\%$$

同理可计算出均值电压表测量三角波，不经换算的波形误差约为-3%。均值电压表的波形误差虽比峰值电压表小，但还是有相当的误差值。当然，这不是均值电压表本身的测量误差，而是人为的方法误差。

实例1-16 用均值电压表测量正弦波、三角波电压时，已知电压表的读数均为 10 V，试分别计算正弦波、三角波的有效值、平均值和峰值各是多少伏。

解 对于正弦波有：
$$U_\sim = \alpha = 10\ \text{V}$$
$$\overline{U}_\sim = 0.9\alpha = 0.9 \times 10\ \text{V} = 9\ \text{V}$$
$$U_{P\sim} = K_P U_\sim = \sqrt{2}\alpha = \sqrt{2} \times 10\ \text{V} \approx 14.1\ \text{V}$$

对于三角波有：
$$\overline{U}_\triangle = 0.9\alpha = 0.9 \times 10\ \text{V} = 9\ \text{V}$$
$$U_\triangle = K_{F\triangle}\overline{U}_\triangle = \dfrac{2}{\sqrt{3}} \times 9\ \text{V} \approx 10.4\ \text{V}$$
$$U_{P\triangle} = K_{P\triangle}U_\triangle = \sqrt{3} \times 10.4\ \text{V} \approx 18.0\ \text{V}$$

项目 1 简单电子产品的性能测试

3) 有效值电压表的刻度特性和幅频响应误差

有效值电压表理论上不存在波形误差,即使测量非正弦波,其读数值也是基波和各次谐波有效值的总和,为真有效值,与它们之间的相位无关,即与波形无关。

实际有效值电压表可能存在以下两个因素所引起的波形误差。一方面是,所有电子电路都存在有效的线性工作范围,对于波峰因数较大的交流电压波形,由于电路饱和使电压表可能出现"削波"。另一方面,所有电子电路都存在有效的工作带宽,高于电压表有效带宽的波形分量将被抑制。这两种情况都限制了波形的有效成分,使这部分波形分量得不到有效响应,因而读数小于实际有效值。

6. 模拟式交流电压表的选用

采用模拟式交流电压表进行测量时,需根据被测信号的频率、幅度、应用场合等方面选用合适的仪表。模拟式交流电压表有很多种类型,其组成、性能、特点和用途各不相同。下面对有效值电压表、峰值电压表、均值电压表的不同特点进行比较,了解这三种电压表的适用范围。

有效值电压表是真正测量交流电压有效值的电压表,对于任意波形的电压,均指示其有效值,无须换算。其输入阻抗高,工作频率介于峰值与均值电压表之间。高频可达几十 MHz、低频小于 50 Hz。需要注意,由于削波和带宽的限制,会损失一部分被测信号的有效值,带来负的测量误差。另外,有效值电压表一般较为复杂,因此价格较贵。一般应用场合还是选择性价比较高的峰值电压表和均值电压表进行测量,通过换算得到有效值。

峰值电压表的输入阻抗高,频率范围宽,高频可达 1 000 MHz,低频小于 10 kHz。灵敏度为 mV 级。因其工作原理是在小信号时进行检波,故表头刻度不均匀。测量非正弦波时波形误差大,需经过换算才能得到被测电压的有效值。

均值电压表的输入阻抗低,必须采用阻抗变换来提高电压表的输入电阻。频率范围窄,工作频率一般为 20 Hz~10 MHz,主要用于低频和视频场合。均值电压表的波形误差较峰值电压表小,其读数需经过换算才能得到被测电压的有效值。采用外差式原理的均值电压表,其增益、选择性和灵敏度得到提高,能够测量高频微伏级信号。

7. 电平的测量

在现代音响系统和通信传输系统中,通常不直接测量或计算电路某测试点的电压、电流或功率,而是测量或计算测试点的电平。常用的电平有功率电平和电压电平两类,每一类可再分为绝对电平和相对电平两种。

1) 电平的概念
(1) 分贝的概念

电平是被测量与同类的某一基准量比值的对数。常用的被测量是功率和电压,对于功率,用公式表示为:

$$\lg \frac{P_x}{P_0}$$

式中,P_x 为被测功率,P_0 为基准功率。当 $P_x = 10P_0$ 时,这个无量纲的数 "1" 即 1 贝尔(B)。在实际应用中,由于贝尔太大,常用贝尔的十分之一作为单位,称为分贝,用 "dB"、 "dBM"或"dBV"表示，即 1 B=10 dB。

（2）功率电平

① 绝对功率电平 L_P：以 600 Ω 电阻上消耗 1 mW 的功率作为基准功率，任意功率与之相比的对数称为绝对功率电平，以 dB 表示。

$$L_P = 10\lg\frac{P_x}{P_0} = 10\lg\frac{P_x}{1\text{ mW}}\text{(dBm)}$$

② 相对功率电平 L'_P：

$$L'_P = 10\lg\frac{P_A}{P_B}\text{(dB)}$$

式中，P_A、P_B 为任意两点的功率。

③ 相对功率电平与绝对功率电平的关系：

$$L'_P = 10\lg\frac{P_A}{P_B} = 10\lg\frac{P_A}{P_0} \times \frac{P_0}{P_B} = L_{PA} - L_{PB}$$

式中，L_{PA}、L_{PB} 为任意两点的绝对功率电平，各电平单位为 dB。可见，相对功率电平是两绝对功率电平的电平差。

（3）电压电平

① 绝对电压电平 L_U：当 600 Ω 电阻上消耗 1 mW 的功率时，600 Ω 电阻的两端电位差为基准电压 $U_0 = \sqrt{P_0 R} = 0.775$ V，绝对电压电平为：

$$L_U = 20\lg\frac{U_x}{0.775}\text{(dBV)}$$

式中，U_x 为任意两点的电位差。

② 相对电压电平 L'_U：

$$L'_U = 20\lg\frac{U_A}{U_B}\text{(dB)}$$

式中，U_A、U_B 为两个任意点的电压值。

③ 相对电压电平与绝对电压电平的关系：

$$L'_U = 20\lg\frac{U_A}{U_B} = 20\lg\frac{U_A}{0.775} \times \frac{0.775}{U_B} = L_{UA} - L_{UB}$$

式中，L_{UA}、L_{UB} 为任意两点的绝对电压电平，各电平单位为 dB。可见，相对电压电平是两绝对电压电平的电平差。

（4）绝对电压电平与绝对功率电平的关系

$$L_P = 10\lg\frac{P_x}{P_0} = 10\lg\frac{\frac{U_x^2}{R_x}}{\frac{(0.775)^2}{600}} = 10\lg\left(\frac{U_x}{0.775}\right)^2 + 10\lg\frac{600}{R_x} = L_U + 10\lg\frac{600}{R_x}$$

由上式可见，当被测点负载（电平表的输入电阻）为 600 Ω 时，其绝对电压电平等于绝对功率电平 $L_P = L_U$。若负载电阻不是标准电阻 600 Ω，则要加修正项。

2）电平（分贝值）的测量

电平（分贝值）的测量就是交流电压的测量，只是表盘以 dB 分度，因此任何一块电压表都可以作为测量电压电平的电平表。电平表或交流电压表上的 dB 刻度线都是按绝对电压电平刻度，以在 600 Ω 电阻上消耗 1 mW 功率为零分贝进行计算的，即 0 dB=0.775 V。一般，零电平刻度总是选在表头满刻度的 2/3 左右，如图 1-99 所示。

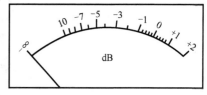

图 1-99　电平表的表头刻度

当 $U_x > 0.775$ V 时，测量所得 dB 值为正；当 $U_x < 0.775$ V 时，测量所得 dB 值为负。这样，一定的电压值对应一定的电平值。例如，-10 dB 刻度对应于 0.245 V 电压值。显然，交流电压表电压刻度零刻度处对应电平刻度 $-\infty$ dB。注意，表盘上的分贝值对应的是基本电压量程上的电压值。当使用电压表的其他挡测量时，表盘指示的分贝值应加上换挡的附加分贝值，才是实际所测的电平值，这就是电平量程的扩大问题。

电平量程扩大实质上也是电压量程的扩大。只是电压表的量程是乘数关系，电平表则是加法关系。因而当电压量程扩大 N 倍时，由电平定义可知：

$$L_u = 20\lg\frac{Nu_x}{0.775} = 20\lg\frac{u_x}{0.775} + 20\lg N$$

即电平增加 $20\lg N$，这就是附加分贝值。

附加分贝值的大小由电压量程的扩大倍数来决定。例如，YB2172 型晶体管毫伏表的电平刻度是以交流 1 V 挡的电压来刻度的，只有一条分贝刻度线，当量程扩大为 3 V、10 V、30 V、100 V、300 V 时，附加分贝值分别为 10 dB、20 dB、30 dB、40 dB 和 50 dB；当量程缩小为 300 mV、100 mV、30 mV、10 mV、3 mV 和 1 mV 时，附加分贝值分别为-10 dB、-20 dB、-30 dB、-40 dB、-50 dB 和-60 dB。实际测量时，应根据所选量程指示的附加分贝值，再加上表头指示的分贝值即实际电平值。

3）电平测量的意义

对于一组幅度跨度很大的信号，用线性刻度测量仪器，满足了大信号测量势必导致小信号难以辨认。而使用分贝做单位，采用对数刻度，可以把大幅值信号压缩到较小的范围，这样可以同时看到包含最大值和最小值的所有幅值。

应当指出，电平的测量必须在额定的频率范围内，而且这里的电压是指正弦信号有效值。用于测量分贝值的电压表称为电平表，如选频电平表、宽频电平表等。电平测量还广泛应用于各行业，如声响设备、频谱分析、电磁兼容的测量等。与电压测量一样，电平测量也日益数字化。

实训 7　DF2172A 型交流毫伏表的使用

模拟电压表操作简单方便，下面以 DF2172A 双路输入交流毫伏表为例，介绍模拟式电压表的使用方法。DF2172A 双路输入交流毫伏表是一种通用型电压表，由于具有双路输入，故对于同时测量两种不同大小的交流信号的有效值及两种信号的比较最为方便，适用于 10 Hz～1 MHz 的交流信号的电压有效测量。

1. 面板

DF2172A 双路输入交流毫伏表面板如图 1-100 所示，具体内容介绍如下。

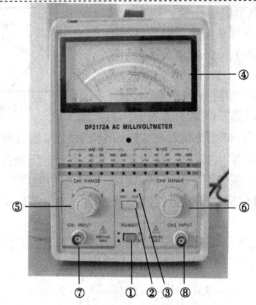

图 1-100　DF2172A 双路毫伏表面板

① 电源开关；② 通道选择开关；③ 通道指示灯；④ 表面；⑤ 量程转换开关 1；⑥ 量程转换开关 2；⑦ 输入端 1；⑧ 输入端 2。

2. 主要性能指标

（1）测量范围：100 μV～300 V 分 12 挡量程。

（2）电压刻度：1 mV、3 mV、10 mV、30 mV、100 mV、300 mV、1 V、3 V、10 V、30 V、100 V、300 V 共 12 挡。

（3）dB 刻度：-60～+50 dB（0 dB=1 V）。

（4）电压测量工作误差≤5%满刻度（1 kHz）。

（5）频率响应：100 Hz～100 kHz = 3%，10 Hz～1 MHz = 5%。

（6）输入特性：最大输入电压不得大于 450 V（AC + DC）；输入阻抗≥1 MΩ（≤50 pF）。

（7）噪声：输入端良好短路时低于满刻度值的 3%。

（8）两通道互扰小于 80 dB。

（9）电源适应范围：电压 220 V±10%；频率 50±2 Hz；功率不大于 10 VA。

3. 使用方法

（1）通电前先观察表针停在的位置，如果不在表面零刻度，需调整电表指针的机械零位。

（2）根据需要选择输入端 1 或 2。

（3）将量程开关置于高量程挡，接通电源，通电后预热 10 min 后使用，可保证性能可靠。

（4）根据所测电压选择合适的量程，若测量电压未知大小应将量程开关置最大挡，然后逐级减小量程。以表针偏转到满度 2/3 以上为宜，然后根据表针所指刻度和所选量程确定电压读数。读数时应注意，如果量程开关选用电压"0.3、3、30、300"挡，则用表头黑色刻度的下排标尺读数，如果量程选用电压"1、10、100"挡，则用表头黑色刻度的上排标尺读数。

（5）在需要测量两个端口电压时，可将被测的两路电压分别馈入输入端 1 和 2，通过切换通道选择开关来确定 1 路或 2 路的电压读数。

注意：在接通电源 10 s 内，指针有无规则摆动几次的现象是正常的。

4. 测量原理

采用 DF2172A 双路毫伏表测量放大器的电压放大倍数 A_u，可以比采用单路输入的毫伏表少用一台仪器，具体连线如图 1-101 所示。

信号源 u_s 输出为正弦信号。用示波器观察输出的正弦波形，在不失真的情况下，将输入电压 u_1 和输出电压 u_2 分别馈入 DF2172A 毫伏表的输入端 1 和 2，调节量程和切换通道选择开关，分别读出输入和输出电压有效值 U_1、U_2，则放大器的电压放大倍数为

$$A_u = \frac{U_2}{U_1}$$

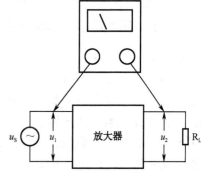

图 1-101 双路毫伏表测量放大器电压放大倍数 A_u

5. 实训目的

（1）熟悉 DF2172A 型交流毫伏表的面板装置及其操作方法。

（2）研究交流毫伏表在测量各种波形交流电压时的响应，并与数字存储示波器的测量结果进行比较。

6. 实训器材

（1）DF2172A 型交流毫伏表 1 台。

（2）函数信号发生器（或任意波形发生器）1 台。

（3）数字存储示波器 1 台。

7. 实训内容及步骤

（1）调节函数信号发生器，使输出 1 kHz 的正弦波，峰-峰值自定，用数字存储示波器监测峰-峰值和有效值，记录在表 1-19 内。接着用 DF2172A 型交流毫伏表的适当量程对该信号进行测试，将读数记录在表 1-19 内。以数字示波器的测量值作为实际值，计算出数字示波器和交流毫伏表两者测试信号有效值的绝对误差和实际相对误差。

表 1-19 交流毫伏表波形响应数据

信号源输出波形	数字示波器测量值		DF2172A 测量值	有效值绝对误差	有效值实际相对误差
	峰-峰值	有效值			
正弦波					
三角波					
方波					

(2)将函数发生器改为三角波输出，频率、幅度与上述相同，重复上述的测量。

(3)将函数发生器改为方波输出，频率、幅度与上述相同，重复上述的测量。

(4)根据测得数据判断交流毫伏表的检波类型。

8. 实训报告

(1)记录实训步骤和实训结果，分析所得数据的正确性。

(2)针对记录过程中遇到的问题，分析原因和写出解决方法。

9. 思考题

模拟交流毫伏表测量非正弦波时的误差较大，是什么原因造成的？

1.8.4 数字式电压表的应用

数字式电压表（Digital VoltMeter，DVM）是采用模数（A/D）转换原理，将被测模拟电压转换成数字量，并将转换结果以数字形式显示出来的一种电子测量仪器。与模拟式电压表相比，数字式电压表具有精度高、测速快、抗干扰能力强等优点。由于微处理器的应用，目前中高档数字式电压表已普遍具有数据存储、自检等功能，并配有标准接口，可以方便地构成自动测试系统。由于数字式电压表不能较直观地观测到交变电压的变化情况，故不能完全替代模拟式电压表。

1. 数字式电压表的组成

数字式电压表的组成框图如图1-101所示，主要由模拟电路部分和数字电路部分组成。模拟电路部分包括输入电路（如阻抗变换器、放大器和量程转换器等）和A/D转换器。A/D转换器是数字式电压表的核心，完成模拟量到数字量的转换。电压表的技术指标，如准确度、分辨率等主要取决于A/D转换器。数字电路部分包括时钟发生器、逻辑控制器、计数器、显示器等，完成逻辑控制、译码和显示功能。其中，逻辑控制电路在统一时钟作用下，控制整个电路协调有序工作。

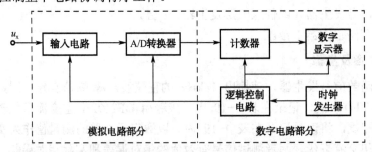

图1-101 数字式电压表组成框图

2. 数字式电压表的主要性能指标

1）测量范围

测量范围包括量程的划分、各量程的测量范围及超量程能力。此外，还应写明量程的选择方式，如手动、自动或遥控。

(1)量程

DVM的量程按输入被测电压范围划分。信号未经衰减器衰减和放大器放大的量程称为基本量程，基本量程的测量误差最小，通常为 1 V 或 10 V，也有的为 2 V 或 5 V。在基本量程基础上，借助于衰减器和输入放大器，扩展出其他量程。如基本量程为 2 V 的 DVM，可扩展出 200 mV、2 V、20 V、200 V、1 000 V 五挡量程。

（2）显示位数

显示位数是表示数字式电压表精密程度的参数。DVM 的显示位分为完整显示位和非完整显示位。一般的显示位均能显示 0~9 十个数码，称为完整显示位（满位），否则称为非完整显示位（半位）。例如，最大显示数字为 9.999 的称为 4 位数字式电压表；最大显示数字为 19.999 的称为 $4\frac{1}{2}$ 位数字式电压表。

（3）超量程能力

超量程能力是指数字式电压表在一个量程上所能测量的最大电压超出量程值的能力，是数字式电压表的一个重要指标。数字式电压表有无超量程能力，要根据它的量程分挡情况以及能够显示的最大数字情况来决定。例如，最大显示数字分别为 9.999、19.999、5.999、11.999，对应量程分别为 10 V、20 V、5 V、10 V 的数字式电压表的超量程能力分别为 0%、0%、20%、20%。

有了超量程能力，在有些情况下可以提高测量精度，例如被测电压为 10.001 V，若采用不具有超量程能力的 4 位 DVM 10 V 挡测量，读数为 9.999 V；用 100 V 挡测量，读数为 10.00 V，这样就丢掉了 0.001 V 的信息。若改用有超量程能力的四位半 DVM 10 V 挡测量，均可读出 10.001 V，显然提高了精度。

2）分辨力（灵敏度）

分辨力是表示数字式电压表所能显示的被测电压的最小变化值。不同的量程上分辨力是不同的，最小的量程上分辨力最高。通常以最小的量程上分辨力作为数字式电压表的分辨力，用每个字对应的电压值来表示，即 V/字。例如 $3\frac{1}{2}$ 位的 DVM，在 200 mV 量程上可测最大被测电压为 199.9 mV，其分辨力为 0.1 mV/字。即被测电压变化量小于 0.1 mV 时，测量结果的显示值不会发生变化，而显示值跳变"1 个字"，所需电压变化量为 0.1 mV。

3）测量误差

当前数字式电压表厂家在技术指标中大多给出最大允许的绝对误差 ΔU，其表示方式为：
$$\Delta U = \pm(\alpha\% \times U_x + \beta\% \times U_m)$$
式中，α 为相对项系数，β 为固定项系数，U_x 为示值（读数），U_m 为量程的满度值。$\alpha\% \times U_x$ 称为读数误差，是相对项，其值随读数而变化。$\beta\% U_m$ 称为满度误差，与当前选用的量程有关，是固定项，其值恒定。由于满度误差不随读数变化而改变，因此可用"n 个字"来表示，n 等于满度误差与分辨力的比值，即：
$$\Delta U = \pm(\alpha\% U_x + n\text{个字})$$

实例 1-17 5 位 DVM 在 5 V 量程测得电压为 2 V，已知测量误差计算公式 $\Delta U = \pm(0.005\% U_x + 0.004\% U_m)$，求此时 DVM 的读数误差、满度误差和绝对误差各是多少？满度误差相当于几个字？

解 经分析得知，电压表分辨力为 ±0.000 1 V。

读数误差为：$0.005\%U_x = \pm 0.005\% \times 2\text{ V} = \pm 0.000\ 1\text{ V}$

满度误差为：$0.004\%U_m = \pm 0.004\% \times 5\text{ V} = \pm 0.000\ 2\text{ V}$

满度误差相当于：$\pm \dfrac{0.000\ 2\text{ V}}{0.000\ 1\text{ V}} = \pm 2$ 字

绝对误差为：$\pm(0.000\ 1\text{ V} + 0.000\ 2\text{ V}) = \pm 0.000\ 3\text{ V}$

4）测量速率

测量速率用数字式电压表每秒钟完成的测量次数或一次测量所需要的时间来表示。主要取决于 A/D 变换器的类型，不同类型的 DVM 的测量速率差别很大，测速较快的是比较式 DVM，测速较慢的是积分式 DVM。测量速率是描述数字式电压表的一项重要技术指标。一般低速高精度的 DVM 测量速率为几次/s 至几十次/s。例如，PZ-8 型数字式电压表的测量速率为 50 次/s 或 20 ms/次。

5）输入阻抗

输入阻抗取决于输入电路，并与量程有关。输入阻抗越大，对测量精度的影响越小。对于直流 DVM，输入阻抗用输入电阻表示，一般为 10～1 000 MΩ。对于交流 DVM，输入阻抗用输入电阻并联电容来表示，电容量一般为几十至几百皮法。

6）抗干扰能力

DVM 的测量准确度和分辨力是在忽略内外干扰的条件下提出的。由于 DVM 灵敏度很高，在实际测量中，会受到内部元器件的噪声或外部电磁感应及电源等的影响，因而抗干扰能力是 DVM 的一个重要指标。根据干扰信号的加入方式不同，DVM 的干扰分为共模干扰和串模干扰两种，如图 1-102 所示。在图 1-102（a）中，干扰电压 U_{nm} 与被测电压 U_x 串联加到 DVM 两个输入端 H（电位高端）和 L（电位低端）之间，故称为串模干扰。在图 1-102（b）中，干扰电压 U_{cm} 同时作用于 DVM 的 H、L 端，故称共模干扰。串模干扰一般来自信号本身，如电源纹波、测量接线上的工频干扰等。共模干扰往往是由于系统的接地问题，被测电压与 DVM 相距较远，以至两者地电位不一样而引起干扰。仪器中采用共模抑制比和串模抑制比来表示 DVM 的抗干扰能力。一般共模干扰抑制比为 80～150 dB，串模抑制比为 50～90 dB。

DVM 抑制串模干扰的措施有两种，一是在输入端设置滤波器；二是从 A/D 转换原理上采用双积分电路来消除干扰。DVM 抑制共模干扰主要采用输出浮置的办法。

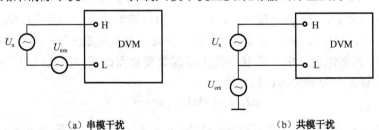

（a）串模干扰　　　　　　　　　　　（b）共模干扰

图 1-102　数字式电压表的串模干扰和共模干扰示意图

3. 数字式电压表的分类

数字式电压表按结构形式分为台式、便携式和面板式，如图 1-103 所示。

项目 1　简单电子产品的性能测试

（a）台式　　　　　　　（b）便携式　　　　　（c）面板式

图 1-103　各类数字式电压表

1）台式

台式数字电压表通常为 $5\frac{1}{2}$ 位以上的数字电压表，各厂家都有自己的专利技术，近年已做到 $8\frac{1}{2}$ 位的精度了。特点是测量精度和自动化程度较高，结构复杂，体积较大，售价较高。故一般做成机箱形式，置于固定工作台上使用。

2）便携式

便携式数字电压表通常为 $3\frac{1}{2}$ 及 $4\frac{1}{2}$ 位数字电压表，精度不高，其技术融入数字多用表。数字多用表由于精度一般，故可做成便于携带的袖珍结构，简称便携式。

3）面板式

面板式也称数字表头，多为 $3\frac{1}{2}$ 至 $4\frac{1}{2}$ 位直流电压表，只有一个基本量程，如 0~5 V 的表头，用于嵌入仪器面板，用于告知测量数据。

4．A/D 转换原理

A/D 转换器（ADC）的作用是把模拟量变成数字量，是数字式电压表的核心，它决定了数字式电压表的主要性能指标。各类 DVM 之间最大的区别也在于 A/D 变换的方法不同，从而表现出不同的特性。有的高档数字式电压表采用几种 A/D 转换原理相结合进行特别设计，以获得高精度测量。

A/D 转换器按其实现原理和方法，分为直接比较式和间接比较式两类，分别以逐次逼近比较式 ADC 和双积分式 ADC 为典型代表。

1）逐次逼近比较式 ADC

图 1-104 所示为天平称重的平衡过程示意图。设有 8 g、4 g、2 g、1 g 四种标准砝码，被测砝码 W_x 置于盘 2，称重时，在盘 1 上依次从最大砝码开始对分比较，大则弃，小于和等于则留，最终天平平衡，依据盘 1 中砝码重量和得出被测砝码重量。表 1-20 记录了对

表 1-20　对分比较过程

砝码 W_0	比　　较	结果处理	数 据 记 录
8 g	$W_0 > W_x$	弃	0
4 g	$W_0 < W_x$	留	1
2 g	$W_0 = W_x$	留	1
1 g	$W_0 > W_x$	弃	0

分比较过程，若弃记作"0"，留记作"1"，则 W_x 即被量化为"0110"，即被测重量为 6 g。

逐次逼近比较式 ADC 的基本原理类似天平称重，其结构框图如图 1-105 所示，包括四个部分：比较器、DAC、逐次逼近寄存器和控制逻辑。

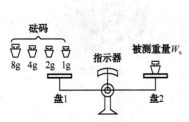

图 1-104 天平称重示意图　　图 1-105 逐次逼近比较式 ADC 结构框图

将大小不同的参考电压 U_o 与输入模拟电压 U_i 逐步进行比较，比较结果以相应的二进制代码表示。转换前先将寄存器清零。转换开始后，控制逻辑将寄存器的最高位置为 1，使其输出为 100…0。这个数码被 D/A 转换器转换成相应的模拟电压 U_o，送到比较器与输入 U_i 进行比较。若 $U_o > U_i$，说明寄存器输出数码过大，故将最高位的 1 变成 0，同时将次高位置 1；若 $U_o \leq U_i$，说明寄存器输出数码还不够大，则应将这一位的 1 保留，依次类推将下一位置 1 进行比较，直到最低位为止。比较结束，寄存器中的状态就是转化后的数字输出。

实例 1-18　一个四位逐次逼近型 ADC 电路，输入满量程电压为 5 V，现加入的模拟电压 $U_i = 4.58\,\mathrm{V}$。求：（1）ADC 输出的数字是多少？（2）转换误差是多少？

解（1）第一步：使寄存器的状态为 1 000，送入 DAC，由 DAC 转换为输出模拟电压：

$$U_o = \frac{U_m}{2} = \frac{5}{2} = 2.5 \text{ V}$$

因为 $U_o < U_i$，所以寄存器最高位的 1 保留。

第二步：寄存器的状态为 1 100，由 DAC 转换输出的电压：

$$U_o = \left(\frac{1}{2} + \frac{1}{4}\right)U_m = 3.75 \text{ V}$$

因为 $U_o < U_i$，所以寄存器次高位的 1 也保留。

第三步：寄存器的状态为 1 110，由 DAC 转换输出的电压：

$$U_o = \left(\frac{1}{2} + \frac{1}{4} + \frac{1}{8}\right)U_m = 4.38 \text{ V}$$

因为 $U_o < U_i$，所以寄存器第三位的 1 也保留。

第四步：寄存器的状态为 1 111，由 DAC 转换输出的电压：

$$U_o = \left(\frac{1}{2} + \frac{1}{4} + \frac{1}{8} + \frac{1}{16}\right)U_m = 4.69 \text{ V}$$

因为 $U_o > U_i$，所以寄存器最低位的 1 去掉，只能为 0。

所以，ADC 输出数字量为 1110。

（2）转换误差为：

$$4.58 - 4.38 = 0.2 \text{ V}$$

逐次逼近比较式 A/D 转换器的数码位数越多，转换结果越精确，但转换时间也越长。其缺点是抗干扰能力差，因为电压比较器的输入是被测电压瞬时值，易受外界干扰的影响，通常在输入端设置低通滤波器来抑制串模干扰。

2）双积分式 ADC

双积分型 A/D 转换器属于间接型 A/D 转换器，它是把待转换的输入模拟电压先转换为一个中间变量（如时间 T、频率 f）；然后再对中间变量量化编码，得出转换结果。若中间变量为时间则称为电压—时间变换型（简称 VT 型）。图 1-106 给出的是 VT 型双积分式 A/D 转换器的原理框图。

转换开始前，先将计数器清零，并接通 S_0 使电容 C 完全放电。转换开始，断开 S_0。整个转换过程分两阶段进行。

第一阶段称为定时积分过程，令开关 S_1 置于输入信号 U_I 一侧。积分器对 U_I 进行固定时间 T_1 的积分。积分结束时积分器的输出电压为：

$$U_{O1} = \frac{1}{C}\int_0^{T_1}\left(-\frac{U_I}{R}\right)dt = -\frac{T_1}{RC}U_I$$

可见积分器的输出 U_{O1} 与 U_I 成正比。这一过程称为转换电路对输入模拟电压的采样过程。在采样开始时，逻辑控制电路将计数门打开，计数器计数。当计数器达到满量程 N 时，计数器由全"1"复"0"，这个时间正好等于固定的积分时间 T_1。计数器复"0"时，同时给出一个溢出脉冲（即进位脉冲）使控制逻辑电路发出信号，令开关 S_1 转换至参考电压 $-V_{REF}$ 一侧，采样阶段结束。

第二阶段称为定速率积分过程，将 U_{O1} 转换为成比例的时间间隔。采样阶段结束时，一方面因参考电压 $-V_{REF}$ 的极性与 U_I 相反，积分器向相反方向积分。计数器由 0 开始计数，经过 T_2 时间，积分器输出电压回升为零，过零比较器输出低电平，关闭计数门，计数器停止计数，同时通过逻辑控制电路使开关 S_1 与 U_I 相接，重复第一步，如图 1-106 所示。因此得到：

$$\frac{T_2}{RC}V_{REF} = \frac{T_1}{RC}U_I$$

即

$$T_2 = \frac{T_1}{V_{REF}}U_I$$

可见，反向积分时间 T_2 与输入模拟电压成正比。

在 T_2 期间计数门 G 打开，对标准频率 f_{CP} 计数，计数结果为 D，则计数的脉冲数为：

$$D = \frac{T_1}{T_{CP}V_{REF}}U_I = \frac{N_1}{V_{REF}}U_I$$

计数器中的数值就是 A/D 转换器转换后的数字量，至此即完成了 V-T 转换。若输入电压 $U_{I1}<U_I$，$U'_{O1}<U_{O1}$，则 $T'_2<T_2$，它们之间也都满足固定的比例关系，如图 1-107 所示。

双积分型 A/D 转换器若与逐次逼近型 A/D 转换器相比较，因有积分器的存在，积分器的输出只对输入信号的平均值有所响应，所以，它突出的优点是工作性能比较稳定且抗干扰能力强。由以上分析可以看出，只要两次积分过程中积分器的时间常数相等，计数器的计数结果即与 RC 无关，所以，该电路对 RC 精度的要求不高，而且电路的结构也比较简单。双积分型 A/D 转换器属于低速型 A/D 转换器，一次转换时间在 1～2 ms，而逐次逼近型 A/D 转换器可达到 1 μs。

电子测量与仪器

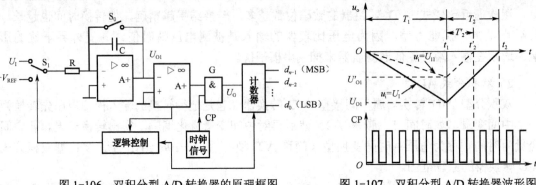

图 1-106 双积分型 A/D 转换器的原理框图　　图 1-107 双积分型 A/D 转换器波形图

5. 数字多用表的组成与特点

1）组成框图

具有测量直流电压、直流电流、交流电压、交流电流及电阻等多种功能的数字测量仪器称为数字多用表（Digital MultiMeter，DMM），又称数字万用表。其原理框图如图 1-108 所示。以测直流电压的 DVM 为基础，通过各种转换器，如 AC-DC 变换、I-U 变换、Z-U 变换等，将这些物理量转换成直流电压再进行测量，从而可以组成多用型数字电压表。有的 DMM 内置 CPU，可实现自动化测量。

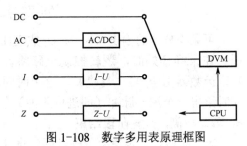

图 1-108 数字多用表原理框图

2）数字万用表的特点

近年来，DMM 得到迅速普及，在便携式和台式两种分类上，性能都有很大提高。其主要特点如下：

（1）功能扩展。DMM 可进行直流电压、交流电压、电流、阻抗等的测量，有的表可进行频率的测量。

（2）测量分辨力和精度有低、中、高三个挡级，位数为 $3\frac{1}{2} \sim 8\frac{1}{2}$。

（3）一般内置微处理器。可实现开机自检、自动校准、自动量程选择，以及测量数据的存储、处理（求平均、均方根值）等自动测量功能。

（4）一般具有外部通信接口，如 RS-232、USB、GPIB 甚至网络接口，易于组成自动测试系统。

实训 8　SM1030 型数字交流毫伏表的使用

SM1000 系列数字交流毫伏表采用了单片机控制和液晶显示技术，结合了模拟技术和数字技术。适用于测量频率 5 Hz～2 MHz，电压 70 μV～300 V 的正弦波有效值电压。具有量程自动/手动转换功能。4 位数显，小数点自动定位，单位自动变换。能同时显示输入端、量程、电压和 dBV/dBm。具有过压和欠压指示。输入、输出都悬浮，使用安全。

其中，SM1020 是单输入全自动数字交流毫伏表，具备 RS-232 通信功能。SM1030 是双输入全自动数字交流毫伏表，具备 RS-232 通信功能。下面以 SM1030 为例，说明数字交流毫伏表的使用方法。

1. 面板

SM1030 数字交流毫伏表如图 1-109 所示，面板具体内容如下。

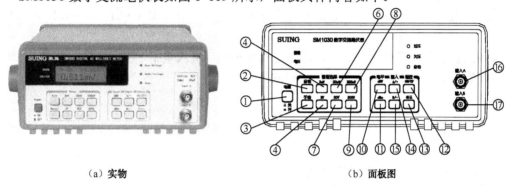

（a）实物　　　　　　　　　　　　　　　　（b）面板图

图 1-109　SM1030 数字交流毫伏表

1）按键和插座

① 电源开关：开机时显示厂标和型号后，进入初始状态，输入 A，手动改变量程，量程 300 V，显示电压和 dBV 值。

② 自动键：切换到自动选择量程。在自动位置，输入信号小于当前量程的 1/10，自动减小量程；输入信号大于当前量程的 4/3 倍，自动加大量程。

③ 手动键：无论当前状态如何，按下手动键都切换到手动选择量程，并恢复到初始状态。在手动位置，应根据"过压"和"欠压"指示灯的提示，改变量程：过压灯亮，增大量程；欠压灯亮，减小量程。

④～⑨ 3mV 键～300 V 键：量程切换键，用于手动选择量程。

⑩ dBV 键：切换到显示 dBV 值。

⑪ dBm 键：切换到显示 dBm 值。

⑫ ON/OF 键：进入程控，退出程控。

⑬ 确认键：确认地址。

⑭ A/+键：切换到输入 A，显示屏和指示灯都显示输入 A 的信息。量程选择键和电平选择键对输入 A 起作用。切换到输入+：设定程控地址，起地址加作用。

⑮ B/-键：切换到输入 B，显示屏和指示灯都显示输入 B 的信息。量程选择键和电平选择键对输入 B 起作用。切换到输入-：设定程控地址，起地址减作用。

⑯ 输入 A：A 输入端。

⑰ 输入 B：B 输入端。

2）指示灯

自动指示灯：用自动键切换到自动选择量程时，该指示灯亮。

过压指示灯：输入电压超过当前量程的 4/3 倍，过压指示灯亮。

欠压指示灯：输入电压小于当前量程的 1/10，欠压指示灯亮。

3）液晶显示屏

（1）开机时显示厂标和型号。

（2）显示工作状态和测量结果。

① 设定和检索地址时，显示本机接口地址。

② 显示当前量程和输入通道。

③ 用四位有效数字、小数点和单位显示输入电压。分辨率 0.001 mV～0.1 V。过压时，显示值变为****mV/V。

④ 用正负号、三位有效数字、小数点和单位显示输入电平（dBV 或 dBm）。分辨率 0.1 dBV/dBm。过压时，显示值变为****dBV/dBm。

2. 主要性能指标

（1）测量范围：

交流电压：70 μV～300 V；

dBV：-80～50 dBV（0 dBV=1 V）；

dBm：-77～52 dBm（0 dBm=1 mW 600 Ω）。

（2）量程：3 mV、30 mV、300 mV、3 V、30 V、300 V。

（3）频率范围：5 Hz～2 MHz。

（4）电压测量误差（20 ℃）：见表 1-21。

（5）分辨率：见表 1-22。

dBV：±0.1 dBV；

dBm：±0.1 dBm；

电压：0.001 mV～0.1 V。

表 1-21 SM1030 数字交流毫伏表电压测量误差

频率范围	电压测量误差
50 Hz～100 kHz	±1.5%读数±8 个字
20 Hz～500 kHz	±2.5%读数±10 个字
5 Hz～2 MHz	±4.0%读数±20 个字

表 1-22 SM1030 数字交流毫伏表各量程分辨率

量 程	满 度 值	电压分辨率
3 mV	3.000 mV	0.001 mV
30 mV	30.00 mV	0.01 mV
300 mV	300.0 mV	0.1 mV
3 V	3.000 V	0.001 V
30 V	30.00 V	0.01 V
300 V	300.0 V	0.1 V

（6）噪声：输入短路时为 0 个字。

（7）输入电阻：10 MΩ。

（8）输入电容：30 pF。

（9）最大输入电压：见表 1-23。

表 1-23 SM1030 数字交流毫伏表各量程最大输入电压

量 程	频 率	最大输入电压
3～300 V	5 Hz～2 MHz	450 V_{rms}
3～300 mV	5 Hz～1 kHz	450 V_{rms}
	1～10 kHz	45 V_{rms}
	10 kHz～2 MHz	10 V_{rms}

3. 使用方法

（1）按下面板上的电源按钮，电源接通，仪器进入初始状态，预热 30 min，输入信号。

(2) SM1030 有两个输入端,可以由输入端 A 或 B 单独输入被测信号,也可由输入端 A 和 B 同时输入两个被测信号。两输入端的量程选择方法、量程大小和电平单位都可以分别设置,互不影响;但两输入端的工作状态和测量结果不能同时显示。可用输入选择键切换到需要设置和显示的输入端。

(3) 手动测量。可从初始状态(手动,量程 300V)输入被测信号,然后一定要根据"过压"和"欠压"指示灯的提示手动改变量程。过压灯亮,说明信号电压太大,应加大量程;欠压指示灯亮,说明输入电压太小,应减小量程。

(4) 自动量程的使用。在自动位置,仪器可根据信号的大小自动选择合适的量程。若过压指示灯亮,显示屏显示****V,说明信号已到 400 V,超出了本仪器的测量范围。若欠压指示灯亮,显示屏显示 0,说明信号太小,也超出了本仪器的测量范围。

(5) 电平单位的选择。根据需要选择显示 dBV 或 dBm。dBV 和 dBm 不能同时显示。

(6) 关机后再开机,间隔时间应大于 10 s。

4. 实训目的

(1) 熟悉 SM1030 型数字交流毫伏表的面板装置及其操作方法。

(2) 掌握不同频率、不同幅值正弦波的电压测量和电平测量。

5. 实训器材

(1) SM1030 型交流数字毫伏表 1 台。

(2) 函数信号发生器(或任意波形发生器)1 台。

(3) 数字存储示波器 1 台。

6. 实训内容及步骤

(1) 调节函数信号发生器,按表 1-24 输出不同频率、不同幅值的正弦波,用数字示波器监测,记录数字示波器显示的被测信号有效值。

(2) 接着用 SM1030 型数字交流毫伏表的合适量程,测量正弦波的电压值和电平值,测量数据记录在表 1-24 内。

表 1-24 交流数字毫伏表电压测量、电平测量数据

频率	峰-峰值	数字示波器有效值读数	SM1030 电压读数	SM1030 电平读数
100 Hz	1 V			
1 kHz	3.8 V			
465 kHz	150 mV			
1 MHz	800 μV			

7. 实训报告

(1) 记录实训步骤和实训结果,分析所得数据的正确性。

(2) 针对记录过程中遇到的问题,分析原因和写出解决方法。

电子测量与仪器

8. 思考题

与模拟交流毫伏表测量正弦波有效值相比,数字交流毫伏表有哪些优点?

项目实施 1　声频功率放大器性能参数测量

工作任务单:

(1) 制订工作计划。
(2) 了解声频功率放大器试验纲要。
(3) 选择声频功率放大器的测量方案。
(4) 完成声频功率放大器性能参数的测量。
(5) 填写测量报告。

1. 实训目的

(1) 熟悉声频功率放大器性能参数测量方案。
(2) 掌握函数信号发生器、示波器、数字毫伏表的使用。

2. 实训设备和器材

实训设备:函数信号发生器 1 台、示波器 1 台、数字毫伏表 2 台(若使用双路输入的毫伏表,则只需 1 台)。

实训器材:声频功率放大器。

注:实训器材可以是家庭影院中的功放等声频功率放大设备,也可以用计算机音响中的声频功率放大部分,或模拟电子技术实验箱中的功放电路(此时实训设备需增加稳压电源)。

3. 声频功率放大器检验基本知识

1) 试验纲要

"试验纲要"指某项试验主要的、实质性内容的概述。一般包括:试验项目的名称、试验的器材、试验执行的标准、试验的具体内容等。它是检验实施所需参照的纲领性文件。

2) 声频功率放大器试验纲要

某检验机构编写的《声频功率放大器试验纲要》(请上华信教育资源网下载参考),它表述了声频功率放大器试验的依据标准、试验环境条件要求、试验的流程、试验的仪器、试验的性能参数,以及检验结果判定的参数要求。

根据试验纲要,声频功率放大器试验依据标准为中华人民共和国电子行业标准《声频功率放大器通用技术条件》,编号为 SJ/T 10406—1993。引用标准为《声系统设备　第 3 部分:声频放大器测量方法》,编号为 GB/T 12060.3—2011。

检验项目包括:一般要求和检查方法、电性能要求和测量方法、耐用性要求和试验方法、安全要求和试验方法。

3) 额定条件的解释

术语"额定"的完整解释见 GB/T 12060.2—2011《声系统设备　第 2 部分:一般术语解释和计算方法》。

项目1 简单电子产品的性能测试

放大器在额定条件下工作,是指放大器接在额定电源上,源电动势与额定源阻抗串联后接到放大器输入端,放大器输出端接额定负载阻抗。在适当的频率上,调整源电动势使其正弦电压等于额定电动势。没有明确的反对理由时,该频率应该采用 SJ/Z 9140.1 中规定的标准参考频率 1 kHz。如果有音量控制器,置于使输出端出现额定失真限制的输出电压的位置。如果有音调控制器、平衡控制器等开关,则置于机械中心位置。额定机械和气候条件,按 SJ/Z 9140.1 执行。

4)检验结果

某检验机构编写的《声频功率放大器检验报告》(请上华信教育资源网下载参考),该报告陈述了被检产品的名称、商标、型号规格、检验类别、产品序号、委托单位、取样方式、收样日期、样品数量、检验日期、检验环境、检验依据,以及总的检验结论(合格/不合格)、检验人员姓名。

检验报告还详细罗列了检验项目及技术要求;检验用主要仪器设备的名称、型号规格及编号;各检验项目的检验结果(定性检验写明符合/不符合,定量检验记录数据),以及每个单项的判定结果(合格/不合格)。

4. 项目测试

由于学校教学条件的限制,本项目实施仅选择声频功率放大器测量标准中的一部分内容,经过一定程度的改编而成。

1)一般要求和检查方法

声频功率放大器检验的一般要求和检查方法依据标准是 SJ/T 10406—1993 第 5.3 条。

(1)一般要求:产品外观应整洁,表面不应有明显的凹痕、划伤、裂缝、变形、毛刺、霉斑等缺陷,表面涂镀层不应起泡、龟裂、脱落。

金属零件不应有锈蚀及其他机械损伤,灌注物不应外溢。

开关、按键、旋钮的操作应灵活可靠,零部件应紧固无松动,结构上有足够的机械稳定性。

说明功能的文字和图形符号的标志应明确、清晰、端正、牢固。

指示器和各种功能应正常工作。

(2)检验方法:对于产品,按产品标准用目测和手感等感官检查方法检验。

注意:如不是产品,仅是一块电路板,则本项检验忽略。

2)电性能要求和测量方法

声频功率放大器的电性能要求和测量方法依据标准是 GB/T 12060.3—2011,以及 SJ/T 10406—1993 第 5.4 条。此项测试在电子产品或电路板能实现正常功能情况下进行,故不再做静态测试。为表述简洁,以下将声频功率放大器表述为放大器。

(1)失真限制的输出电压和功率:将放大器置于额定条件下,输出端接适当的负载阻抗。按图 1-110 连接测量设备。信号发生器输出 1 kHz 正弦波信号至放大器输入端。示波器和数字毫伏表的输入并接在放大器输出端。放大器在此条件下工作 60 s 以上。用示波器观察输出电压波形,逐渐增大信号发生器的输出幅度,使放大器输出电压为最大不失真输出电压(即出现临界削波时),数字毫伏表测试此时失真限制的输出电压 U_{om},按式(1-33)计算失真限制的输出功率 P_{om}。

$$P_{om} = \frac{U_{om}^2}{R} \tag{1-33}$$

注意： 最大输出电压测试完成后，立即减小功放输入信号大小，使电路不至于因长期工作在极限状态而损坏。

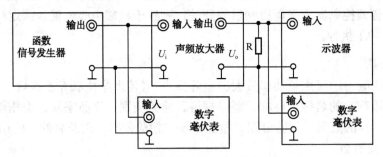

图 1-110 失真限制的输出电压测量连线图

将测量数据记入表 1-25 中。

表 1-25 失真限制的输出电压和功率数据记录

信号频率 f(kHz)	输出电压 U_{om}(V)	输出功率 P_{om}(W)

（2）电压增益：放大器置于标准测量条件下，仪器连接不变。将音量控制器调到最大增益位置，调节信号发生器的输出幅度，使放大器的输出为小于最大输出电压的某个值 U_o（视具体的声频功率放大器而定），用毫伏表监测。读出此时放大器输入端的毫伏表电压值 U_i，根据式（1-34）计算电压放大倍数 A_u，根据式（1-35）计算电压增益 G。将数据填入表 1-26 中。

$$A_u = \frac{U_o}{U_i} \tag{1-34}$$

$$G = 20\lg A_u \quad (\text{dB}) \tag{1-35}$$

表 1-26 电压增益数据记录

信号频率 f(kHz)	输出电压 U_o(V)	输入电压 U_i(V)	电压放大倍数 A_u	增益 G(dB)

（3）增益限制的有效频率范围：函数信号发生器输出 1 kHz 正弦波信号，调节信号发生器的输出幅度，使放大器的输出电压 U_o 为某一值，记录此时放大器的输入电压值 U_i。

接着保持信号发生器的输出幅度不变（即 U_i 不变），调节信号发生器频率，使频率分别为 20 Hz、40 Hz、80 Hz、250 Hz、500 Hz、1 000 Hz、2 000 Hz、4 000 Hz、8 000 Hz、10 000 Hz，记录各信号频率下放大器的输出电压值，填入表 1-27 中。

表 1-27 频率响应数据记录

信号频率 f(Hz)	20	40	80	250	500	1 000	2 000	4 000	8 000	10 000
输出电压（V）										

根据表 1-27 的数据，在图 1-111 中绘制幅频特性曲线。

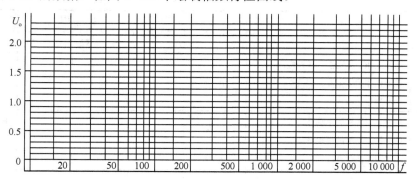

图 1-111 幅频特性曲线绘制

根据所绘幅频特性曲线，找出放大器幅度下降至中频幅度 $1/\sqrt{2}$（即 0.707）倍处的两个频率点，即下限频率 f_L 和上限频率 f_H，两者之差为增益限制的有效频率范围，即通频带，见式（1-36）。将数据填入表 1-28 中。

$$BW = f_H - f_L \tag{1-36}$$

（4）噪声电压：将放大器输入端短路（$u_i = 0$），用示波器观察输出噪声波形，并用数字交流毫伏表测量输出电压，即为噪声电压 U_N。将数据填入表 1-29 中。

表 1-28 增益限制的有效频率范围数据记录

f_L	f_H	BW

表 1-29 噪声电压数据记录

噪声电压 U_N

5. 整理相关数据，完成测试的详细分析并填写测量报告

整理上述测量结果，填写表 1-30 的测量报告。

表 1-30 声频功率放大器性能参数测量报告

产品名称			商标	
型号规格				
测量用仪器设备	名称		型号规格	编号
单项测量结果	项目		测量结果	单位
备注				
操作人：				日期：

6. 项目考核

项目考核表如表 1-31 所示。

表 1-31 项目考核表

评价项目	评价内容	配分	教师评价	学生评价		总 分
				互 评	自 评	
工作态度	（1）工作的主动性、积极性； （2）操作的安全性、规范性； （3）遵守纪律情况	10 分				师评 50%+ 互评 30%+自 评 20%
项目测试	（1）仪器连接的正确性； （2）测量结果的正确性	60 分				
测量报告	测量报告的规范性	20 分				
5S 规范	整理工作台，离场	10 分				
合计	—	100 分				

自评人：　　　　　　互评人：　　　　　　教师：

日期：

知识梳理与总结

1. 电子测量基础知识

（1）电子测量是测量学的一个重要分支，泛指以电子技术为基本手段的一种测量技术。除了能对各种电参量、电信号进行测量外，还能对非电量进行测量。按照测量性质，电子测量可分为时域测量、频域测量、数据域测量和随机量测量四种类型；按照测量方法的不同，分为直接测量、间接测量和组合测量三类。

（2）电子测量仪器通常分为通用和专用两大类。通用电子测量仪器又可分时域测试仪器、频域测试仪器、数据域测试仪器、随机域测量仪器、调制域测量仪器、电子元器件测量仪器等。电子测量仪器发展迅速，智能仪器和虚拟仪器都得到广泛应用。

（3）根据测量误差的性质和特点，可分为系统误差、随机误差和粗大误差三类。系统误差越小，测量准确度越高；随机误差越小，测量精密度越高。系统误差和随机误差共同决定测量的精确度。

（4）测量误差通常采用绝对误差、相对误差两种表示方法。绝对误差表明误差测量结果偏离实际值的情况，有大小、正负和量纲。相对误差能确切反映测量的准确度，只有大小和正负，没有量纲。电工仪表的准确度等级用满度相对误差表示。

（5）测量结果常用有效数字表示，应根据实际情况，遵循有效数字位数的取舍和有效数字舍入规则进行。

2. 测量用信号源

（1）信号发生器简称信号源，是电子测量中最基本的电子仪器，主要用来提供电参量测量时所需的各种激励电信号，其输出幅度和频率按需要可以进行调节。衡量信号源的主要性能指标有：频率准确度、频率稳定度、输出特性、调制特性等。

（2）正弦信号发生器广泛应用于线性系统的测试中。按其产生的信号频段，可分为超低频、低频、视频、高频、甚高频和超高频信号发生器。

（3）低频信号发生器的主振器是 RC 振荡器，用以产生 1 Hz～1 MHz 的低频正弦信号及方波信号。它是一种多功能、宽量程的电子仪器，在低频电路测试中应用比较广泛，还可作为高频信号发生器的外部调制信号。

（4）高频信号发生器也称射频信号发生器，通常产生 200 kHz～30 MHz 的正弦波或调幅波信号。高频信号发生器按调制类型分为调幅和调频两种。主要用于调试各类接收机的选择性、灵敏度等特性。

（5）函数信号发生器是一种产生正弦波、方波、三角波等函数波形的仪器，其频率范围约几 mHz～几十 MHz。除作为正弦信号源使用外，还可以用来产生各种电路和机电设备的瞬态特性、数字电路的逻辑功能、压控振荡器及锁相环的性能。

（6）频率合成技术是对一个或多个高稳定度的基准频率，进行频率的加、减（混频）、乘（倍频）、除（分频）运算，从而合成所需的一系列频率。其频率稳定度可以达到与基准频率源相同的量级。直接数字频率合成法（DDS）是从相位概念出发，直接合成所需波形的一种全数字式的频率合成技术。不仅可以直接产生正弦信号，还可以产生不同形状的任意波形，从而满足各种测试和实验的要求。利用 DDS 技术设计的 DDS 信号源，分为任意波形发生器（AWG）或任意/函数发生器（AFG）。

3. 示波测试

（1）示波器是时域分析最典型的仪器，也是当前电子测量领域中品种最多、数量最大、最常用的一种仪器。通过波形可以实现电压、周期、频率、时间、相位等基本参量的测量，以及脉冲信号的脉宽、前后沿、占空比等参量的测试。

（2）通用示波器主要由示波管、垂直系统、水平系统三部分组成。其工作原理是其他类型示波器的基础。主要技术指标有：频带宽度 BW、上升时间 t_r、扫描速度、偏转因数、偏转灵敏度、输入阻抗等。

（3）取样技术的实质是频率变换技术。取样分为实时取样和非实时取样两种。利用非实时取样技术，示波器可以观察吉赫兹（GHz）以上的超高频信号。

（4）数字存储示波器在机内微处理器统一管理下工作，不仅测量精度高，还具有长时间存储信号的能力、多种触发功能、很强的数据处理能力、自检功能，以及构建自动测试系统。主要技术指标有：最高采样速率、存储带宽、分辨力、存储容量、读出速度等。

（5）示波器探头有无源探头和有源探头之分，差分探头、电流探头属于有源探头。

4. 电压测量

（1）电压测量是电子测量的重要内容之一，是许多电参量和非电参量测量的基础。电压测量的基本要求是足够宽的电压测量范围、足够宽的频率范围、足够高的测量准确度、足够高的输入阻抗、足够高的抗干扰能力。按测量结果的显示方式，电子电压表分为模拟式电压表和数字式电压表。模拟式电压表结构简单、价格低廉，能长期工作在较差的环境条件。数字式电压表具有高精度、高分辨力、宽量程、易于实现测量自动化等优点。

（2）测量交流电压时，一般利用检波器将交流电压变换为直流电压。检波器分为均值、峰值、有效值检波器三种。相应模拟式交流电压表分为均值、峰值、有效值电压表三种。由于不同电压表的测量范围、频带宽度不同，因而各有其适用场合。用峰值表和均值表测量非正弦波电压时，有必要进行换算，以减小波形误差。分贝的测量实质上是交流电压的测量，只是电表的读数以分贝（dB）刻度。

（3）数字式电压表的核心是 A/D 转换器，分为积分式和比较式两种最基本类型。前者抗干扰能力强，测量准确度高，但测量速度低；后者测量速度快，但抗干扰能力差。目前应用比较广泛的是双积分式 DVM。

（4）直流 DVM 扩展 AC-DC、I-U、Z-U 变换等，即形成数字式万用表 DMM。数字式万用表有便携式和台式两种分类。与模拟式万用表相比，数字式万用表具有测量功能多、测量准确度高、具有某些自动测试功能等特点，获得广泛应用。

习题 1

1-1 电子测量与其他测量相比，主要具有哪些特点？

1-2 在测量电压时，如果测量值为 100 V，实际值为 95 V，则测量绝对误差和修正值分别是多少？如果测量值是 100 V，修正值为 -10 V，则实际值和绝对误差是多少？

1-3 根据误差理论，在使用电工仪表时如何选用量程？为什么？

1-4 用量程是 500 mA 的电流表测量实际值为 400 mA 的电流，如果读数为 380 mA，试求测量的绝对误差、实际值相对误差、示值相对误差各是多少？

1-5 如果要测量一个 8 V 左右的电压，现有两块电压表，其中一块量程为 10 V、1.5 级，另一块量程为 20 V、1.0 级。问应选用哪一块表测量较为准确？

1-6 根据舍入规则，将下列各数据保留四位有效数字。
3.141 59 2.717 29 4.510 50 3.215 50 6.378 501 7.691 499 5.434 60

1-7 正弦信号发生器（模拟）一般由几部分组成？

1-8 通用高频信号发生器主要由哪几部分组成？

1-9 矩形单脉冲的表征量有哪些？各自是如何定义的？

1-10 函数信号发生器的主要构成方式有哪些？

1-11 什么是直接数字频率合成技术？利用该技术设计的信号源主要有哪些？

1-12 通用示波器应包括哪些单元？各有何功能？

1-13 试说明触发电平、触发极性调节的意义。

1-14 一示波器的荧光屏的水平长度为 10 cm，要求显示 10 MHz 的正弦信号两个周期，问示波器的扫描速度应为多少？

1-15 有一正弦信号，使用垂直偏转因数为 10 mV/div 的示波器进行测量，测量时信号经过 10∶1 的衰减探头加到示波器，测得荧光屏上波形的高度为 7.07 div，问该信号的峰值、有效值各为多少？

1-16 设连续扫描电压的扫描正程是扫描逆程的 4 倍，要显示出频率为 2 kHz 的正弦波 4 个周期的波形，请问连续扫描电压的频率是多少？

1-17 简述数字示波器的主要性能指标。

1-18 与模拟示波器相比，数字存储示波器有哪些特点？

1-19 在电子电路中对电压测量有哪些基本要求？

1-20 用正弦有效值刻度的均值电压表测量正弦波、方波和三角波，读数都为 1 V，三种信号波形的有效值为多少？

1-21 在示波器上分别观察到峰值相等的正弦波、方波和三角波，$U_p = 5$ V，分别用都

是正弦有效值刻度的三种不同的检波方式的电压表测量，试求读数分别为多少？

1-22 模拟电压表和数字电压表的分辨力各自与什么因数有关？

1-23 用一块 $4\frac{1}{2}$ 位 DVM 的 10 V 量程测量 8 V 电压。已知该电压表的固有误差 $\Delta U= \pm$（0.025%读数+0.01%满度），试求由于固有误差产生的测量误差是多少？它的满度误差相当于几个字？

1-24 已知数字电压表的固有误差 $\Delta U=\pm$（0.005%读数+0.002%满度），求在 5 V 量程测量 4 V 时产生的绝对误差和示值相对误差各是多少？

1-25 下列四种数字电压表的最大显示数字分别为 9 999、19 999、3 199 和 1 999，问它们各是几位表？试求第二块表在 0.2 V 量程上最大的分辨力是多大？

1-26 DVM 与 DMM 有何区别？

项目 2

电子测量与产品检验

案例引入

电子测量仪器也是一种电子产品，在投入市场前也需要进行质量检验。现在要对一台函数信号发生器进行性能检验，该如何实施呢？

学习目标

1. 理论目标

1）基本了解

秒的定义；

电子计数器的组成、工作原理；

谐波失真的定义与表征，失真度测试仪的组成、工作原理。

【拓展】电子测试工装的设计内容；电子产品检验的要求和一般流程。

2）重点掌握

电子计数器测量频率、周期的方法，测量误差来源。

2. 技能目标

能操作通用电子计数器、失真度测试仪；

会检验函数信号发生器的性能指标。

2.1 时间和频率测量基础

时间和频率不仅与自然科学及工程技术密切相关，与人们的日常生活也密不可分。人们对时间的认识起源于古人类对日月星辰的观察感悟，对时间概念的认识也一直在不断发展着。

1. 时间的概念

时间是国际单位制中七个基本物理量之一，是一种客观存在的物理量。任何事物都随着时间的推移而发展变化着。在时间的一般概念中，包括时刻和时间间隔两个含义。时刻，是指连续流逝的时间中的某一瞬间，在时间轴上时刻是不存在长度的一个点。时间间隔，是指在连续流逝的时间中，两个时刻之间的间隔，即用时间轴上两个特定时刻点的距离来描述。时刻表征某事件发生的瞬间，时间间隔表征某事件持续了多久。

实际应用中，人们对时间的表述包含相对时间和绝对时间两种含义。相对时间是指某时间相对于另一参考事件之间的时间间隔。例如，会议提早 1 小时召开，火车晚点半小时等。绝对时间是指以某一普遍认可的特定时刻作为时间坐标的原点，去衡量其他事件发生时刻与该基准之间的时间间隔。在生产生活中，需要建立一个统一的绝对时间基准，即公认的时间坐标原点。以公元表示的年月日和时分秒是一个绝对时间，它以公元元年 1 月 1 日 0 时 0 分 0 秒为默认原点。例如，中华人民共和国成立于 1949 年 10 月 1 日，这是个绝对时间概念。

时间的单位是秒（s）。随着科学的发展，"秒"的定义经历三次重大的修改。最早的时间标准是由天文观测得到的，以地球自转周期的 1/86 400 作为时间标准称为世界时（UT）秒。它的复现最初用机械的天文钟，20 世纪中期后用石英钟得到。由于地球自转周期的稳定性只有 10^{-8} 量级，1960 年，国际计量大会决定采用以地球公转运动为基础的历书时（ET）秒作为时间单位。地球公转一周时间为一年。年的更确切定义是太阳连续两次经过春分点的时间间隔，称为一个回归年。将 1900 年 1 月 1 日 0 时整起算的回归年的 1/31556925.9747 作为 1 s。按此定义复现秒的准确度提高到亿分之一秒。为了寻求更加恒定，又能迅速测定的时间标准，人们从宏观世界转向微观世界。1967 年 10 月，国际计量大会正式通过了秒的定义："秒是铯 133 原子基态的两个超精细结构能级之间跃迁频率相应的射线束持续 9 192 631 770 个周期的时间"。以此为标准定出的时间标准为原子时（AT）秒。

在年历计时中，因为秒的单位太小，常用日、月和年来表示。而在电子测量中，秒单位又太大，常用毫秒（ms，10^{-3} s）、微秒（μs，10^{-6} s）、纳秒（ns，10^{-9} s）、皮秒（ps，10^{-12} s）来表示。

2. 时频关系

客观世界的各种运动中，周期运动是一种极其普遍、极其典型的运动。无论是宏观世界的地球公转、四季交替、车轮转动，还是微观世界的电磁振荡、原子能级跃迁的辐射波，都表现出了周期性。同样，对周期信号的研究是电子测量中的一项重要内容。

所谓"周期"现象，是指经过一段相等的时间间隔又出现相同状态的现象，数学上用

周期函数 $X_{(t)}$ 来表示，其满足下列关系式：

$$X_{(t)} = X_{(t+T)} = X_{(t+nT)} \tag{2-1}$$

式中，T 为信号的周期（正实数），是出现相同现象的最小时间间隔；n 为相同的现象重复出现的次数（正整数）。

"频率"是指单位时间（1 s）内周期性事件重复的次数，单位是赫兹（Hz）。

可见频率和周期是从不同侧面来描述周期性现象的，两者在数学上互为倒数，即：

$$f = \frac{1}{T} \tag{2-2}$$

由此可知，秒作为时间的基本单位，是以按规律重复出现的次数为基准确定的。所以标准时间和标准频率溯源于同一标准，一般情况不加以区分，统称为时频标准。

3. 时频测量的特点

与其他各种物理量比较，时间与频率的测量具有以下特点：

1）时频测量具有动态性

时间（频率）不像长度、温度等物理量那样，可被人们感知，可被固定。时间是个转瞬即逝的量。即使是测量重复性信号的周期，每次测量的起点时刻和终点时刻也是不同的。因此时频测量具有动态性。

时间和频率没有瞬时值。所谓时间，都是两个时刻的时间间隔。同样频率也没有瞬时值的概念，任何技术测得的信号频率都是一定时间范围内的平均频率。

2）时频测量范围极宽，精度最高

时间无穷尽，时间和频率的数值测量范围非常广，这在其他物理量中比较少见。基于原子秒的采用，目前对时间和频率测量的最小相对误差已达 10^{-15} 甚至更小，这是目前人类测量准确度最高的物理量。

3）时频信号能快速准确地远地传递

时频信号能通过电磁波快速准确地远地传递。相比于传播电压幅值，电磁波传播时间和频率信号时，不易受到干扰、不会衰耗，信号传输稳定性好，如通信领域的各类信号的传输。

频率和时间是电子技术领域中两个非常重要的基本参量，工程上经常需要测量周期性信号的频率和周期。由于时频测量精度高，许多电参量的测量最终都转换成与频率有关的测量。测控技术中一些非电量的测量也都转换成频率进行测量，如电容式传感器将位移的变化转换为电容量的变化，进而通过谐振电路转换为频率的变化，因此频率的测量相当重要。

2.2 电子计数器的分类与性能指标

1. 电子计数器的分类

随着电子技术的发展，电子计数器的功能不断增加，性能不断提高。目前主要有以下

几种类型。

1）按功能分类

（1）通用电子计数器：可测量频率、频率比、周期、时间间隔和累加计数、计时等。配上相应插件可测量相位、电压、电流、功率、电阻等电量；配合传感器可测量长度、位移、重量、压力、温度、转速、速度与加速度等非电量。

（2）频率计数器：指专门用于测量高频和微波频率的计数器，功能限于测频和计数，测频范围很宽。

（3）时间计数器：其测时分辨力和准确度很高，达 ps 量级。以测量时间为主，可测周期、脉冲参数等。

（4）特种计数器：具有特殊功能的计数器，包括可逆计数器、序列计数器和预置计数器、差值计数器等，主要用于工业测试。

2）按测量范围分类

（1）低速计数器：测量范围低于 10 MHz。

（2）中速计数器：测量范围在 10～100 MHz。

（3）高速计数器：测量范围上限高于 100 MHz。

2. 电子计数器的主要性能指标

（1）测量功能：电子计数器一般包括测量频率、周期、时间间隔、频率比、累加计数和自检等功能。

（2）测量范围：指不同功能的有效测量范围。如测量频率功能的上、下限值，下限值一般从 10 Hz 开始，上限值是确定低、中、高速计数器的依据。又如周期测量范围的最大值和最小值，数字频率计的最大测量周期一般为 10 s，可测的最小周期时间，依据不同类型的频率计而定，低速通用计数器最小时间为 1 μs；中速计数器可小到 0.1 μs 甚至 10 ns。

（3）准确度：主要用测量误差来表示，可达 10^{-9} 以上。

（4）输入特性：包括耦合方式（DC、AC）、触发电平（可调）、灵敏度、输入阻抗（50 Ω 低阻和 1 MΩ//25 pF 高阻）等。

（5）闸门时间（测频）：有 1 ms、10 ms、100 ms、1 s 和 10 s 等多种选择方式。

（6）时标（测周）：有 10 ns、100 ns、1 ms 和 10 ms 等多种选择方式。

（7）显示：包括数字显示位数和显示方式等。显示位数与主门时间的选择有关，较长的主门时间可获得较多的测量结果位数，相应测量精度也较高。显示方式有记忆和不记忆两种，多数计数器采用记忆显示方式，即只显示最终计数结果，不显示计数过程。

（8）输出：说明仪器可输出信号的种类、方式等。

2.3 通用电子计数器的组成与功能

目前频率测量的方法很多，按照其工作原理可分为谐振法、电桥法、比较法、示波法和电子计数器法等。随着电子科技的迅猛发展，电子计数器广泛采用大规模集成电路、微处理器和 FPGA 技术，使其测量简单快捷，测量结果精确度高，便于和计算机结合实现自动测试。

2.3.1 通用电子计数器的基本组成

电子计数器的基本组成框图如图 2-1 所示，主要由输入通道、主门、计数显示电路、时基形成电路和逻辑控制电路等组成。

1. 输入通道

电子计数器一般设 2~3 个输入通道，记作 A、B、C。其作用是接收各种被测信号，并将被测信号进行放大或衰减、整形，变换为标准脉冲。

A 输入通道是主通道，频带较宽，它输出的脉冲用作计数器的计数脉冲，在门控信号作用时间内通过主门计数。A 通道常用于测量频率、累加计数以及自校。

B 输入通道是辅助通道，它输出的脉冲用作控制门电路的时基信号，以控制门控信号的作用时间。B 通道常用于测量周期，A、B 通道一起测量频率比或测量时间间隔。

有的计数器还设有 C 输入通道，主要用来测量 100 MHz 以上输入信号的频率或用来与 B 输入通道配合进行时间间隔的测量。

2. 主门电路

主门也称闸门，其电路是一个双输入与门，如图 2-2 所示。它的一个输入端接收门控电路产生的门控信号，另一个输入端接收计数脉冲信号。主门的作用是通过门控信号控制进入计数器的脉冲，使计数器只对闸门打开时间内的脉冲计数。

"门控信号"还可以手动操作得到，如实现手动累加计数。

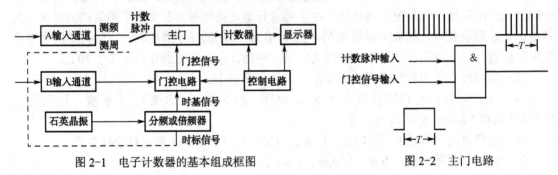

图 2-1　电子计数器的基本组成框图　　　　图 2-2　主门电路

3. 计数显示电路

计数显示电路包括十进制计数器、寄存器、译码器和数字显示器等。其作用是对主门输出的计数脉冲进行计数，并以十进制数字显示测量结果。

4. 时基形成电路

时基形成电路包括石英晶体振荡器、分频器、倍频器等，其作用是产生标准时间信号，如图 2-3 所示。测频时，标准时间信号经放大整形、分频后，用作控制门控电路的时基信号；测周时，标准时间信号经放大整形、倍频（分频）后，作为计数脉冲，称为时标信号。

5. 逻辑控制电路

逻辑控制电路用以产生各种控制信号去控制和协调计数器各单元工作，使得整机按一定工作程序自动完成测量任务。

2.3.2 通用电子计数器的测量功能

1. 频率的测量

频率是指周期现象在单位时间内重复的次数，即 $f=N/T$。式中，T 为时间，单位为 s；N 为在时间 T 内周期现象的重复次数。

电子计数器测量频率的原理是严格按照频率的定义进行的，其原理框图如图 2-4 所示，被测信号 f_x（周期 T_x）经过放大整形成为计数脉冲送至主门输入端。石英晶振产生的高稳定度的振荡信号 f_s（周期 T_s），经分频（分频系数 K_F）后产生时间间隔为

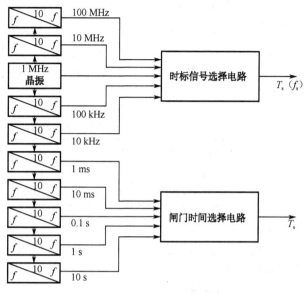

图 2-3 时基产生于变换单元

$K_F T_s$ 的时基信号，触发门控电路产生门控信号，使主门开启或关闭。主门开启时，计数脉冲通过主门，计数器计数；主门关闭时，计数器停止计数，由译码显示电路将测量结果显示出来。

$$NT_x = K_F T_s$$

所以
$$f_x = \frac{N}{T} = \frac{N}{K_F T_s} \tag{2-3}$$

如果被测信号经过放大整形后，再经过 m 次倍频，则满足如下关系：

$$N\frac{T_x}{m} = K_F T_s$$

$$f_x = \frac{N}{T} = \frac{N}{m K_F T_s} \tag{2-4}$$

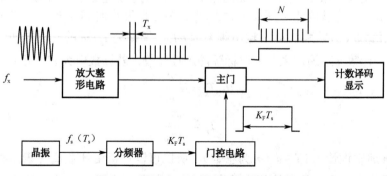

图 2-4 通用电子计数器测频原理框图

$$N = m K_F T_s f_x \tag{2-5}$$

式中，N 为主门开启期间计数器计得的脉冲个数，f_x 为被测信号频率，其倒数为 T_x，T_s 为

晶振信号周期，m 为倍频次数，K_F 为分频次数。

$T = mK_F T_s$ 为主门开启时间，对应仪器面板上的闸门时间选择开关。为使计数器能够直接表示被测信号的频率 f_x，通常把主门开启时间 T 的选择设计为 10^n s（n 为整数），并且计数器显示器上的小数点自动定位，与主门开启时间同步改变，进而无须对计数结果进行换算。例如，当被测信号频率为 100 kHz 时，电子计数器显示结果随主门时间的不同而不同，见表2-1。

表2-1 主门开启时间与显示结果

主门开启时间	10 ms	100 ms	1 s	10 s
计数值	1 000	10 000	100 000	1 000 000
显示结果	100.0 kHz	100.00 kHz	100.000 kHz	100.000 0 kHz

由此可见，测量同一信号频率时，不论选择哪种主门开启时间，测量结果都相同，只是显示的测量结果位数不同。主门开启时间增加，测量结果的有效数字位数也增加，测量精度就相对较高。

2. 周期的测量

周期是频率的倒数，因此测量周期时，只要把测量频率时的计数脉冲和时基信号的来源相调换即可实现。电子计数器采用"时标计数法"测量周期，其原理框图如图2-5所示。

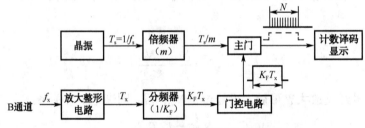

图2-5 通用电子计数器测周原理框图

被测信号 f_x（周期 T_x）经过放大整形转换成方波脉冲，形成时基信号，触发门控电路产生门控信号。实际测量中，采用多周期测量法，以减小测量误差。即在 B 通道加设分频器（分频系数 K_F），将被测信号周期扩大 K_F 倍，故主门开启时间为 $K_F T_x$。晶振产生的标准振荡信号 f_s 经倍频（倍频系数 m）输出频率为 mf_s、周期为 T_s/m 的时标脉冲，送至主门。在主门开启时，计数器对通过主门的时标脉冲进行计数，若计数值为 N，则：

$$K_F T_x = N \frac{T_s}{m}$$

$$T_x = \frac{N T_s}{m K_F} \quad (2-6)$$

由于 T_s/m 通常设计为 10^n s（n 为整数），所以可以直接用计数值 N 表示被测信号的周期 T_x。通过调节"时标选择"旋钮来改变 T_s/m 的大小。同样，K_F 通常选用 10^n，一般有 ×1、×10、$×10^2$、$×10^3$ 等几种。其改变与显示屏上小数点位置的移动同步，故测量者无须对计数结果进行换算。

3. 频率比的测量

频率比即两个信号的频率之比,通用电子计数器测量频率比的原理框图如图 2-6 所示。其测量原理与测量频率的原理相似。不过此时有两个输入信号加到电子计数器输入端,一定要保证 $f_A > f_B$,用频率比较低的信号作为闸门信号,则闸门开启时间等于 T_B ($T_B=1/f_B$);而把频率为 f_A 的信号从 A 通道输入,假设信号未经过倍频,设十进制计数器计数值为 N,则存在如下关系:

$$T_B = NT_A$$
$$N = T_B/T_A = f_A/f_B \tag{2-7}$$

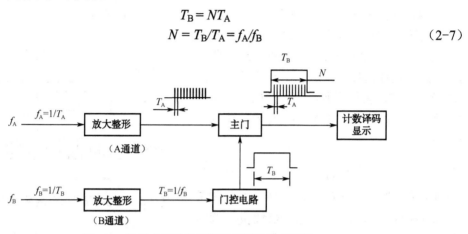

图 2-6 通用电子计数器测量频率比原理框图

4. 时间间隔的测量

时间间隔指两个时刻点之间的时间段,其测量原理与测量周期的原理基本相同。所不同的是测量时间间隔需要 A、B 通道分别产生起始和停止信号,去触发门控电路产生门控信号,以控制主门的开启和关闭时间。测量时间间隔的原理框图如图 2-7 所示。

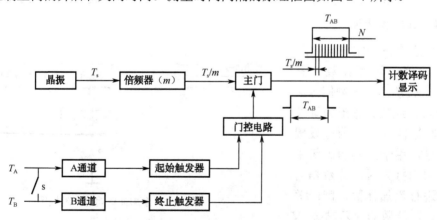

图 2-7 通用电子计数器测量时间间隔原理框图

1)测量两信号间的时间间隔

测量两个同频信号之间的时间差,将图 2-7 中的开关 S 打开。采用时标信号作为计数脉冲,A 通道输入的信号(设时间超前)产生起始脉冲,用于开启主门,此时时标脉冲通过主门进入计数显示电路;B 通道输入的信号(设时间滞后)则产生终止触发脉冲以关闭主门，停止计数。通用电子计数器测量时间间隔示意图如图 2-8 所示。主门开启的时间正好等于两个被测信号的时间间隔，若计数值为 N，则时间间隔 T_{AB} 存在如下关系：

$$T_{AB} = N\frac{T_s}{m} \qquad (2\text{-}8)$$

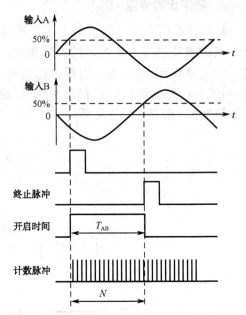

2）测量同一信号的时间间隔

测量同一信号的时间间隔时，将图 2-7 中的开关 S 闭合。如要测量脉冲宽度 τ，则将 A 通道的触发极性选择为 "+"，B 通道的触发极性选择为 "-"，调节两通道的触发电平均为脉冲幅度的 50%，主门开启时间内计数脉冲值为 N，则：

$$\tau = N\frac{T_s}{m} \qquad (2\text{-}9)$$

如要测量脉冲上升时间 t_r，则将两通道触发极性均选择为 "+"，调节 A 通道的触发电平为脉

图 2-8 通用电子计数器测量时间间隔示意图

冲幅度的 10%，调节 B 通道的触发电平为脉冲幅度的 90%，则计数器显示结果就是该脉冲的上升时间，即：

$$t_r = N\frac{T_s}{m} \qquad (2\text{-}10)$$

因此，通过分别设置 A、B 通道的触发极性和触发电平，可以选定被测信号上的任意两个时刻，作为时间间隔的起点和终点，即可测量同一信号任意两点之间的时间间隔。

5. 累加计数和计时

累加计数是指一定时间内对输入的脉冲信号进行计数并累加，如图 2-9 所示。被测信号从 A 通道输入，经放大整形为脉冲序列，即时标信号；B 通道设置为控制信号，用于启动和关闭主门电路。闸门打开时，计数器对被测脉冲进行累加计数，闸门关闭计数停止，计数器显示结果 N 即为计数值。

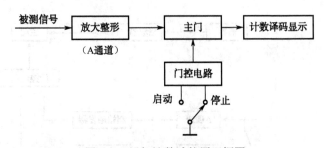

图 2-9 累加计数功能原理框图

由于在累加计数和计时测量中所选的测量时间往往较长，如几小时，因而对控制门的开关速度要求不高。主门的开、关除了本地手控外，现代计数器可以远程控制。

若 A 通道加入的是标准时钟信号，则计数器累计的是开门所经历的时间，即计时功能。若时标为 T_C，计数器显示值为 N，则计时值 $T = NT_C$。因此计数器可作为定时器，用于

工业生产的定时控制。

6. 自校

计数器在正式测量之前，应进行自校检验。检验电子计数器的逻辑关系是否正常，检验电子计数器能否准确地进行定量测试。其测量原理和测频原理基本相同，如图 2-10 所示。

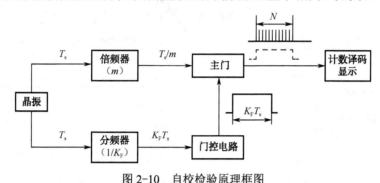

图 2-10 自校检验原理框图

设机内的晶振信号为 T_s，则：

$$N\frac{T_s}{m} = K_F T_s$$

因此计数结果为

$$N = mK_F$$

因时基、时标均来自同一信号源，故理论上不存在量化误差。如果多次自校均能稳定地显示正确值，则说明仪器工作正常。

2.3.3 电子计数器的测量误差

实际测量中，无论多精密的测量仪器，无论多优化的测量方法，始终避免不了测量误差的存在。电子计数器的测量误差来源主要包括量化误差、触发误差和标准频率误差。

1. 量化误差

量化误差是在将模拟量变化为数字量的量化过程中产生的误差，是数字化仪器特有的误差。它是由于电子计数器闸门的开启与计数脉冲的输入在时间上的不确定性而造成的测量误差。如图 2-11 所示，虽然闸门开启时间均为 T，但因为闸门开启时刻不一样，计数值一个为 9，另一个却为 8，两个计数值相差 1 个字。

可见，无论计数值 N 为多少，每次的计数值总是相差±1。因此，量化误差又称为"±1 误差"或"±1 字误差"。又因为量化误差是在十进制计数器的计数过程中产生的，故又称为计数误差。

2. 触发误差

输入信号必须经过放大整形电路方能转换成脉冲信号，由于整形电路本身触发电平的抖动或者被测信号叠加有噪声和各种干扰信号等原因，使得整形后的脉冲周期不等于被测信号的周期，由此而产生的误差称为触发误差，也称"转换误差"。

如图 2-12 所示，电子计数器测量周期时，被测信号控制门控电路产生门控信号。门控电路一般采用施密特电路，触发电平为 V_B 时，在无噪声和干扰信号的理想情况下，控制闸

门应该在 A_1 点打开,在 A_2 点关闭,闸门开启时间就等于被测信号的周期 T_x。但叠加有噪声或干扰后,闸门在 A'_1 点就打开,在 A'_2 时才关闭,闸门的开启时间变为 T'_x,它比 T_x 长 $(\Delta T_1 + \Delta T_2)$,这就是触发误差。

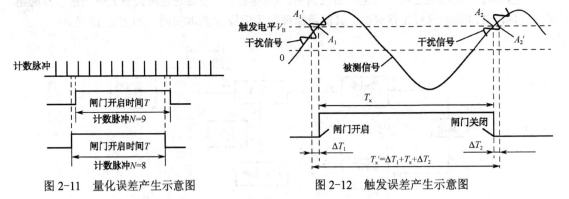

图 2-11 量化误差产生示意图   图 2-12 触发误差产生示意图

可见,触发误差对测量周期的影响较大,而对测量频率的影响较小,所以测频时一般不考虑触发误差的影响。由以上分析可知,触发误差只发生在一次周期测量的起点和终点,与中间过程无关。因此,采用多周期测量法,即增大 B 通道分频器的分频次数,可以减小触发误差。同时在测量中,尽量提高被测信号的信噪比,以减小触发误差。

3. 标准频率误差

电子计数器在测量频率和时间时,都是以石英晶振产生的标准信号作为基准的。显然,若标准信号不稳定,必然产生测量误差,即标准频率误差($\Delta f_s / f_s$)。测频时,晶振信号用来产生时基信号,故标准频率误差称为时基误差;测周时,晶振信号用来产生时标信号,故标准频率误差称为时标误差。一般情况下,标准频率误差较小,不予考虑。

由以上误差来源分析可知,对频率测量影响最大的是量化误差,其他误差一般不予考虑。周期测量主要受量化误差和触发误差的影响。

实训 9 E312A 型通用电子计数器的使用

E312A 型通用电子计数器具有频率测量、周期测量、时间间隔测量、累加计数和自检等功能。其内部电路主要由输入通道、石英晶体振荡器、计数逻辑控制单元、LED 显示器及电源电路组成。

1. 面板

E312A 型通用电子计数器的前面板如图 2-13 所示。各按键功能说明如下。

① 电源开关:按下开关接通机内电源,仪器进入工作状态。

② 复位开关:每按一次,产生一个人工复原信号。

③ 功能选择模块:由 3 位拨动开关和 5 个按键组成。拨动开关处于右侧时,执行自校功能,显示 10 MHz 钟频;拨动开关处于左侧时,保持显示拨动前的数据;拨动开关处于中间时,功能由按键开关位置决定,5 个开关完成 6 种功能(频率测量、周期测量、时间间隔测量、累加计数、功能扩展,当 5 键全部弹出时可进行频率比的测量)。

④ 闸门选择模块：由 3 个按键开关组成，可选择 4 挡闸门时间和相应的 4 种倍乘。进行频率测量和自校时应选择闸门时间，进行周期和时间测量时则选择倍乘。

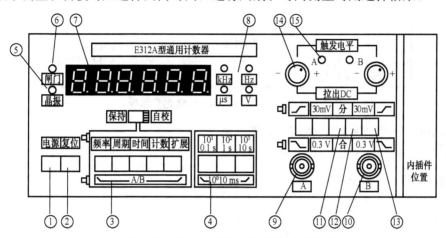

图 2-13　E312A 型通用电子计数器前面板

⑤ 晶振指示：晶体振荡器接通电源，绿色发光二极管亮。

⑥ 闸门指示：当闸门开启时，红色发光二极管亮。

⑦ 显示器：LED 显示，小数点自动定位。

⑧ 单位指示：4 种单位指示，测频为 kHz，测时间为 μs；Hz 和 V 供功能扩展插件用。

⑨ 输入插座 A：频率和周期测量时的被测信号、时间间隔测量时的启动信号及频率比 A/B 测量时的 A 信号均由此处输入。

⑩ 输入插座 B：时间间隔测量时的停止信号、频率比 A/B 测量时的 B 信号由此处输入。

⑪ 分-合键：按下为"合"，A、B 通道相连，B 通道断开，被测信号由 A 通道输入；弹出为"分"，A、B 为独立通道。

⑫ 输入衰减键：弹出时，输入信号不衰减进入通道；按下时，输入信号衰减为原来的 1/10 后进入通道。

⑬ 斜率选择键：用来选择输入波形的上升沿或下降沿。按下选择下降沿；弹出选择上升沿。

⑭ 触发电平调节器：由带推拉式开关的电位器组成，通过调整电位器来设定触发电平。开关推入为 AC 耦合，拉出为 DC 耦合。

⑮ 触发电平指示灯：表征触发电平的调节状态。发光二极管均匀闪亮表示触发电平调节正常，常亮表示触发电平偏高，不亮表示触发电平偏低。

E312A 型通用电子计数器的后面板如图 2-14 所示。

2. 主要性能指标

1）频率测量（A 通道）

测量范围：1 Hz～10 MHz，可扩展为 10 Hz～100 MHz。

输入电压范围：300 mV～3 V。

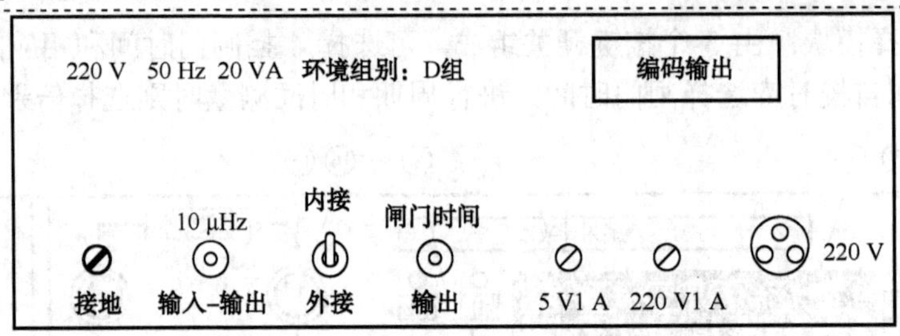

图 2-14 E312A 型通用电子计数器后面板

输入阻抗：电阻>500 kΩ，电容<30 pF。
闸门时间：10 ms、0.1 s、1 s、10 s。

2）周期测量（A 通道）
测量范围：0.4 μs～10 s。
周期倍乘：$\times 10^0$、$\times 10^1$、$\times 10^2$、$\times 10^3$ 四挡。
时标信号：0.1 μs。

3）频率比测量（A/B 通道）
测量范围：A 通道与频率测量相同，B 通道为 1 Hz～2.5 MHz。
频率比值倍乘：$\times 10^0$、$\times 10^1$、$\times 10^2$、$\times 10^3$ 四挡。

4）时间间隔测量（A 或 A/B 通道）
测量范围：0.25～10^7 μs。
脉冲宽度：>0.5 μs。
时标信号：0.1 μs。

5）累加计数（A 通道）
最大计数范围：10^8～1。
其他特性：与频率测量相同。

6）石英晶体振荡器
标称频率：5 MHz。
稳定度：<10^{-8}/日（预热 1 h 后）。
频率准确度：±5×10^{-8}。

7）显示及时间
LED 显示，0.2 s 加测量时间。

3. 实训目的

（1）熟悉 E312A 型通用电子计数器的面板装置及其操作方法。
（2）掌握用 E312A 型通用电子计数器测量信号的频率、频率比。
（3）掌握用 E312A 型通用电子计数器测量周期、时间间隔。
（4）掌握用 E312A 型通用电子计数器进行累加计数。

4. 实训器材

（1）E312A 型通用电子计数器 1 台。
（2）函数信号发生器 2 台。

5. 实训内容及步骤

1）测试前准备

仪器接通电源后，预热 1 h。测量前进行自校检查，确保仪器正常工作。

2）测量频率

用函数信号发生器产生一个频率为 160 kHz 的方波信号。计数器功能开关置"频率"键，被测信号从 A 通道接入，调节 A 通道的触发电平旋钮，使计数器显示频率。改变计数器的闸门时间进行信号的频率测量，测量结果填入表 2-2 中。

3）测量周期

用函数信号发生器产生一个频率为 160 kHz 的方波信号。计数器功能开关置"周期"键，被测信号从 A 通道接入，调节 A 通道的触发电平旋钮，使计数器显示周期。改变计数器的闸门时间进行信号的周期测量，测量结果填入表 2-3 中。

表 2-2　频率测量数据记录

闸门时间	0.01 s	0.1 s	1 s
被测信号频率			

表 2-3　周期测量数据记录

闸门时间	0.01 s	0.1 s	1 s
被测信号周期			

4）测量脉宽

用函数信号发生器分别产生两个频率为 160 kHz、50 kHz 的方波信号。计数器功能开关置"时间"键，通道分合开关置于"合"位置，被测信号由 A 通道输入。计数器的闸门时间选为 1 s，分别对两个信号进行脉宽测量，测量结果填入表 2-4 中。

5）频率比测量

用函数信号发生器分别产生两个频率为 160 kHz、80 kHz 的方波信号。计数器功能开关全部弹出，将被测信号中频率较高的接入 A 通道，频率较低的接入 B 通道，计数器的闸门时间选为 0.1 s。频率比测量结果填入表 2-5 中。

表 2-4　脉宽测量数据记录

被测信号频率	脉　　宽
160 kHz	
50 kHz	

表 2-5　频率比测量数据记录

f_A	f_B	f_A/f_B

6）累加计数

用函数信号发生器产生频率为 10 Hz 的方波信号，送入频率计 A 通道。计数器功能开关置"计数"键，通道分合开关置于"分"位置，被测信号由 A 通道输入，即可正常计数。计数过程中若要观察瞬间结果，可将 3 位拨动开关置保持位置。若希望重新开始计数，只需按复原键。将累加计数测量结果填入表 2-6 中。

6. 实训报告

（1）记录实训步骤和实训结果，分析所得数据的正确性。

（2）记录过程中遇到的问题，分析原因和写出解决方法。

表 2-6 累加计数测量数据记录

累加计数	

7. 思考题

电子计数器测量频率和测量周期各存在哪些误差？怎样减小误差？

知识拓展 2　电子测试工装

1. 电子测试工装的内涵

工装即工艺装备，指制造过程中所用的各种工具和附加装置的总称，包括刀具、夹具、模具、量具、检具、辅具等。电子测试工装是为了方便电子半成品、成品的测试而制作的工装。测试工装的使用，对保证电子产品检验质量、提高测试效率和改善劳动条件等方面起到重要作用。

对生产线上的电子产品进行性能指标测试，是一种大批量的重复性测试工作，尤其对于需要全数检验的工序，在保证检测质量的前提下，检测速度也要跟上生产速度，才能使生产顺利进行。因此，专门用于电子产品调试和检测的工装应运而生。比较常见的电子测试工装有各种夹具（又称治具）、测试针床、专用测试仪器等。如二极管测试夹具，用来固定被测二极管，测试装备接上周围仪器，实现二极管性能参数测试，可同时测量多个参数；再如 ICT 测试夹具，用来和测试仪器组合成 ICT 测试仪，实现对焊接完成后的 PCBA 进行自动化的性能测试。目前，电子行业过程调试和检测岗位大多采用机电一体化的工装，通过计算机的控制，实现自动化或半自动化测试，并且对被测件完成自动分拣，分离出良品和不良品。

2. 电子测试工装的基本要求

电子测试工装是为了满足电子半成品、成品的性能检测所用，其设计与制作要满足一定的要求，主要有以下几个方面。

（1）制作上，要求简单方便，便于拆装。

（2）操作时，要求定位准确，具有唯一性。

（3）测试时，要求电路板受力分布适当，不得损坏被测件。

（4）要求有利于快捷测试，提高测试效率。

3. 电子测试工装的标准化

随着科技的日新月异，电子制造业新品不断涌现，针对新型电子产品（元器件、电路板、半成品、成品、整机）的检测工装必须在尽量短的时间里设计制造出来。为缩短测试工装设计和制作的周期，节约人力物力，企业测试工装应尽可能标准化，其具体内容有以下几方面。

（1）压缩测试工装的品种规格，提高工艺装备的通用性。

（2）尽量采用标准的测试工装，如国家标准、行业标准或企业标准的测试工装。

（3）自行设计测试工装时，应尽量采用标准零部件，提高部件的标准化系数。

（4）扩大已有测试工装的应用范围，提高工装的重复利用率。

4. 电子测试工装的设计内容

对于自主研发并生产电子产品的企业，很多情况下针对所设计的电路板的测试工装是非标准的，需要自行设计与制作。设计检验测试工装前，需准备相关 QCP 接线图资料、线路图、空白 PCB、PCBA、成品机，如有必要提供产品规格书及相关的设计输出调试说明，以及与工装设计有关的国标、行标和企标、典型工艺装备图册及企业设备样本等。下面简单介绍电路板性能指标测试中，测试工装的设计内容。

1）测试点的选取

首先依据产品的调试和检验文件，确定需要检测的内容。根据检测内容找到对应的元器件引脚或测试点，通常的测试点为线路板的输入、输出、电源等节点。测试点应挑选探针易于可靠接触的位置，分析相邻待测点间的工作电压，确定合适的安全测试点。

2）定位点的选取

定位点的选取要保证线路板装入测试装置时位置的唯一性，保证线路板装入时的便利性，保证线路板装入时的安全性。定位点位置通常选取线路板最外围的安装孔。图 2-15 为装有定位支架和平头探针的测试工装。

3）支架材料的选取

支架是测试工装的主体，用于固定工装上的器件、探针与连接线。根据电路板结构、受力状态以及各种材料的特性，选取合适的支架材料。可做支架的材料有：有机玻璃、胶木板、玻璃纤维、金属板材等，最常见的材料为 10 mm 厚的有机玻璃，其优点是便于加工。图 2-16 为有机玻璃材料经精密铣床加工而成的支架，上面安装了探针针管套。

图 2-15 装有定位支架和平头探针的测试工装

图 2-16 装有针管套的支架局部

4）探针的选取

探针是测试工装的重要部件，它直接接触被测电路板上的测试点，用以输入或取出信号。探针主要由针管、弹簧、针头三部分组成，如图 2-17（a）所示。针管主要以铜合金为材料，外面镀金。弹簧主要是琴钢线和弹簧钢，外面镀金。针头主要是工具钢镀镍或者镀金。三部分组装成一根探针。另外还有外套管，可以连接焊接线。当测试电路板未嵌入工装时，探针头完全露出；当嵌入测试板后，探针会被压下一定高度，探针内弹簧弹力释放，使探针头很好地与测试点接触。

通常线路板的测试探针有很多的规格,探针的选取原则是:信号类、小电流类测试类型,且有平坦测试点的宜选取探头尖锐的探针;元器件焊脚类测试点,宜选用梅花探针;测试点是焊盘孔时宜选用圆锥探针;测试点为大电流焊脚时宜选用内凹形探针;测试点为大电流平坦焊盘时,宜选用平头探针。图2-17(b)所示为各种形状的探针头。

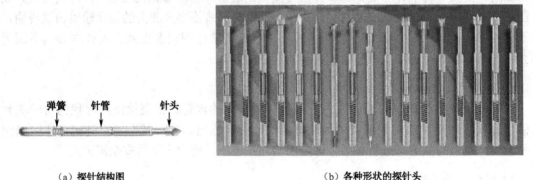

(a) 探针结构图　　　　　　　　　(b) 各种形状的探针头

图 2-17　探针

5)按压点(区)的选取

测试电路板要被稳定地固定在工装上以便测试,通常采用具有联动装置的固定夹具,夹具的施力点(区)即按压点(区)。通常应选取能承压并能平衡探针弹力的器件顶部作为按压点(区)。如图 2-18 所示,按压区加在测试电路板上的向下的力,与探针施予测试板的向上的力正好平衡。

6)测试架结构的选取

以操作灵活性、联动性、结构牢固耐用性、安全性为结构设计原则。根据 PCBA 组件及需配合的外围器件数量、尺寸及生产工位大小、测试工艺安排,确定测试机架具体尺寸和结构。要综合考虑按压部件的行程,测试电路板放入和取下的方便性,测试线路的布局等方面。如图 2-19 为扣压式结构,图 2-20 为插座式结构。

图 2-18　按压点(区)选取实例　　　图 2-19　测试结构选取实例——扣压式结构

另外,以作业员双手作业为原则,在工装上设置开关、电源接线柱、输入信号和输出信号等控制端子和连接端子,用以控制测试以及连接外围设备。有时为了读取数据更便捷,甚至将仪表的表头做在工装上,如图 2-19 所示。

5. 测试工装的使用

（1）将测试工装放置在铺有绝缘橡胶的测试台上，检查各组成部件的功能是否正常，如定位柱、接线柱、探针等与支架间的紧密程度。

（2）根据操作的合理性，正确放置测试仪器，并将电源线和信号线接入测试工装。如声频放大电路的测试，图 2-21 为其测试工装与检测仪器的连接示意图。

（3）将测试电路板嵌入测试工装，检查其固定状况以及探针和测试点的接触是否良好。

（4）根据检验规程，加电测试，观察并记录测试数据。

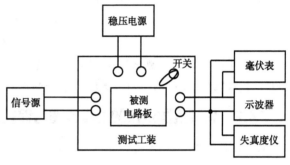

图 2-20 测试结构选取实例——插座式结构　　图 2-21 声频放大电路测试工装与检测仪器连接示意图

6. 电子测试工装的发展趋势

随着电子产品面向的领域越来越广泛，电子制造业的测试工装也呈现多样化、系统化。目前电子测试工装的发展趋势有如下几个特点。

（1）用于成品检测的工装增多。

（2）随着环境试验（高低温试验）的增多，用于高低温测试的工装将增多。

（3）连续试验型工装增多。

（4）特殊行业用试验工装增多。

（5）向高效率、低劳动强度的全自动工装方向发展。

2.4 谐波失真度测量与仪器应用

2.4.1 谐波失真基础

失真度指将原始信号经过传输设备以后所得的输出信号与原始信号作比较两者的差别程度，其单位为百分比。失真有很多种，如谐波失真、互调失真、相位失真等。通常所说的失真度指总谐波失真。

谐波失真是由于传输设备内器件的非线性引起的，失真的结果是使输出信号产生了原始信号中没有的谐波分量。如果是声音信号则失去了原有的音色，严重时声音会发破、刺耳。多媒体音箱的谐波失真在标称额定功率时的失真度均为 10%，要求较高的一般应该在 1% 以下。

对于纯电阻负载，失真系数（失真度）K_0 定义为全部谐波电压有效值与基波有效值之比，即：

$$K_0 = \frac{\sqrt{U_2^2 + U_3^2 + \cdots + U_n^2}}{U_1} \times 100\% \qquad (2-11)$$

式中，U_1 为基波电压有效值；U_2，U_3，…，U_n 为各次谐波电压有效值。

由于实际工作中，测量被测信号的基波电压有效值比较困难，而测量被测信号的有效值则相对容易，因此常用失真度测试仪测量非线性失真系数 K_r，即：

$$K_r = \frac{\sqrt{U_2^2 + U_3^2 + \cdots + U_n^2}}{\sqrt{U_1^2 + U_2^2 + U_3^2 + \cdots + U_n^2}} \qquad (2-12)$$

可以证明，K_0 和 K_r 之间的关系为：

$$K_0 = \frac{K_r}{\sqrt{1 - K_r^2}} \qquad (2-13)$$

由此可知，失真度测试仪所测失真度为输出信号的谐波分量与总输出信号之比。当失真度小于 10%时，$K_0=K_r$；当失真度大于 10%时，应按式（2-13）修正。

2.4.2 失真度测试仪的工作原理与误差

1. 工作原理

失真度的测量方法可以分为频谱分析法和基波抑制法。失真度测试仪也相应地分为频谱分析式和基波抑制式两种类型。

大多数数字化失真度测试仪采用频谱分析法。其工作原理是通过模数变换电路将被测信号数字化，再利用频谱分析（原理详见项目 5），测量出基波信号和各谐波信号的幅度，由微处理器根据式（2-11）计算出被测信号的谐波失真度。现代频谱分析仪都具有谐波失真度测量功能。

大多数模拟式失真度测试仪都是根据基波抑制法原理设计的。基波抑制式失真度测试仪组成框图如图 2-22 所示，由输入电路、带阻滤波器和电压表组成。输入电路实际上是一个高输入阻抗的跟随器，以

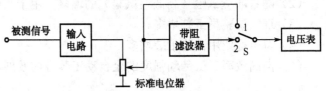

图 2-22 基波抑制式失真度仪组成框图

减小对输出衰减器的影响。带阻滤波器通过具有选频特性的无源网络（如谐振电桥、文式电桥、双 T 陷波网络等）抑制基波。表头电路是一个交流电压表，可直接读出谐波失真度。

当开关 S 置于"1"时，电压表读数为被测信号电压的有效值；当开关 S 置于"2"时，电压表读数为被测信号各次谐波分量的电压有效值。两次读数之比即为非线性失真系数。测量时，先将开关 S 置于"1"，调节标准电位器，使电压表的输出为"1 V"，则当开关 S 置于"2"时，谐波电压的读数就可以直接以失真度来刻度，因而从电压表上可以直接读出非线性失真系数。

2. 误差

失真度测试仪的误差有可能是理论误差、基波抑制度不高引起的，还有可能是电平调

节误差或电压表的指示误差导致的。

1) 理论误差

理论误差是由于 K_0 和 K_r 并不完全相等而产生的误差。其相对误差为：

$$r = \frac{K_r - K_0}{K_0} \times 100\% \tag{2-14}$$

理论误差是系统误差，可由式（2-13）予以纠正。

2) 基波抑制不理想引起的误差

由于基波抑制网络特性不理想，在测量谐波电压总有效值时含有基波成分在内，使测量值增大而引起的误差。

3) 电平调节和电压表的指示误差

在校准过程中要求把电压表的指示值校准到规定的基准电平上，使其能表示 100%失真度值。如果电平调节有误差或电压表指示值有误差，都将影响最后的测量结果。

其他还有杂散干扰等引入的误差。

2.4.3 失真度测试仪的连接

测量信号源的失真时，直接将信号源输入失真度仪进行测量，如图 2-23（a）所示。

测量电路或设备的失真度时，需采用一个低失真的正弦信号源作为被测电路的激励源，如图 2-23（b）所示。按照要测的工作频率放置好信号源频率开关，按照被测设备输入大小要求，调节好信号源输出幅度。如果信号源失真度为 C_i，在 $C_i \leq K_i/3$ 的情况下，所测得的失真度系数不需要修正。当 $C_i > K_i/3$ 时，则被测设备的失真度 K 按下式求得。

$$K = \sqrt{K_i^2 - C_i^2} \tag{2-15}$$

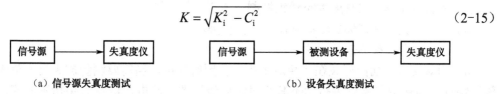

图 2-23　失真度测试仪的连接

实训 10　ZC4121A 型失真度测试仪的使用

下面以 ZC4121A 型失真度测试仪为例，说明模拟式失真度测试仪的使用。一般脉冲和方波的非线性失真度测量可用示波器在时域内观察，而正弦波的微小失真无法从波形上进行准确测量，必须用失真度仪进行测量。

1. 前面板布置

ZC4121A 型失真度测试仪如图 2-24（a）所示，仪器前面板布置如图 2-24（b）所示，内容介绍如下。

面板控件功能如下：

① 电源指示灯：指示电源接通与否。

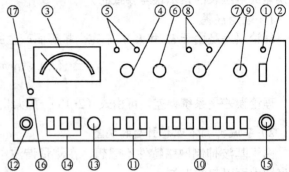

(a) 实物　　　　　　　　　　　　　　(b) 前面板布置

图 2-24　ZC4121A 型失真度测试仪

② 电源开关：控制电源通断。

③ 测量表头：指示被测电路的失真度系数和电压值。

④ 输入量程：以 10 dB/挡跳步衰减输入信号。

⑤ 过欠压指示：输入电压过大时左边指示灯亮；输入电压过小时右边指示灯亮。

⑥ 频段开关：改变失真度测量工作频率的频段。

⑦ 频率数值开关 1：改变失真度测量工作频率的前面一位数。

⑧ 频率调谐指示：当测量信号频率相对失真度测试仪工作频率过低时，左边指示灯亮；当测量信号频率相对失真度测试仪工作频率过高时，右边指示灯亮；正确调谐时两指示灯均灭。

⑨ 频率数值开关 2：改变失真度测量工作频率的后面一位数。

⑩ 失真度量程：失真度大小量程控制。

⑪ 功能开关：选择失真度测试仪的工作种类。

⑫ 测量输入：被测信号由此送入。

⑬ 相对调节—功能开关在"相对电平"位置时应用。当需要测量放大器的信噪比或频率特性，而被测信号表头指示不满度时，可通过调节此电位器使表头指示满度，便于读出电平的相对值。

⑭ 滤波器：测量小失真度信号时，根据被测信号的工作频率接入相应的滤波器，按键则接入，抬键则断开。

⑮ 示波器插座：当需要观察被测信号的谐波波形时，可以从此插座接至示波器。

⑯ 300 V 衰减开关：当测量信号在 100～300 V 时按下该开关，小于 100 V 时弹起。

⑰ 300 V 衰减指示：当灯亮时，指示 300 V 衰减器已接入，输入测量量程实际比面板输入量程指示大 10 dB。

2. 主要性能指标

1）失真度测量的特性

（1）测量频率范围：10 Hz～109 kHz 分四个频段。

（2）失真度测量范围：20 Hz～20 kHz 的被测信号，失真度测量范围 0.01%～30%；10 Hz～109kHz 的被测信号，失真度测量范围 0.03%～30%。

（3）失真度测量误差：300 Hz～5 kHz 的被测信号，不大于满度值的±7%±0.01%；20 Hz～20 kHz 的被测信号，不大于满度值的±10%±0.015%；10 Hz～109 kHz 的被测信号，不大于满度值的±15%±0.025%。

（4）失真度最小可测电压：100 mV。

2）电压测量的特性

（1）电压测量范围：300 μV～300 V。

（2）电压测量基本误差：不大于满度值的±5%（1 kHz）。

（3）电压频率附加误差：

输入量程开关 100 V 以下：20 Hz～50 kHz 的被测信号，不大于 0.5 dB；5 Hz～300 kHz 的被测信号，不大于 1 dB。

输入量程开关 300 V：20 Hz～20 kHz 的被测信号，不大于 0.5 dB；10 Hz～100 kHz 的被测信号，不大于 1 dB。

（4）电压噪声底度：不大于 50 μV。

（5）最大可测信噪比：120 dB。

3）失真度测试仪输入阻抗

100 kΩ±2%，输入电容不大于 100 pF。

3. 测量注意事项

用模拟式失真度测试仪测量非线性失真系数时，应注意以下几点：

（1）测量时，应最大限度地滤除基波成分。因此要反复调节带阻滤波电路中的调谐、微调和相位旋钮。

（2）应在被测电路的通频带范围内选择多个频率测试点进行多次测试：所选测试点除包含上、下限截止频率外，还应在中间频率段选择几个测试点，然后逐一进行非线性失真度的测试，最后取其中的最大值作为被测电路的非线性失真系数。

（3）如果测试用信号源的非线性失真系数不可忽略，则被测电路的实际非线性失真系数应根据仪器说明书所注明的公式修正。

（4）测量时，可用示波器进行监视，以判断有无失真和干扰的存在。

（5）失真度测量时，为了提高失真度测量下限及测试精度，根据工作频率接入相应的滤波器。当输入信号大于 100 V 时，按下 300 V 衰减开关；小于 100 V 输入电压，不要按下 300 V 衰减开关。

（6）电压测量时，在测量大于 100 V 的电压时，按下 300 V 衰减开关。

4. 实训目的

（1）熟悉 ZC4121A 型失真度测试仪的面板装置及其操作方法。

（2）掌握用 ZC4121A 型失真度测试仪测量失真度、输出电压、信噪比。

5. 实训设备和器材

（1）ZC4121A 型失真度测试仪 1 台。

（2）函数信号发生器 1 台。

（3）示波器 1 台。

(4) OTL 功放电路板 1 块。

6. 实训内容及步骤

1)测试前准备

接通电源。预热 10～15 min，输入量程开关置最左位。失真度量程和滤波器按键全部弹出。

2)失真度测量

测量模拟电子技术中的 OTL 功放电路的性能参数。按图 2-25 连接仪器，示波器用来监测波形。信号源置 1 kHz，0.5 V_{P-P} 的正弦波，失真度测试仪功能开关置"失真度"，设置好频段开关和频率数值开关，滤波器全部弹出。如发现频率调谐指示灯亮及表针指示不能变小，可以适当改变失真度测试仪或信号源的工作频率，逐步改变失真度测试仪量程使表头指示于最便于读数的位置，结合失真度量程就可测得失真度 K_i。将测量数据填入表 2-7 中。

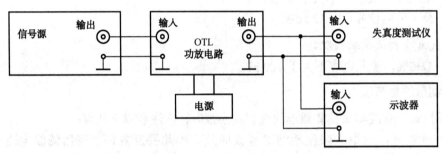

图 2-25 OTL 功放电路失真度测量

3)电压测量

仪器连接不变，失真度测试仪功能开关置"输入电平"，滤波器全部弹出。改变失真度测试仪输入量程，使表头指示于最便于读数的位置，结合输入量程和表头指示值就可读出被测电压 U_0 的大小。将测量数据填入表 2-7 中。

4)信噪比测量

仪器连接不变，信号源置 1 kHz，0.5 V_{P-P} 的正弦波，失真度测试仪功能开关置于"相对电平"。根据功放电路输出大小适当设置失真度测试仪输入量程，使表头指针不要超过满度。

将失真度测试仪输入量程置"3 V（10 dB）"挡（设 dB 数为 b_1），把被测放大器输出信号送入失真度测试仪测量输入端，调整"相对调节"旋钮，使表头指针满度；然后断开信号源，并使被测放大器输入短路，保持失真度测试仪"相对调节"旋钮位置不变，改变失真度测试仪输入量程（设 dB 数为 b_2），使表头指示于最便于读数的位置，读出表头指示 dB 数（设为 a），则测得的信噪比为（b_1-b_2-a）。将测量数据填入表 2-7 中。

表 2-7 ZC4121A 型失真度测试仪测量记录

失真度	电压值	信噪比

7. 实训报告

(1) 记录实训步骤和实训结果，分析所得数据的正确性。
(2) 记录过程中遇到的问题，分析原因和写出解决方法。

8. 思考题

失真度测试仪具有哪些测量功能？

知识拓展 3　电子产品的检验

1. 质量检验基础

质量是商品进入市场的前提，是企业在行业中具有生存竞争力的保障。质量检验是保证产品质量的基本手段，质量管理科学起源于质量检验，而质量检验随着质量管理科学的发展而提高。

1）质量的概念

ISO9000：2005《质量管理体系　基础和术语》标准对质量的定义：一组固有特性得到满足的程度。产品质量包含产品、过程及服务等方面。产品质量必须全面满足用户明确的要求和隐含的期望。所谓"明确要求"指标准和规范中提出的确切要求，如家电的耗电量等。所谓"隐含期望"指用户的潜在要求，如汽车的舒适度等。质量概念的关键是满足要求，这些要求必须转化为有指标的特性，作为评价、检验和考核的依据。

2）质量检验的概念

ISO9000：2005《质量管理体系　基础和术语》标准对质量检验的定义：通过观察和判断，适当地结合测量、试验所进行的符合性评价。

质量检验的必要性：对产品而言，其生产过程中，由于材料、设备、方法、操作者、测量及环境的差异，会导致质量波动。质量波动是客观存在且无法完全消除的，因此必须通过质量检验，对产品的一种或多种特性进行测量、检查、试验，并与制定的要求进行比较，以判定质量波动是否超出允许范围。

3）质量检验的作用

(1) 评价作用

检验机构依据相关法规和标准对欲检品进行检验，并将检验结果与标准对比，作出"符合"或"不符合"标准的判定，对合格品签发"合格证"，用以评价生产活动，保障生产质量。

(2) 把关作用

通过对原材料、元器件、零部件和整机的检验，筛选出不合格品，依据相关规定决定接收或放行该材料或产品。质量检验不单纯是事后把关，同时起到预防作用。借助严格的质量检验，使不合格原材料不投产；不合格制品不流入下道工序；不合格成品不出厂；及时发现生产过程中的产品质量不稳定现象，提供质量改进依据。

(3) 报告作用

通过质量检验采集数据，对超出标准的质量问题以及现场质量波动情况，及时做好记录，进行统计、分析，形成报告，反馈给研发和生产部门，以便及时采取措施，改进工艺，提高质量。

（4）追溯作用

当产品投放市场后出现质量问题，检验部门可通过产品的检验和试验的状态标识、产品标识、质量记录等相关活动，实现产品的可追溯性。

4）质量与标准化

质量检验和管理与标准化有着密切的关系。产品或服务质量的形成依据标准化，以一系列标准为基础来控制和指导设计、生产和服务的全过程。

（1）标准

标准是为了在一定的范围内获得最佳秩序，对活动或其结果规定共同的和反复使用的规则、导则或特性文件。该文件经协商一致后被制定，并经公认机构批准。标准应以科学、技术和经验的综合成果为基础，以促进最佳社会效益为目的。

标准是一种特殊的准则，是供同类事物比较核对的依据。可以从以下几个方面来理解标准的内涵。

① 标准的制定过程要"经有关方面协商一致，经公认机构批准"。标准的制定要发扬技术民主，由科研、生产、检验等部门以及用户共同参与研究协商后制定。各种标准都由相应的公认机构按照一定工作程序审批和发布。如中华人民共和国国家标准（GB 标准）由我国国务院标准化行政主管部门审批、编号并公布；国际标准（ISO 标准）则经过国际标准化组织（ISO）批准并公布。因此，标准具有权威性。

② 标准产生的基础是"科学、技术和经验的综合成果"。即标准既是科学技术的成果，又是实践经验的总结。并且这些成果和经验都是在大量数据统计、分析、比较、综合和验证基础上产生的。因此，标准具有科学性。

③ 标准文件有特定格式。标准的编写、印刷、幅面格式和编号、发布的统一，不仅保证了标准的质量，还便于资料的管理和存档。因此，标准文件具有一定的规范性和严肃性。

④ 标准制定的对象是重复性事物和概念。只有当事物或概念具有重复出现的特性并处于相对稳定时，才有制定标准的可能和必要。重复性事物如批量生产的产品，在生产过程中的重复采购、重复加工、重复检验等；重复性概念指同一技术管理活动中，反复出现和利用的术语、符号、代号等。因此，标准的对象具有重复性。

⑤ 标准是被普遍应用且有一定年限的文件。标准是公认机构批准并公开发布的文件，作为生产实践的依据，以做到产品质量有章可循，有标可依。因此，标准具有公开性和统一性。

社会是不断发展的，因此标准是有年限限制的，过了年限，国家需要制定新的标准来满足人们的生产、生活的需要。因此，标准具有动态性。

（2）标准化

标准化是为了在一定范围内获得最佳秩序，对实际的或潜在的问题制定共同的和重复使用的规则活动。标准化的实施过程主要是制定标准、发布标准、宣传贯彻标准，对标准的实施进行监督管理，根据标准的实施情况修订标准。

标准化是一个无穷尽的螺旋式上升的过程，每完成一次循环，标准化水平和效益就提高一步。标准是标准化的产物，因此标准是有年限限制的。

（3）标准的分级

根据标准适用范围的不同，可将标准分为不同的级别。在国际范围内有国际标准、区域标准，以及各个国家的国家标准。我国的国家标准根据《中华人民共和国标准化法》的规定又分成四级。

① 国际标准：国际标准是指由国际标准化团体通过有组织的合作和协商，制定发布的标准，适用于世界范围。目前世界上有两大国际标准化团体，即国际标准化组织（ISO）和国际电工委员会（IEC）。国际标准包括 ISO 和 IEC 所制定的标准，以及 ISO 确认并公布的其他国际组织制定的标准。如《ISO9000 质量管理和质量保证标准系列》，IEC68《基本环境试验规程》，ISO/IEC 关于静止图像的编码标准 JPEG、活动图像的编码标准 MPEG-4 等。其他组织有国际计量局（BIPM）、世界知识产权组织（WIPO/OMPI）等。

② 区域标准：区域标准指由区域性国家集团或标准化团体为维护其共同利益而制定发布的标准，适用于该区域国际集团范围，如欧洲标准（EN）。区域性标准化组织有欧洲标准化委员会（CEB）、欧洲电工标准化委员会（CENEL）等。

③ 我国的标准分级：我国的国家标准根据《中华人民共和国标准化法》的规定分成四级，这四级标准形成了这个标准体系。

◆ 国家标准：国家标准指由国务院标准化行政主管部门制定的，需要在全国范围内统一的技术要求。中国国家标准化管理委员会是国务院标准化行政主管部门，受国家质检总局管理。强制性国家标准的代号为 GB，推荐性国家标准的代号为 GB/T。国家标准的编号由代号、发布顺序号和年号三部分构成，如 GB/T 12060.3—2011，即国家标准化管理委员会 2011 年发布的推荐性国家标准——声系统设备第 3 部分声频放大器测量方法。

◆ 行业标准：行业标准指没有国家标准而又需要在全国某个行业范围内统一的技术要求。行业标准由国务院有关行政主管部门制定，并报国务院标准化行政主管部门备案，在公布国家标准之后，该项行业标准即行废止。行业标准同样分为强制性标准和推荐性标准。行业标准的编号同样由代号、发布顺序号和年号三部分构成，如 SJ/T 10406—1993，即我国 1993 年发布的电子行业推荐标准——声频功率放大器通用技术条件。

◆ 地方标准：对没有国家标准和行业标准而又需要在省、自治区、直辖市范围内统一的工业产品的安全、卫生要求，可以制定地方标准。地方标准由省、自治区、直辖市标准化行政主管部门制定，并报国务院标准化行政主管部门和国务院有关行政主管部门备案，在公布国家标准或者行业标准之后，该项地方标准即行废止。

◆ 企业标准：企业生产的产品没有国家标准和行业标准的，应当制定企业标准，作为组织生产的依据。企业的产品标准须报当地政府标准化行政主管部门和有关行政主管部门备案。已有国家标准或者行业标准的，国家鼓励企业制定严于国家标准或者行业标准的企业标准，在企业内部适用。

综上所述，国家标准和行业标准中的强制性标准必须执行，不符合强制性标准的产品，禁止生产、销售和进口。推荐性标准国家鼓励企业自愿采用。从某种程度上说，推荐性标准更能说明产品质量。

随着经济全球化的发展趋势，国家积极鼓励采用国际标准。国际标准或国外先进标准的内容，经过分析研究，不同程度地转化为我国标准并贯彻实施。我国标准采用国际标准或国外先进标准的程度,分为等同采用(idt)、修改采用(mod)和非等效采用(neq)三种。等同采用编辑顺序与实质内容与国际标准一致;修改采用实质内容与国际标准一致,仅编辑顺序不同;非等效采用结合我国实际,部分采用国际标准内容。

2. 电子产品检验基础

电子产品的质量决定着电子产品在市场上的竞争力,关系着企业的生存和发展。电子产品检验是电子产品生产过程中保证产品质量的必不可少的重要环节,贯穿于电子产品生命周期的始终,包括生产、销售、使用和维护过程。

1)电子产品的概念

电子产品是指采用电子信息技术制造的相关产品及其配件,它有两个显著特征,一是需要电源才能工作,二是工作载体均是数字信息或模拟信息的流转。

2)电子产品的分类

首先根据应用领域来分,主要包括电子雷达产品、电子通信产品、广播电视产品、计算机产品、家用电子产品、电子测量仪器产品、电子专用产品、电子元器件产品、电子应用产品、电子材料产品等。

其次根据应用行业来分,主要包括消费类电子产品、工控类电子产品、医疗类电子产品、军事类电子产品、航天航空类电子产品、娱乐类电子产品等。

3)电子产品检验的概念

电子产品检验是通过观察或判断,适当地结合测量、试验所进行的符合性评价。检验判定电子产品"合格"或"不合格"。判定合格只是对品质标准而言,并不表示质量水平的高低。

4)电子产品检验的分类

电子产品检验的分类形式可根据不同情况,从不同角度进行分类,如表2-8所示。

表2-8 电子产品质量检验形式分类

类 型	检验形式	特 征
按工序流程	进货检验(ICQ)	又称来料检验,对外购的原材料、外协件、配套件进行的入厂检验
	过程检验(IPQC)	可分为首件检验(对制造的第1~5件产品的检验)和转工序检验等,即对各道工序或数道工序完工后的检验
	成品检验(FQC)	完成本车间全部工序后,对半成品或部件的检验;生产企业对成品(整机)的检验。其中整机检验又分交收检验、定型检验、例行试验等
	出货检验(OQC)	产品出货前的品质检验、品质稽核及管制,主要针对出货品的包装、防撞材料、安全标示、配件、使用手册、附加软体光碟、产品性能检测报告、外箱标签等,做全面性的查核确认,以确保客户收货时和约定内容符合一致,以完全达标的方式出货
	驻厂QC	指客户的QC人员常驻于生产厂家负责QC工作
按检验样品数	全检	对零部件、成品进行逐件全部检验,一般只针对可靠性要求特别高的产品(如军品)、试制产品及在生产条件、生产工艺改变后生产的部分产品进行全检
	抽检	对应检验的产品、零部件,按标准规定的抽样方案,抽取一定样本数进行检验、判定

续表

类　型	检验形式	特　征
按检验样品数	免检	对经国家权威部门产品质量认证合格的产品或信得过产品,无须专门的检验,可以直接以供应方的合格证或检验数据为依据
	专职检验	由专职检验人员进行的检验,一般为部件、成品(整机)的后道工序
	自检	操作人员根据本工序工艺指导卡要求,对自己所装的元器件、零部件的装接质量进行检验;或由班组质量员对本班组加工产品的检验
	互检	同工序工人互相检验、下道工序对上道工序的检验、交接班工人之间对所交接的有关事项进行检验、班组之间对各自承担的作业进行检验
按检验场所	固定检验	把产品、零部件送到固定的检验地点进行检验
	巡回检验	在产品加工或装配的工作现场进行检验
按检验性质	非破坏性检验	经检验后,不降低该产品价值的检验
	破坏性检验	经检验后,无法使用或降低了价值的检验

5) 几种检验的适用范围

上述各种检验都有各自的适用范围,表 2-9 给出了几种检验的适用范围。

表 2-9　几种检验的适用范围

名　称	适　用　范　围	
首件检验	① 生产开始时;	② 工序调整后(如换人、换材料、设备调整等)
全检	① 批量太小,失去抽检意义时;	② 检验手续简单,不至于浪费人力、物力时;
	③ 不允许存在不良品时;	④ 若不良率超过规定即无法保证品质时;
	⑤ 工程能力(工序的实际加工能力)不足时;	⑥ 为了解该批产品实际品质状况时
抽检	① 产量大、批量大,且连续生产无法做全检时;	② 进行破坏性测试时;
	③ 允许存在某种程度的不良品时;	④ 需要减少检验时间和检验费用时;
	⑤ 督促生产者要注意品质时;	⑥ 提供消费者品质证明时
免检	① 生产过程相对稳定,对后续生产无影响;	
	② 国家批准的免检产品,以及产品质量认证产品的无须试验买入时;	
	③ 长期检验证明质量优良,使用信誉高的产品的交收中,需方可认可生产方的检验结果,不再进行进货检验	

抽检即抽样检验,全检即全数检验。电子产品品种多、产量大,且很多电子制造企业由于设备、工艺等的原因,很多都是 24 h 连续生产的,故对于元器件、原材料等来料检验大都采取抽样检验,而在装配过程中的每道工序都设立检验岗位,采取全数检验模式,杜绝不合格品流入下一道工序。对于半成品和成品的检验同样采取全数检验模式,确保将来每个产品都达到相应标准。由于每道工序及成品检验把关严格,对于整机出厂检验就可以采取抽样检验模式,以节约成本,缩短产品生产周期。电子产品的常用检验方法如图 2-26 所示。对于免检,并非是放弃检验,应加强生产过程的质量监督,一旦发现异常,及时采取措施确保产品性能达到标准。

图 2-26　电子产品的常用检验方法

6）电子产品检验的要求

电子产品检验是依据相应规范对电子产品是否达到质量要求所采取的作业技术和活动。其目的在于科学合理地判定电子产品特性是否符合相关标准的要求，筛选出不合格产品，确保进入市场的产品质量达到技术标准的要求。

电子产品的检验要求主要有以下四个方面。

（1）法律法规的要求

各国为了维护自身的可持续发展，保护国家和地区的经济利益、安全利益、环保利益等，均会提出一系列法律法规来限制本区域内的产品生产和销售，更重要的是限制外区域的产品输入。任何一款电子产品，首先必须符合产品所在生产国和消费国的相关法律法规。如为控制和减少电子信息产品废弃后对环境造成的污染，在中华人民共和国境内生产、销售和进口的电子信息产品需遵循《电子信息产品污染控制管理办法》。出口欧洲共同体的要符合《电气、电子设备中限制使用某些有害物质指令》，即 RoHS 指令，它主要针对电子电气产品中的铅 Pb、汞 Hg、镉 Cd、六价铬 Cr^{6+}、多溴联苯 PBB 和多溴二苯醚 PBDE 等六种有害物质进行限制。生产企业需要委托具有 RoHS 认证资格的第三方专业检测机构对整机或相关材料进行检测，检测合格获得 RoHS 证书才能进入欧洲市场。美国、日本、德国等国家和地区均有针对电子电气产品的法律法规，产品出口这些国家均需通过相关认证，诸如 CB 认证、CE 认证、PSE 认证等。

（2）产品使用安全性要求

产品的安全性是指产品在制造、安装、使用和维修过程中没有危险，不会引起人员伤亡和财产损坏事故。在中国境内生产和销售的电子、电气设备参照国家质量监督检验检疫总局 2010 年发布的《电气设备安全设计导则》（GB/T 25295—2010）。该导则对产品的环境适应性、电击危险防护、电能的间接作用、外界因素危险防护、机械危险防护、电气连接和机械连接、运行危险防护、电能控制和危险防范、标志和说明书等提出了一系列设计要求。

（3）产品使用功能上的要求

产品存在的价值在于其可以满足客户使用功能上的要求，而确认产品能否满足客户使用要求必须经过相应的功能测试。功能测试又称黑盒测试（black box test），是基于标准和规范的测试。如果该产品有国家标准则必须符合国标的要求，如果该产品有行业标准则必须符合行业标准的要求，如果没有国家标准也没有行业标准，则必须符合企业标准的要求。黑盒测试是从用户角度出发的测试，将被测产品视作看不见内部的黑盒，在完全不考虑产品内部结构和内部特性的情况下，依据相关标准测试产品性能，判定其是否符合规范。如针对声频功率放大器需要进行电性能要求和耐用性要求的功能测试。

（4）产品使用外观上的要求

随着信息时代的到来，人们的生活节奏越来越快，产品更新周期日益缩短。电子产品的外观呈现出多样化、个性化的发展趋势。设计师必须深入了解客户的消费心理、同类厂家的设计理念、国内国外市场的设计现状，尽可能多地收集时尚元素，才能设计出紧跟时代步伐，有固定客户群的产品。如音响设备的外观能极大地影响其销售状况。因此对电子产品外观的检验也日益细致和深入。

7）电子产品检验中规范和标准的作用

在电子产品检验过程中，检验规范侧重于产品检验的方法及步骤描述，目的在于指导检验操作者如何进行检验。而检验标准侧重于产品检验所应达到的定量水平的描述，目的在于指导检验操作者作为比较判定合格与不合格的依据。

3. 电子产品的缺陷

1）电子产品的缺陷等级

电子产品的缺陷等级如表 2-10 所示，分为六级。

表 2-10 电子产品缺陷等级与缺陷描述

序号	缺陷等级	符号	缺陷描述
1	安全问题/Safe	S	产品设计与 IEC 或 ISO 法规不符，产品处于一种危险状态，以至于对人或周围环境有所伤害和损害
2	严重问题/Critical	A	导致系统崩溃、死机、死锁、内存泄漏、数据丢失的严重问题。缺陷会引起客户对产品的极大不满，且缺陷极易被发现
3	主要问题/Major	B	系统的主要功能失效，没有崩溃，但会导致后续操作或工作不能继续进行，缺陷是客户无法接受的
4	次要问题/Average	C	系统的次要功能失效，但后续操作或工作仍可以继续进行，缺陷是客户可以接受的
5	微不足道问题/Minor	D	微不足道的功能失效，客户也许觉察不到该功能失效，不会引起客户不满，缺陷不易被察觉
6	需要改善的问题/Enhancements	E	没有引起功能失效，不是一个缺陷，客户使用过程中建议改善的问题，这个问题可能涉及可制造性、可服务性、产品成本等因素

2）电子产品缺陷产生的原因

（1）产品设计上的缺陷

由于设计不合理的原因，导致产品存在危及人身、财产安全的不合理危险。

（2）产品制造上的缺陷

由于产品加工、制作、装配等制造上的原因，导致产品存在危及人身、财产安全的不合理危险。

（3）告知上的缺陷

告知上的缺陷也称指示缺陷或说明缺陷，即由于产品本身的特性而具有一定合理的危险性。这类产品的生产者应在产品上或产品说明书、产品包装上，加注必要的警示标志或警示说明，告知使用注意事项。如未加警示标志或说明，导致发生产品危及人身、财产安全的事故，则该产品属于存在告知缺陷的产品。

4. 电子产品的检验流程与措施

电子产品必须满足法律法规、安全、功能和外观等要求，而如何确认其满足这些要求，必须经过专业、专门的手段和方法，以及相应的设备仪器通过检验来确认，从而判定电子产品与相应的标准对比是否存在缺陷，并最终将缺陷消除。

1）名词术语

（1）单位产品：为实施抽样检验而划分的单位体或单位量。

（2）计数检验：根据给定的技术标准，将单位产品简单地分成合格品或不合格品的检验；或是统计出单位产品中不合格数的检验。前一种检验又称"计件检验"，后一种检验又称"计点检验"。

（3）计量检验：根据给定的技术标准，将单位产品的质量特性用连续尺度测量出具体数值并与标准对比的检验。

（4）检验批：作为检验对象而汇集起来的一批产品，也称交验批。一个检验批应由基本相同的制造条件一定时间内制造出来的同种单位产品构成。

（5）批量：指检验批中单位产品的数量。

（6）样本和样本容量：样本是检验批中所抽取的一部分个体，而样本容量则指样本中个体的数目。

（7）不合格：在抽样检验中，不合格是指单位产品的任何一个质量特性不符合规定要求。

（8）不合格品：不合格的单位产品，称为不合格品。

（9）抽样检验方法：从检验批中抽取样品的方法。

（10）抽样标准：抽样方案所依附的具有一定规则的表单。如国家质量监督检验总局2012发布的 GB/T 2828.1—2012《计数抽样检验程序第 1 部分：按接收质量限（AQL）检索的逐批检验抽样计划》；国家发展和改革委员会 2007 年发布的 JB/T 5908—2007《电除尘器主要件抽样检验及包装运输贮存规范》。

（11）抽样方案：规定了每批应检验的单位产品数（样本量或系列样本量）和有关接收准则（包括接收数、拒收数、接收常数和判断规则等）的一个具体方案。

（12）抽样计划：一组严格度不同的抽样方案和转换规则的组合。

2）电子产品检验的一般流程

电子产品检验一般指质量检验，即按标准规定的测试手段和方法，对元器件、原材料、零部件、半成品、成品和整机进行的质量检测和判断。电子产品检验的一般流程如图 2-27 所示。检验结果为两种，即合格与不合格。针对元器件、原材料、零部件等的来料检验，如图 2-27（a）所示。合格则加上标识进入合格材料仓库，不合格则加上标识送入退货仓库。针对成品和整机的检验，如图 2-27（b）所示。合格则贴上标识存入仓库，不合格且性质严重则报废，不合格但可以补救的则进入返修、返工流程维修后，再次进入检验流程检验其是否达标。至于装配过程中的每道工序检验，流程类似图 2-27（b），合格则流入下一道工序，不合格则报废或返修。

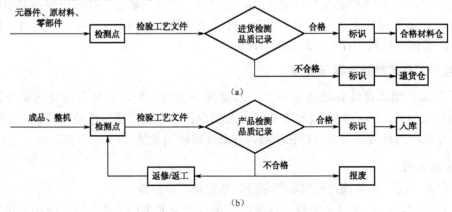

图 2-27 电子产品检验的一般流程

3）检验工艺文件

电子产品的检验一般都按照检验工艺文件所描述的内容进行。检验工艺文件主要依据产品的设计和生产工艺、相关的国际标准、国家标准、部颁标准及企业标准等文件和资料来制定。其主要内容如下。

（1）检验项目：针对不同的被检品，根据各类标准以及客户的要求，检验工艺文件罗列出本检验需做的检验项目。

（2）技术要求：根据确定的检验项目，按照相关标准，检验工艺文件制定出对应的检验技术要求。

（3）检验方法：根据检验技术要求，检验工艺文件按照相应规定，详细描述了本项检验的环境条件、测量仪表、工具设备，以及测量方法等。

（4）检验方式：有全数检验和抽样检验两种，检验工艺文件指明本项检验的采用方式。

（5）缺陷判定：检验工艺文件说明本检验缺陷判定的依据标准。

4）让步放行

（1）让步放行的内涵

需要指出，并不是所有不合格产品都不予放行。在质量管理中有一种称为让步放行，限用于某些特定不合格特性在指定偏差内并限于一定的期限或数量产品。允许放行的不合格品的不合格特性的偏差下限是最低使用要求，它比合格品规定的质量要求低，但不造成产品缺陷。缺陷是没有满足某个预期的使用要求或合理的期望，有缺陷的不合格品不能让步处置，只能降级使用或报废。若把满足最低使用要求的不合格品称为轻微不合格品，把存在缺陷的不合格品称为严重不合格品，则让步放行的产品必须是轻微不合格品。

（2）让步放行的实施

对于成品，在客户可以接受或已经得到客户确认的前提下，将不影响客户使用要求的产品放行以利于准时交货，但必须做好标识，确保可追溯。

当原材料、半成品来不及检验，且使用后不影响产品性能要求及产品检验标准时，经品管、技术、生产联合确认可以让步紧急放行以利于生产，同时做好相关标识。

5）影响检验结果的因素及相关措施

（1）影响电子产品检验的主要因素

影响电子产品检验结果的因素主要有五个方面：人员因素、测试设备因素、被测件使用的材料因素、检测方法因素、检测环境因素（人、机、料、法、环）。

人：指操作人员所受的教育、经历、所掌握的技能；

机：指测试设备运行状况、自动化程度、测试精度等；

料：被测件使用的材料，重点是被测件主要原材料的品质是否满足产品质量和可靠性要求；

法：检测方法等；

环：检测环境的影响程度。

（2）提高检验结果准确度的措施

① 选择训练有素的检验员：由于主观因素的影响，不同检验员的素质条件会造成程度不同的检验误差。选择责任心强、检验技能高、思维方式严谨的检验员，以减小人为因素

造成的误差。

② 校准仪器设备：通过计量检定得到测量值与实际值的偏差，对检验结果进行修正。

③ 选择合适的被测材料：即选择具有代表性的样品。

④ 选择适宜的测量方法：对诸多测量方法进行分析、比较，从中找出最佳方法进行实施。

⑤ 校正环境因素：通过各种试验求出环境因素（如温度、湿度、亮度、振动）影响测量值的程度，从检验结果扣除该因素的影响。

项目实施 2　函数信号发生器性能指标检验

工作任务单：

（1）制订工作计划。

（2）了解函数信号发生器的性能指标。

（3）选择函数信号发生器性能指标的测量方案。

（4）完成函数信号发生器性能的测试。

（5）填写检验报告。

1. 实训目的

（1）熟悉函数信号发生器性能指标的测量方法。

（2）掌握函数信号发生器、电子计数器、数字示波器、失真度测试仪、数字交流毫伏表的使用。

2. 实训设备

实训设备：函数信号发生器 1 台、电子计数器 1 台、数字示波器 1 台、失真度测试仪 1 台、数字交流毫伏表 1 台。

注：被测函数信号发生器采用一般实验室通用的型号，诸如 YB1602、EE1642B1、SP1641B 等。

3. 函数信号发生器的主要性能指标

函数信号发生器的性能指标有：

（1）输出波形：指正弦波、方波、三角波和脉冲波等。

（2）频率范围：输出正常波形时的频率下限和频率上限间的范围。

（3）频率准确度：指输出信号频率的实际值 f 与其标称值 f_0 的相对偏差。

（4）频率稳定度：指在预热后，信号源在规定时间内频率的相对变化量。

（5）输出电压：指输出电压的峰-峰值。

（6）输出阻抗：指函数波形输出时的输出阻抗，以及 TTL 同步输出时的输出阻抗。

（7）波形特性：正弦波形特性用非线性失真系数表示，三角波形特性用非线性系数表示，方波的特性参数用上升时间表示。

4. 项目测试

1）频率范围测量

被测函数信号发生器分别选择不同种类的波形输出，输出信号幅度置最大。调节频率调节旋钮，读出不同波形下各波段的频率上下限值，即仪器面板上的数字显示频率。根据被测函数信号发生器的实际情况，对表 2-11 进行修改，将数据记录在表 2-11 中。

表 2-11 频率范围数据记录

正弦波波段	频率范围	三角波波段	频率范围	方波波段	频率范围
Ⅰ	~	Ⅰ	~	Ⅰ	~
Ⅱ	~	Ⅱ	~	Ⅱ	~
Ⅲ	~	Ⅲ	~	Ⅲ	~

2）频率准确度测量

被测函数信号发生器分别选择不同种类的波形输出，输出信号幅度设定为 1 V 左右，将函数信号发生器的输出端与电子计数器的输入端口相接，如图 2-28 所示。电子计数器置测频功能，适当调节输出电压，使电子计数器正常工作。对信号发生器每个波段分别取低、中、高三个点进行测量。频率准确度按式（2-16）计算：

$$\alpha = \frac{f - f_0}{f_0} \times 100\% \quad (2-16)$$

式中，f 为信号源实际输出的频率，由电子计数器测得；f_0 是信号源输出信号的标称值，是被测函数信号发生器数字显示的输出信号频率。

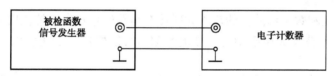

图 2-28 频率准确度测量连线图

根据被测函数信号发生器的实际情况，设计测试点频率填入表 2-12 中，完成频率准确度的测量和计算，取其中绝对值最大的值作为检验结果。

表 2-12 输出频率准确度数据记录

正弦波频段	测试点 1			测试点 2			测试点 3		
	f_0	f	α	f_0	f	α	f_0	f	α
Ⅰ									
Ⅱ									
Ⅲ									
三角波频段	测试点 1			测试点 2			测试点 3		
	f_0	f	α	f_0	f	α	f_0	f	α
Ⅰ									
Ⅱ									
Ⅲ									
方波频段	测试点 1			测试点 2			测试点 3		
	f_0	f	α	f_0	f	α	f_0	f	α
Ⅰ									
Ⅱ									
Ⅲ									

3）频率稳定度测量

被测函数信号发生器置于正弦波某一波段的高端位置（如 f_0=2 MHz），预热 1 h 后，信号发生器面板上显示频率记作 f_0，记录在表 2-13 中。用电子计数器每隔 15 min 测量一次信号发生器的输出频率，连续测量 3 h，将所测值记录在表 2-13 的 $f_1 \sim f_{13}$ 中。频率稳定度按式（2-17）计算：

$$\delta = \frac{f_{\max} - f_{\min}}{f_0} \times 100\% \qquad (2\text{-}17)$$

式中，$f_{\max}$ 和 $f_{\min}$ 分别为信号源频率在 3 h 内的最大值和最小值；f_0 为被测信号频率的标称值。

表 2-13 输出频率稳定度数据记录

频率测量	f_1	f_2	f_3	f_4	f_5	f_6	f_7	f_8	f_9	f_{10}	f_{11}	f_{12}	f_{13}
测量值													
$f_{\max}$				$f_{\min}$			f_0			频率稳定度			

4）幅度平坦度测量

数字交流毫伏表和数字示波器的输入并联接在函数信号发生器的输出端，如图 2-29 所示。毫伏表和数字示波器置相应功能。被测函数信号发生器置于正弦波，幅度置最大，直流偏置为零。

将函数信号发生器的输出频率置 1 kHz，测量此时输出电压的实际值，记为 U_0，接着依次在每个频段范围内选取低、中、高 3 个测试点，读取相应的输出幅度电压值，记为 U_i。幅度平坦度按式（2-18）计算：

$$\delta = \frac{U_i - U_0}{U_0} \times 100\% \qquad (2\text{-}18)$$

将所测和计算出的数据记录在表 2-14 中。取其中绝对值最大的值为检验结果。

表 2-14 幅度平坦度数据记录

波段	测试点 1			测试点 2			测试点 3		
	频率	U_i	δ	频率	U_i	δ	频率	U_i	δ
Ⅰ									
Ⅱ									
Ⅲ									
U_0									

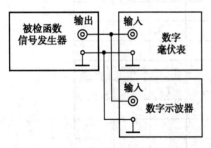

图 2-29 幅度平坦度测量连线图

5）输出衰减器测量

仪器连接如图 2-30 所示，其中 R 为输出匹配电阻，阻值一般为 600 Ω。将被测信号发生器波形置正弦波，频率置 1 kHz，幅度置最大，直流偏置为零。此时数字毫伏表测得的信号发生器的初始电压值为 U_0。依次按下被测信号发生器的衰减开关，分别读取数字毫伏表上相应的电压值 U_1、U_2、U_3，信号源实际衰减量按相对电压电平公式（2-19）计算：

$$A = 20\lg U_0 / U_i (\text{dB}) \tag{2-19}$$

将所测和计算出的数据记录在表 2-15 中。

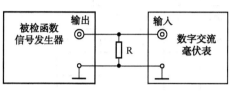

图 2-30 输出衰减器测量连线图

表 2-15 输出衰减器数据记录

衰减挡（dB）	20	40	60
初始电压 U_0			
读测电压 U_i			
电压比 U_0/U_i			
衰减量 A（dB）			
误差（%）			

6）正弦波失真系数测量

按图 2-31 连线。被测信号发生器波形置正弦波，幅度置最大，直流偏置为零。失真度测试仪置相应功能和状态，函数信号发生器输出频率分别置 10 Hz、1 kHz、10 kHz、100 kHz、1 000 kHz。分别测出各频率点总失真系数，记录在表 2-16 中。取其中最大值为检验结果。

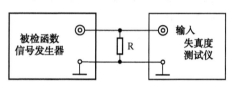

图 2-31 失真系数测量连线图

表 2-16 正弦波失真系数数据记录

输出频率	10 Hz	1 kHz	10 kHz	100 kHz	1 000 kHz
失真系数 γ					

7）三角波非线性系数测量

数字示波器的输入端接信号发生器的输出端，进行三角波（锯齿波）非线性系数测量。被测信号发生器输出波形置三角波，频率置 10 kHz，直流偏置为零。信号发生器的输出幅度置"2 V"（由毫伏表监测），调节数字示波器垂直灵敏度，使波形纵向展开。计算出三角波上升沿和下降沿 10%、20%、30%、…、90%处电压的拟合值，填入表 2-17 中。再利用数字示波器的光标设定功能，分别读测出上升沿和下降沿 10%、20%、30%、…、90%处电压的实际值，非线性系数 δ_{LD} 按公式（2-20）计算：

$$\delta_{\text{LD}} = \frac{\text{实测值} - \text{拟合值}}{\text{拟合值}} \times 100\% \tag{2-20}$$

将所测和计算出的数据记录在表 2-17 中。取其中绝对值最大的值作为检验结果。

8）方波上升时间、脉冲波占空比测量

数字示波器的输入端接信号发生器的输出端，进行方波（脉冲波）上升时间的测量。被测信号发生器输出波形置方波，幅度置最大，频率置 10 kHz，直流偏置为零，调节数字示波器的时基因数，使波形上升沿展宽到合适位置，读出波形上升沿幅度 10%～90%的持续时间，即为方波上升时间 t_r。测量数据记录在表 2-18 中。

表 2-17 三角波非线性系数数据记录

上升沿	10%	20%	30%	40%	50%	60%	70%	80%	90%
拟合值（V）	0.200	0.400	0.600	0.800	1.000	1.200	1.400	1.600	1.800
读测值（V）									
非线性系数 δ_{LD}									
下降沿	90%	80%	70%	60%	50%	40%	30%	20%	10%
拟合值（V）	1.800	1.600	1.400	1.200	1.000	0.800	0.600	0.400	0.200
读测值（V）									
非线性系数 δ_{LD}									

表 2-18 方波上升时间、脉冲占空比数据记录

频率	方波上升时间 t_r	频率	脉冲波占空比 C
10 kHz		1 kHz	

被测信号发生器输出波形置脉冲波，输出幅度置最大，频率置 1 kHz，直流偏置为零。调节占空比旋钮至一定位置，用数字示波器观测此时的脉冲波形，读出被测信号脉冲高电平宽度 τ、被测脉冲信号的周期 T，占空系数 C 按式（2-21）计算：

$$C = \frac{\tau}{T} \times 100\% \tag{2-21}$$

将测量数据记录在表 2-18 中。

9）扫频特性测量

被测信号发生器的输出与电子计数器的输入相连。信号发生器置扫频功能，输出幅度置 1 V，直流偏置为零。电子计数器置测频功能。调节信号发生器的扫频旋钮，从最低端向最高端变化，读取信号发生器的起始频率值和终止频率值，扫频宽度按式（2-22）计算：

$$\Delta f = f_{max} - f_{min} \tag{2-22}$$

式中，Δf 为扫频宽度，f_{max} 为扫频最高频率，f_{min} 为扫频最低频率。将测量数据记录在表 2-19 中。扫频频率变化可用扫频比来表述，扫频比 Q 按式（2-23）计算：

$$Q = f_{max} / f_{min} \tag{2-23}$$

表 2-19 扫频特性数据记录

f_{min}	f_{max}	Δf	Q

5. 整理相关数据，完成测试的详细分析并填写检验报告

将上述测量结果与函数信号发生器说明书上的指标进行比较，得出检测结果（合格、不合格）。填写表 2-20 所示检验报告。

注意：如果函数信号发生器使用说明书上某项指标没有，请教师根据实际情况给出相应指标，以便学生有判定依据。

项目 2　电子测量与产品检验

表 2-20　函数信号发生器性能指标检验报告

产品名称				商　标		
型号规格				产品编号		
取样方式				收样日期		
样品数量			检验日期			
检验环境	温度（℃）：		相对湿度（%）：		大气压力（kPa）：	
检验依据						
检验用主要仪器设备	名　称		型号规格		编　号	
单项检验结果	参数项目	合格指标		检验结果	单位	单项判定
检验结论						
备　注						
主检： 　　　　　　　　　　审核： 　　　　　　　　　　　　　　　检验日期：						

6. 项目考核

项目考核表如表 2-21 所示。

表 2-21　项目考核表

评价项目	评价内容	配分	教师评价	学生评价		总　分
				互评	自评	
工作态度	（1）工作的主动性、积极性； （2）操作的安全性、规范性； （3）遵守纪律情况	10 分				师评 50%+互评 30%+自评 20%
项目测试	（1）仪器连接的正确性； （2）检测结果的正确性	60 分				
检验报告	（1）检验报告的规范性； （2）检验结论的正确性	20 分				
5S 规范	整理工作台，离场	10 分				
合计	—	100 分				
自评人：　　　　　　　互评人：　　　　　　　教师： 　　　　　　　　　　　　　　　　　　　　　　日期：						

知识梳理与总结

（1）目前，电子测量中，时间和频率的测量精确度最高。时间与频率的测量具有动态性、测量范围宽、精度高的特点，时频信号能快速准确地远地传递。

（2）时间的单位是秒（s）。"秒"的定义经历了世界时（UT）秒、历书时（ET）秒、原子时（AT）秒。

（3）电子计数器按功能分为通用电子计数器、频率计数器、时间计数器和特种计数器。

（4）通用电子计数器主要由输入通道、主门、计数显示电路、时基形成电路和逻辑控制电路等组成，具有测量频率、频率比、周期、时间间隔、累加计数，以及自检等功能。其测量原理是闸门开启时间等于计数脉冲周期与计数脉冲计数值之积。

（5）电子计数器的测量误差来源主要包括量化误差、触发误差和标准频率误差。对频率测量影响最大的是量化误差，周期测量主要受量化误差和触发误差的影响。

（6）谐波失真是由于传输设备内器件的非线性引起的。失真系数（失真度）定义为全部谐波电压有效值与基波有效值之比。

（7）失真度测试仪按其工作原理分为频谱分析式和基波抑制式两种类型。大多数数字化失真度测试仪采用频谱分析法，大多数模拟式失真度测试仪采用基波抑制法。

（8）电子测试工装的设计内容有测试点的选取、定位点的选取、支架材料的选取、探针的选取、按压点（区）的选取、测试架构的选取等。

（9）电子产品的检验标准分为国际标准、区域标准和国家标准。我国的国家标准又分为四级，分别是国家标准、行业标准、地方标准和企业标准。

（10）电子产品的检验按工序流程分为进货检验、过程检验、成品检验、出货检验等；按检验样品数分全检、抽检、免检等；按检验人责任分专职检验、自检、互检等；按检验场所分固定检验、巡回检验等；按检验性质分非破坏性检验和破坏性检验等。

（11）影响电子产品检验结果的因素主要有五个方面：人员因素、测试设备因素、被测件使用的材料因素、检测方法因素、检测环境因素。

（12）提高电子产品检验结果的措施主要有：选择训练有素的检验员、校准仪器设备、选择合适的被测材料、选择适宜的测量方法、校正环境因素。

习题 2

2-1 时间单位"秒"定义的历程是怎样的？

2-2 通用电子计数器主要由哪几部分组成？简述各部分的作用。

2-3 通用电子计数器有哪些主要功能？

2-4 电子计数器测量频率的基本原理是什么？

2-5 简述电子计数器的自校原理。

2-6 用电子计数器测量频率时，若闸门开启时间 T 和计数值 N 如表 2-22 所示，求 f_x 各为多少？

项目 2　电子测量与产品检验

表 2-22　电子计数器的频率测量表

T	10 s	1 s	0.1 s	10 ms	1 ms
N	1 000 000	100 000	10 000	1 000	100
f_x					

2-7　用失真度测试仪测量某功放的输出信号失真度,在频率为 20 Hz、400 kHz 和 1 MHz 时失真度测试仪指示值分别为 26.5%、22.5% 和 19.8%。求各信号的失真度为多少?

2-8　用失真度测试仪分别在 1 kHz、50 kHz 和 100 kHz 三个频率上测得某放大器输出信号的失真度为 9.8%、19.8% 和 29.5%,如果不经换算,直接将测量值作为失真度定义值,则由此引起的理论误差各为多少?

项目 3

简单电子产品的制作与调试

案例引入

电子制造业中有一个很重要的岗位叫"进货(料)检验员",就是对公司采购来的元器件进行质量把关,不让不良品流入生产线。否则生产出的电路板不能达到设计性能,造成后续大量的维修工作,甚至产品的报废,使公司蒙受损失。那么,如何对电子元器件进行检测呢?

学习目标

1. 理论目标

1) 基本了解

伏安法、电桥法、谐振法的测量原理;

电容、电感数字化测量的原理;

晶体管特性图示仪的组成和工作原理。

【拓展】集成电路测试概况;在线测试仪的功能。

2) 重点掌握

LCR 测试仪、晶体管特性图示仪的主要功能。

2. 技能目标

能操作 LCR 测试仪、晶体管特性图示仪;

熟悉电子产品制作的一般流程。

3.1 电子元件测量基础

电子元器件是最基本的电子产品,是构成电子电路系统、电子整机的基础。主要分为电子元件,如电阻器、电容器、电感器;半导体器件,如晶体二极管、晶体三极管、场效应管、晶闸管;集成电路器件,如运算放大器、数字逻辑电路、半导体存储器、微处理器等类型。

电子元器件的性能好坏直接影响电路的性能,因此在设计、使用、生产和维修过程中,需要对这些元器件进行测量。各种元器件按其在电路中的作用和使用条件的不同,其参数的测量应采用不同的测量方法和测量仪器。但不管采用何种测试方法和手段,都必须保证元器件的测试条件,即测量时所加电压、电流、频率及环境条件等符合实际工作条件,否则,测量结果很可能无价值。

3.1.1 电阻的测量

电阻元件是电子电路中应用最多的元件之一,其在电路中的作用有限流、分压、分流及阻抗匹配等。

1. 电阻的等效

理想的电阻器为纯电阻元件 R。实际的电阻器还存在串联寄生电感 L 和并联分布电容 C。在低频状态下测量电阻器的参数,由于感抗很小,容抗很大,故 L 和 C 的影响可以忽略不计。而在高频状态下测量时,由于感抗很大,容抗很小,因此必须考虑 L 和 C 的因素,其高频时的等效电路如图 3-1 所示。

2. 电阻的伏安法测量

1)伏安法测量原理

伏安法是一种间接测量法,理论依据是欧姆定律 $R=U/I$。具体方法是直接测量被测电阻上的端电压和流过的电流,再根据公式计算出电阻值。该方法简单易行,适用于测量非线性电阻的伏安特性。其测量原理图如图 3-2 所示。

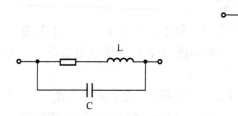

图 3-1 高频时电阻器的等效电路

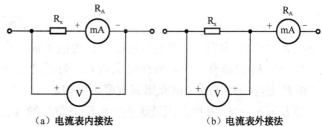

图 3-2 伏安法测电阻原理图

图 3-2(a)为电流表内接法,电流表所测为流过被测电阻 R_x 上的电流,电压表所测电压为被测电阻 R_x 上的电压和电流表上的电压之和,根据 $R=U/I$ 可知,所得电阻值大于被测电阻实际值。图 3-2(b)为电流表外接法,电压表所测电压是被测电阻 R_x 上的电压,电

流表所测电流为被测电阻 R_x 上的电流和电压表上的电流之和,根据 $R=U/I$ 可知,所得电阻值小于被测电阻实际值。

综上所述,伏安法测电阻,由于仪表的接入方式不同,测量值和实际值始终存在差异,这种误差为系统误差,可以通过加修正值的方法来减小。具体操作时,一般当 $R_x \geq R_A$(R_A 为电流表内阻)时,即 R_x 介于千欧(kΩ)和兆欧(MΩ)之间时,可采用电流表内接法;$R_x \leq R_U$(R_U 为电压表内阻)时,即 R_x 介于几欧姆到几百欧姆之间时,可采用电流表外接法。另外,伏安法低频(50~100 Hz)状态下的测量结果,与直流状态下测量结果相差很小,故不必选用交流仪表,直接采用直流电源作为激励,用直流电压表和电流表测量其响应值,计算电阻值。

2)伏安法扩展应用

伏安法的理论依据基于阻抗的定义,下面介绍的阻抗测量方法,原理上都属于伏安法。

(1)模拟万用表的欧姆挡

图 3-3(a)为模拟万用表欧姆挡电原理图,图 3-3(b)为模拟万用表欧姆挡刻度。红表笔连接表内电池的负极,黑表笔连接表内电池的正极。当 $R_x = \infty$ 时,相当于开路,表头中电流值为 0,指针指在表盘刻度 "∞" 位置。当 $R_x = 0$ 时,相当于红、黑表笔短路,调节欧姆调零电阻 R,使表头中电流最大,指针指在刻度盘 "0" 位置。

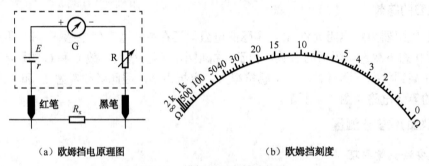

(a)欧姆挡电原理图　　　　　　　(b)欧姆挡刻度

图 3-3　模拟万用表的欧姆挡

测量时,先选择模拟万用表电阻挡的倍率,然后将两表笔短接,调节欧姆零位,最后将万用表并接在被测电阻两端,测量其阻值。此时,通过电流表的电流为:

$$I = \frac{E}{R_A + r + R + R_x} \quad (3-1)$$

式中,R_A 为表头内阻,r 为电源内阻,R 为欧姆调零电位器阻值。可见 R_x 改变,I 随着改变。每一个 R_x 值都有一个对应的电流值 I,刻度盘上直接标出与 I 对应的电阻值即可,由于 I 和 R_x 是非线性关系,故欧姆表刻度不均匀。

当 $R_x = R_A + r + R$ 时,流过表头的电流为满度的 1/2,指针指在表盘中央,故 $R_A + r + R$ 的值称为中值电阻。可以证明,此时测量误差最小。因此,测量前先估算一下被测阻值,选择合适的倍率挡,尽量使指针指在 1/2 左右区域。

由式(3-1)可知,模拟万用表测量电阻,更换倍率挡即更换内阻(中值电阻)。由于电阻刻度的非线性,加上电池的电动势和内阻一直在变化,故模拟万用表测量电阻虽然方便,但只能粗略地测量电阻值。

项目 3　简单电子产品的制作与调试

（2）数字万用表的欧姆挡

图 3-4 给出了大多数便携式数字万用表中测量电阻的原理图，利用运算放大器组成多值恒流源，实现多量程的电阻测量，各量程电流、电压值如表 3-1 所示。恒流 I 通过被测电阻 R_x 产生电压，由数字电压表（DVM）测得其端电压 U_x，则 $R_x = U_x / I$。

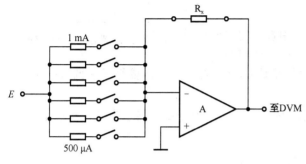

图 3-4　电阻的数字化测量

表 3-1　电阻量程与测试电流、满度电压关系表

电阻量程	测试电流	满度电压
200 Ω	1 mA	0.2 V
2 kΩ	1 mA	2.0 V
20 kΩ	100 μA	2.0 V
200 kΩ	10 μA	2.0 V
2 MΩ	5 μA	10.0 V
20 MΩ	500 nA	10.0 V

数字万用表测量电阻的误差比模拟万用表的误差小，但由于便携式数字万用表只有 $3\frac{1}{2} \sim 4\frac{1}{2}$ 位量程，且不含微处理器，故相对测量精度不太高，尤其测量微小电阻和特大电阻时需采用其他测量方法。

（3）微小电阻的测量

在一般的电阻测量中，都采用两线法测试，如图 3-5（a）所示。DVM 内部提供的测试电流 I 通过 $H_i - L_o$ 端和测试馈线送至被测电阻 R_x，电压取样端 S_1、S_2 经短路片与 H_i、L_o 相连。当测量微小电阻时，测试线本身的电阻 R_{11}、R_{12}（典型值 0.5～2 Ω）引起的误差不可忽视。由图可知 $S_1 - S_2$ 两端测得的电压包含测试线上的压降 $I(R_{11} + R_{12})$，测量所得电阻值为 $R_x + R_{11} + R_{12}$。

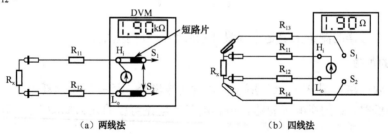

（a）两线法　　　　　　　　　　　（b）四线法

图 3-5　微小电阻测试法

为减小测试线电阻对测量结果的影响，在微小电阻的测量中采用四线法，如图 3-5（b）所示。四线法中测试电流的馈送与电压测量是分开的，分别用两组测试线完成。这样电压测试端子 $S_1 - S_2$ 测得的是 R_x 上的压降 IR_x，而 R_{11}、R_{12} 的压降不包含在内。由于 DVM 是高输入阻抗，故测试线电阻 R_{13} 和 R_{14} 不会影响电压的测量准确度。另外，在较远距离的测量中，测试线越长，线路电阻越大；在自动测试系统中，长距离测试还要经过有接触电阻的继电器等，这时四线法测量具有重要意义。

（4）高值电阻的测量

对于绝缘电阻等高值电阻的测量，采用摇表或兆欧表，其测量原理如图 3-6 所示。依

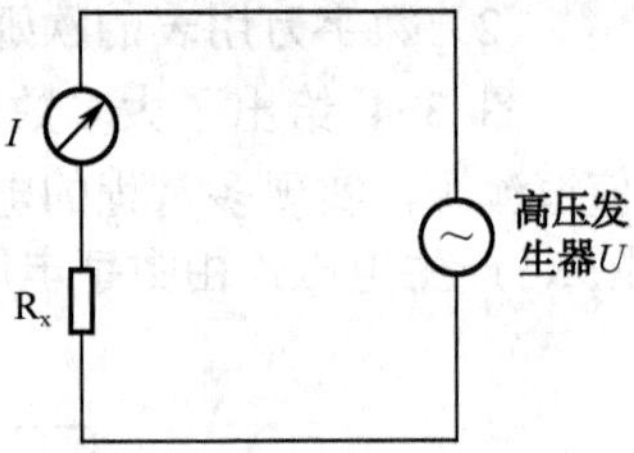

据欧姆定律，在高值电阻 R_x 上加上很高的电压 U，测得此时回路中的电流 I，即可计算出 $R_x = U/I$。电工用的摇表内的高压发生器是手摇发电机，高级兆欧表内的是电子高压发生器，可输出几千伏的高压，能测高达 $1\ T\Omega$（$10^6\ M\Omega$）的绝缘电阻。

3. 电阻的电桥法测量

当对电阻值的测量精度要求很高时，可用直流电桥法进行测量。惠斯通电桥的原理如图 3-7 所示，是一种四臂直流电桥。R_1、R_2 是固定电阻，称为比率臂，比例系数 $k = R_1/R_2$，可通过量程开关调节；R_n 为标准电阻，称为标准臂；G 为检流计。

图 3-6 兆欧表测量原理

测量时，接上被测电阻 R_x，接通电源，调节 k 和 R_n，使检流计指示为 0，电桥平衡，则有 $R_x R_2 = R_n R_1$，因此求得 R_x 为

$$R_x = \frac{R_1}{R_2} \times R_n = k R_n$$

电桥法的测量误差主要取决于各桥臂的阻值误差。

3.1.2 电容的测量

电容器在电路中常用于存储电能、耦合交流信号、隔离直流以及与电感元件一起构成选频回路等。电容的介质并不是绝缘体，或多或少总有些漏电。若仅考虑介质损耗和泄漏因数，则电容器的品质因数为

$$Q_C = \frac{1}{\omega RC}$$

实际应用中，常用损耗因数 D 来衡量电容器的质量。损耗因数定义为 Q_C 的倒数，即

$$D = \frac{1}{Q_C} = \omega RC$$

因此，对电容器的测量主要是电容量和损耗因数 D 的测量。

1. 电容的等效

电容的等效电路如图 3-8（a）所示，除理想电容外，还有各种损耗电阻 R 及电感 L。当工作频率较低时，L 的影响可忽略，电容的等效电路可以简化为如图 3-8（b）所示。

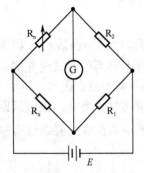

图 3-7 直流电桥测量电阻

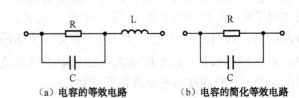

（a）电容的等效电路　　（b）电容的简化等效电路

图 3-8 电容的等效电路和简化等效电路

2. 电容的谐振法测量

1）谐振法原理

谐振法是阻抗测量的基本方法,是利用调谐回路的谐振特性而建立的测量方法。其测量精度虽说不如交流电桥法高,但由于高频元件大多用于调谐回路,且谐振法测量线路简单易行,干扰小,所以谐振法是测量高频电路参数,如电容、电感、品质因数等的重要手段。

谐振法测量原理如图3-9所示,U_s为交流激励信号源,它与测量回路之间采用弱耦合,故激励源对测量回路的影响忽略不计。交流电压表为谐振指示器,并联在谐振回路上,其内阻对回路影响极小。当回路达到谐振时,依据谐振回路关系式和已知元件的数值,可求出未知元件的参量。具体有谐振时

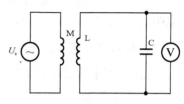

图3-9 谐振法测量原理

$$\omega_0^2 = \frac{1}{LC}$$

故

$$C = \frac{1}{\omega_0^2 L}$$

$$L = \frac{1}{\omega_0^2 C}$$

2）并联替代法

用替代法测量电容,可以消除由于分布电容引起的测量误差,测量电路如图3-10所示。L为标准电感,C_x为被测电容,C是一只已定度好的可变电容器,其容量变化范围大于被测的电容量。

测量时,先在不接C_x的情况下,将可变电容C调到某一容量较大的位置,设其容量为C_1,调节信号源频率,使回路谐振。然后接入被测电容C_x,信号源频率保持不变,此时回路失谐,重新调节C,使回路再次谐振,这时其容量为C_2,那么被测电容$C_x = C_1 - C_2$。

并联替代法适合测量小电容,其测量误差主要取决于可变标准电容的刻度误差。

3）串联替代法

当被测电容容量大于标准电容器的最大容量时,必须用串联替代法,测量电路如图3-11所示。测量时,先将图中1、2端短路,C调到容量较小位置,调节信号源频率使回路谐振,这时电容量为C_1。然后拆除短路线,将C_x接入回路,保持信号源频率不变,调节C使回路再次谐振,此时可变电容值为C_2。显然,C_1等于C_2与C_x的串联值,即$C_1 = \frac{C_2 C_x}{C_2 + C_x}$,可得：

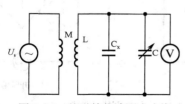

图3-10 并联替代法测小电容

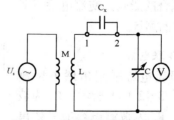

图3-11 串联替代法测大电容

$$C_x = \frac{C_2 C_1}{C_2 - C_1} \tag{3-2}$$

在被测电容比可变电容大很多的情况下，C_1 和 C_2 的值非常接近，测量误差增大，因此这种测量方法有一定的范围限制。

3. 电容的电桥法测量

采用交流电桥可以测量电容器的容量和损耗因数。

1）交流电桥

交流电桥的工作原理与直流电桥基本相同，所不同的是电桥采用纯正弦交流信号作为激励，检流计为交流电表，桥臂由电阻和电抗元件组成。交流电桥的工作频率较宽，测量精度较高，适合低频阻抗元件的测量。

如图 3-12 所示，当检流计电流 $I=0$ 时，电桥平衡。平衡条件为 $\dot{Z}_x \dot{Z}_2 = \dot{Z}_1 \dot{Z}_3$，即满足

振幅平衡条件　　　$|Z_x||Z_2| = |Z_1||Z_3|$　　（3-3）

相位平衡条件　　　$\varphi_x + \varphi_2 = \varphi_1 + \varphi_3$　　（3-4）

图 3-12　交流电桥测量电抗

式中，$\dot{Z}_1$、$\dot{Z}_2$、$\dot{Z}_3$、$\dot{Z}_x$ 为四个桥臂的复阻抗，$|Z_1|$、$|Z_2|$、$|Z_3|$、$|Z_x|$ 为四个桥臂的阻抗模值，φ_1、φ_2、φ_3、φ_x 为四个桥臂的阻抗幅角。要使交流电桥完全平衡，必须同时满足振幅平衡条件和相位平衡条件。

当相邻两桥臂为纯电阻时，另外两个桥臂应呈现同性电抗；当相对桥臂为纯电阻时，另一相对桥臂应呈现异性电抗。设 Z_1、Z_2 为纯电阻 R_1、R_2 时，满足关系：

$$\dot{Z}_x = \frac{R_1}{R_2} \dot{Z}_3 \tag{3-5}$$

称为臂比电桥，它比较适合测量电容。

设 Z_1、Z_3 为纯电阻 R_1、R_3 时，满足关系：

$$\dot{Z}_x = \frac{R_1 R_3}{\dot{Z}_2} \tag{3-6}$$

称为臂乘电桥，它比较适合测量电感。

交流电桥中的信号源必须为纯正弦波信号，否则由于信号源中的其他频率成分，会使电桥产生假平衡，从而产生很大的测量误差。由于杂散耦合的影响，交流电桥不适合高频段的测量。

2）串联电桥

低损耗电容采用串联电桥测量，如图 3-13（a）所示。C_x 为被测电容，R_x 为被测电容的等效串

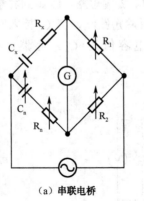
（a）串联电桥

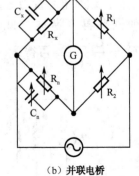
（b）并联电桥

图 3-13　交流电桥法测量电容

联损耗电阻，C_n 为可调标准电容，R_n 为可调标准电阻，R_1、R_2 为可调电阻。调节桥体中的可调元件使电桥平衡，根据电桥平衡条件，得：

$$R_1\left(R_n + \frac{1}{j\omega C_n}\right) = R_2\left(R_x + \frac{1}{j\omega C_x}\right)$$

经推导得：

$$\begin{cases} \text{电容容量} & C_x = \dfrac{R_2}{R_1} C_n \\ \text{等效串联损耗电阻} & R_x = \dfrac{R_1}{R_2} R_n \\ \text{损耗因数} & D_x = \omega C_x R_x = \omega R_n C_n \end{cases} \quad (3\text{-}7)$$

3）并联电桥

高损耗电容采用并联电桥测量，如图 3-13（b）所示。调节桥体中的可调元件使电桥平衡，根据电桥平衡条件，得：

$$R_2\left(\frac{1}{\frac{1}{R_x} + j\omega C_x}\right) = R_1\left(\frac{1}{\frac{1}{R_n} + j\omega C_n}\right)$$

推导得：

$$\begin{cases} \text{电容容量} & C_x = \dfrac{R_2}{R_1} C_n \\ \text{等效并联损耗电阻} & R_x = \dfrac{R_1}{R_2} R_n \\ \text{损耗因数} & D_x = 1/\omega R_n C_n \end{cases} \quad (3\text{-}8)$$

4. 电容的数字化测量

电容的数字化测量一般采用电容-电压转换器实现，如图 3-14 所示。R_1 为标准电阻，被测电容等效为电容 C_x 与等效并联损耗电阻 R_x 的并联。转换器输入端加直流电压 U_s，运放 A 实现电容-电压的转换。利用实部、虚部分离电路，将输出电压分离出实部 U_r 和虚部 U_x，利用式（3-9）可求得 C_x、R_x 和 D_x 的值，具体如下：

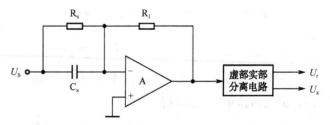

图 3-14 电容-电压转换器电路

$$R_x = \frac{R_1}{U_r} U_s$$

$$C_x = \frac{U_x}{2\pi f R_1 U_s} \quad (3\text{-}9)$$

$$D_x = \frac{1}{2\pi f R_x C_x} = \frac{U_r}{U_x}$$

以上为常见的 LCR 测试仪器测量电容的原理，最终在仪表面板上用数字显示相应的测量结果。

3.1.3 电感的测量

通常用品质因数 Q 来衡量电感器的质量，它是电感线圈在某一频率的交流电压下工作时，所呈现的感抗与其等效损耗电阻 R 之比，即

$$Q_L = \frac{\omega L}{R}$$

因此，对电感器的测量主要是电感量和品质因数 Q 的测量。

1. 电感的等效

电感一般由金属丝绕制而成，故存在线绕电阻 R 以及线圈匝与匝之间的分布电容。其等效电路如图 3-15（a）所示，当工作频率较低时，分布电容忽略不计，等效电路简化为如图 3-15（b）所示。

2. 电感的谐振法测量

1）串联替代法

测量小电感量的电感时，采用串联替代法，如图 3-16 所示。首先将 1、2 端短接，调节 C 到较大容量 C_1 位置，调节信号频率，使回路谐振，此时有：

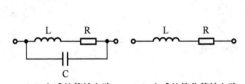

（a）电感的等效电路　（b）电感的简化等效电路

图 3-15　电感的等效电路及简化等效电路

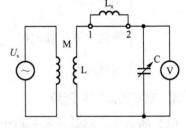

图 3-16　串联替代法测小电感

$$L = \frac{1}{4\pi^2 f^2 C_1} \tag{3-10}$$

然后去掉 1、2 间的短路线，将 L_x 接入回路，保持信号源频率不变，调节 C 至容量 C_2 时，回路再次谐振，此时有：

$$L_x + L = \frac{1}{4\pi^2 f^2 C_2} \tag{3-11}$$

将式（3-11）和式（3-10）相减，整理得：

$$L_x = \frac{C_1 - C_2}{4\pi^2 f^2 C_1 C_2} \tag{3-12}$$

2）并联替代法

测量较大的电感时，采用并联替代法，如图 3-17 所示。先不接 L_x，可变电容 C 调到

小容量位置 C_1。调节信号源频率使回路谐振，此时有：

$$\frac{1}{L} = 4\pi^2 f^2 C_1 \tag{3-13}$$

然后接入 L_x，保持信号源频率固定不变，调节 C 使回路再次谐振，记下此时可变电容器的容量 C_2，此时有：

$$\frac{1}{L} + \frac{1}{L_x} = 4\pi^2 f^2 C_2 \tag{3-14}$$

将式（3-14）和式（3-13）相减，再取倒数，可得：

$$L_x = \frac{1}{4\pi^2 f^2 (C_2 - C_1)} \tag{3-15}$$

3. 电感的电桥法测量

电桥法测量电感，适用于测量工作频率为低频的电感。测量电感的交流电桥有马氏电桥和海氏电桥两种，分别适用于测量不同品质因数的电感。

1）马氏电桥

当测量 $Q<10$ 的电感时，采用如图 3-18（a）所示的马氏电桥。L_x 为被测电感，R_x 为被测电感的损耗电阻，Q_x 为被测电感的品质因数，C_n 为标准电容。该交流电桥平衡条件为：

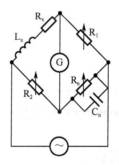
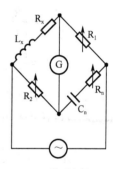

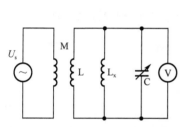

图 3-17 并联替代法测大电感　　　图 3-18 交流电桥法测量电感

$$R_1 R_2 = (R_x + j\omega L_x) \frac{1}{\frac{1}{R_n} + j\omega C_n}$$

经推导，得：

$$\begin{cases} L_x = R_1 R_2 C_n \\ R_x = \dfrac{R_1 R_2}{R_n} \\ Q_x = \omega L_x / R_x = \omega R_n C_n \end{cases} \tag{3-16}$$

2）海氏电桥

当测量 $Q>10$ 的电感时，采用如图 3-18（b）所示的海氏电桥，该交流电桥平衡条件为：

$$(R_x + j\omega L_x)\left(R_n + \frac{1}{j\omega C_n}\right) = R_2 R_1$$

经推导，得：

$$\begin{cases} L_x = \dfrac{R_2 R_1 C_n}{1+\omega^2 R_n^2 C_n^2} \\ R_x = \dfrac{\omega^2 C_n^2 R_n R_2 R_1}{1+\omega^2 R_n^2 C_n^2} \\ Q_x = \omega L_x / R_x = 1/\omega R_n C_n \end{cases} \quad (3\text{-}17)$$

用电桥测量电感时，首先估计被测电感的 Q 值以确定电桥类型，再根据电感量选择量程（R_1），然后反复调节 R_2 和 R_n，使检流计 G 的读数最小，经 R_2 和 R_n 的刻度读出被测电感的 L_x 值和 Q_x 值。

4. 电感的数字化测量

电感的数字化测量一般采用电感-电压转换器实现，如图 3-19 所示。R_1 为已知标准电阻，被测电感等效为 R_x 和 L_x 的串联电路，运放 A 实现电感-电压的转换。利用实部、虚部分离电路，将输出电压分离出实部 U_r 和虚部 U_x，利用式（3-18）可求得 L_x、R_x 和 Q_x 的值，具体如下：

$$\begin{cases} R_x = \dfrac{R_1}{U_s} U_r \\ L_x = \dfrac{R_1}{\omega U_s} U_x \\ Q_x = \dfrac{\omega L_x}{R_x} = \dfrac{U_x}{U_r} \end{cases} \quad (3\text{-}18)$$

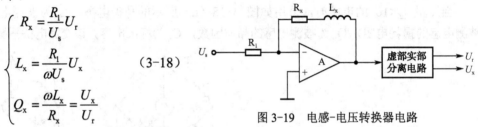

图 3-19 电感-电压转换器电路

以上为常见的 LCR 测试仪器测量电感的原理，最终在仪表面板上用数字显示相应的测量结果。

3.2 LCR 测试仪的应用

电桥法测量电子元器件参数的典型仪器是万用电桥，典型型号是 QS18A 型。谐振法测量电子元器件参数的典型仪器是高频 Q 表，典型型号是 QBG-3 型。详见其他电子测量与仪器教材。随着电子科技的发展，这两种测量方法逐渐被数字化测量仪器所替代。

LCR 测试仪又称 LCR 数字电桥，主要用来测量电阻的阻值、电感器的电感量及品质因数 Q、电容器的电容量及损耗因数 D 等。它是电子产品生产企业用于进货检验，以及电子元器件生产企业用于产线上快速检测的仪器。

LCR 测试仪的工作原理在电容的数字化测量和电感的数字化测量中已做初步介绍，这里以 TH2811D 为例，对 LCR 测试仪的应用做进一步介绍。

1. TH2811D 型 LCR 测试仪的主要性能指标

1）测量精度

TH2811D 型 LCR 测试仪的主要性能指标如下：

C：0.2% $(1+ C_x/C_{max}+ C_{min}/C_x)(1+D_x)(1+k_s+k_v+k_f)$；

L：0.2% $(1+ L_x/L_{max}+ L_{min}/L_x)(1+1/Q_x)(1+k_s+k_v+k_f)$；

Z：$0.2\%(1+Z_x/Z_{max}+Z_{min}/Z_x)(1+k_s+k_v+k_f)$；

R：$0.2\%(1+R_x/R_{max}+R_{min}/R_x)(1+Q_x)(1+k_s+k_v+k_f)$；

D：$\pm 0.0020(1+Z_x/Z_{max}+Z_{min}/Z_x)(1+D_x+D_x^2)(1+k_s+k_v+k_f)$；

Q：$\pm 0.0020(1+Z_x/Z_{max}+Z_{min}/Z_x)(Q_x+1/Q_x)(1+k_s+k_v+k_f)$。

其中：

（1）D、Q为绝对误差，其余均为相对误差，$D_x=1/Q_x$。

（2）下标为 x 者为该参数测量值，下标为 max 的为最大值，min 为最小值。

（3）k_s为测量速度误差因子，慢速、中速：$k_s=0$；快速：$k_s=10$。

（4）k_v为测试电平误差因子，仪器所设定的参数信号电平为 V（有效值），当 $V=1$ V 时，$k_v=0$；当 $V=0.3$ V 时，$k_v=1$。

（5）k_f为测试频率误差因子，当 $f=100$ Hz、120 Hz、1 kHz 时，$k_f=0$；当 $f=10$ kHz 时，$k_f=0.5$。

（6）为保证测量精度，在准确度校准时应在当前测量条件、测量工具的情况下进行可靠的开路短路清"0"。

（7）影响准确度的测量参数最大值、最小值见表 3-2。

2）测试信号频率准确度

TH2811D 提供以下四个测试频率：100 Hz、120 Hz、1 kHz 和 10 kHz。频率准确度为 0.02%。

3）测试信号电平稳定度

0.3 $V_{rms}\pm 10\%$；1.0 $V_{rms}\pm 10\%$。

4）输出阻抗

30 Ω±5%；100 Ω±5%。

5）测量显示范围

TH2811D 型 LCR 测试仪测量显示范围如表 3-3 所示。

表 3-2 影响准确度的测量参数最大值、最小值

参数	频率			
	100 Hz	120 Hz	1 kHz	10 kHz
C_{max}	800 μF	667 μF	80 μF	8 μF
C_{min}	1 500 pF	1 250 pF	150 pF	15 pF
L_{max}	1 590 H	1 325 H	159 H	15.9 H
L_{min}	3.2 mH	2.6 mH	0.32 mH	0.032 mH
Z_{max}/R_{max}	1 MΩ			
Z_{min}/R_{min}	1.59 Ω			

表 3-3 TH2811D 型 LCR 测试仪测量显示范围

参数	频率	测量范围
L	100 Hz、120 Hz	1 μH～9 999 H
	1 kHz	0.1 μH～999.9 H
	10 kHz	0.01 μH～99.99 H
C	100 Hz、120 Hz	1 pF～19 999 μF
	1 kHz	0.1 pF～1 999.9 μF
	10 kHz	0.01 pF～19.99 μF
R		0.1 mΩ～99.99 MΩ
Q		0.000 1 ～9 999
D		0.000 1～9.999

2. TH2811D 型 LCR 测试仪的操作面板

TH2811D 型 LCR 测试仪如图 3-20（a）所示，前面板设置如图 3-20（b）所示，各部

分介绍如下。

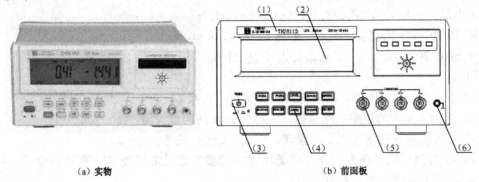

(a) 实物　　　　　　　　　　　　　　　　(b) 前面板

图 3-20　TH2811D 型 LCR 测试仪

（1）仪器商标及型号。

（2）LCD 液晶显示屏：显示测量结果、测量条件等信息。

（3）电源开关（POWER）：开关处于位置"1"时，接通仪器电源；开关处于位置"0"时，切断仪器电源。

（4）测试按键

① PARA 键：测量参数选择键。　　　　② FREQ 键：频率设定键。

③ LEVEL 键：电平选择键。　　　　　　④ 30/100 键：信号源内阻选择键。

⑤ SPEED 键：测量速度选择键。　　　　⑥ SER/PAR 键：串并联等效方式选择键。

⑦ RANGE 键：量程锁定/自动设定键。　⑧ OPEN 键：开路清零键。

⑨ SHORT 键：短路清零键。　　　　　　⑩ ENTER 键：开路/短路清零确认键。

（5）测试端：四个测试端用于连接四端测试夹具或测试电缆，对被测件进行测量。

① Hcur：电流激励高端；

② Hpot：电压取样高端；

③ Lpot：电压取样低端；

④ Lcur：电流激励低端。

（6）机壳接地端：该接地端与仪器的机壳相连，可用于保护或屏蔽接地连接。

3. 显示屏的显示内容

TH2811D 显示屏显示的内容如图 3-21 所示。

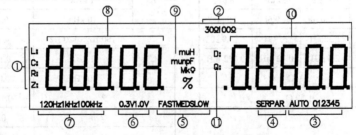

图 3-21　TH2811D 显示区域定义图

① 主参数指示。　　　　　　　　② 信号源内阻显示。

③ 量程指示。　　　　　　　　　④ 串并联模式指示。

⑤ 测量速度显示。　　　　　　　　　　⑥ 测量信号电平指示。
⑦ 测量信号频率指示。　　　　　　　　⑧ 主参数测试结果显示。
⑨ 主参数单位显示。　　　　　　　　　⑩ 副参数测试结果显示。
⑪ 副参数指示。

4. TH2811D 型 LCR 测试仪操作说明

1）被测件的接入方式

LCR 测试仪提供四个测试端子，通过测试电缆和夹具将被测件接入测试电路。

（1）两端测量法

将测量端子中的高电压与电流端子、低电压与低电流端子用两个短路片分别短路，将被测元件接到测试夹上，如图 3-23（a）所示。采用两端测量法由于存在引线电感和电阻、引线间电容及金属外壳引入的误差，通常用于测量高阻抗。在被测阻抗很高时，外壳的悬浮电导引入的误差不应忽视。

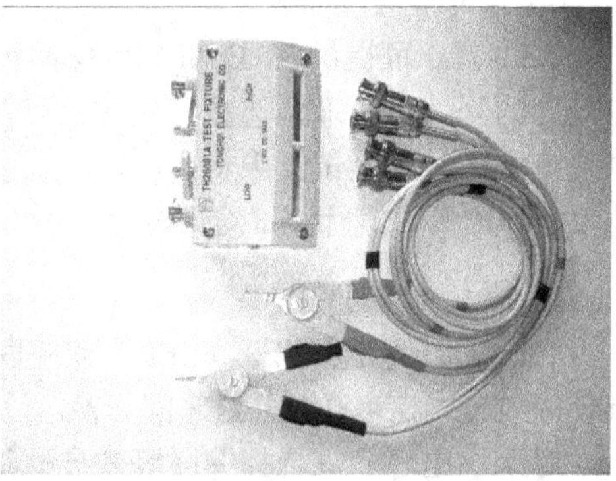

（2）四端测量法

图 3-22　LCR 数字电桥测试电缆和夹具

四端测量法接法如图 3-23（b）所示。它可以消除引线电阻、电感和接触电阻的影响，可对小阻抗进行较准确的测量，但它也存在外壳悬浮的影响。

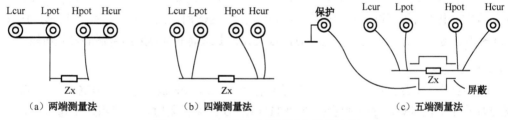

（a）两端测量法　　　　（b）四端测量法　　　　（c）五端测量法

图 3-23　LCR 数字电桥测试电缆的连接

（3）五端测量法

五端测量法是在四端测量法的基础上增加一保护端，如图 3-23（c）所示。保护端与仪器机壳相连，可以用于保护或屏蔽接地连接。将被测元件屏蔽以解决外壳悬浮的影响。

2）测量速度的选择

TH2811D 提供 FAST、MED 和 SLOW 三种测试速度供用户选择。一般情况下测试速度越慢，仪器的测试结果越稳定、越准确。FAST：每秒约 12 次；MED：每秒约 5.1 次；SLOW：每秒约 2.5 次。通过"SPEED"键来进行测试速度的设定。

3）参数设定

TH2811D 在一个测试循环内可同时测量被测阻抗的两个不同的参数组合。主要有以下四种测量参数组合（主参数-副参数）：L-Q、C-D、R-Q 和 Z-Q。通过"PARA"键来选择相应的测量参数。

4）频率的设定

TH2811D 提供四种常用测试频率：100 Hz、120 Hz、1 kHz 和 10 kHz。通过"FREQ"键来选择相应的频率。

5）测试信号电压选择

TH2811D 提供两个常用测试信号电压：0.3 V 和 1.0 V。当前测试信号电压显示在 LCD 下方的信号电压指示区域。通过"LEVEL"键，测试信号电压在 0.3 V 和 1.0 V 之间切换。

6）信号源内阻选择

TH2811D 可提供 30 Ω 和 100 Ω 两种信号源内阻供用户选择，通过"30/100"键切换。在相同的测试电压下，选择不同的信号源内阻，将会得到不同的测试电流。当被测件对测试电流敏感时，测试结果将会不同。提供两种不同的信号源内阻，可方便用户与国内外其他仪器生产厂家进行测试结果对比。

7）等效电路方式

TH2811D 可选择串联（SER）或并联（PAR）两种等效电路来测量。通过"SER/PAR"键使等效方式在串联与并联之间切换。

对于小电容应该选择并联等效方式进行测量，而大电容测量时应该选择串联等效方式进行测量。一般来说电容等效电路可根据以下规则选择：阻抗大于 10 kΩ 时，选择并联方式；阻抗小于 10 Ω 时，选择串联方式。介于上述阻抗之间时，根据元件制造商的推荐采用合适的等效电路。

对于大电感应选择并联等效方式进行测量，而小电感则采用串联等效方式进行测量。一般来说电感等效电路可根据以下规则选择：阻抗大于 10 kΩ 时，选择并联方式；阻抗小于 10 Ω 时，选择串联方式。介于上述阻抗之间时，根据元件制造商的推荐采用合适的等效电路。

8）量程设定

TH2811D 在 100 Ω 源内阻时，共使用五个量程（30 Ω、100 Ω、1 kΩ、10 kΩ、100 kΩ）。各量程的有效测量范围如表 3-4 所示；TH2811D 在 30 Ω 源内阻时，共使用六个量程（10 Ω、30 Ω、100 Ω、1 kΩ、10 kΩ、100 kΩ）。各量程的有效测量范围如表 3-5 所示。测试量程根据被测元件的阻抗值大小和各量程的有效测量范围确定。

通过"RANGE"键，量程可在自动和保持之间切换。当量程被保持时，LCD 下方不再显示"AUTO"字符，仅显示当前保持的量程号。当量程为自动（AUTO）状态时，LCD 下方显示"AUTO n"。"n"为当前自动选择的量程号。

表 3-4 100 Ω内阻各量程的有效测量范围

量程电阻	有效测量范围	量程挡级
100 kΩ	100 kΩ～100 MΩ	0
10 kΩ	10～100 kΩ	1
1 kΩ	1～10 kΩ	2
100 Ω	50 Ω～1 kΩ	3
30 Ω	0～50 Ω	4

表 3-5 30 Ω内阻各量程的有效测量范围

量程电阻	有效测量范围	量程挡级
100 kΩ	100 kΩ～100 MΩ	0
10 kΩ	10～100 kΩ	1
1 kΩ	1～10 kΩ	2
100 Ω	100 Ω～1 kΩ	3
30 Ω	15～100 Ω	4
10 Ω	0～15 Ω	5

注意：量程保持时，测试元件大小超出量程测量范围，或超出仪器显示范围也将显示过载标志"-----"。

实例 3-1 电容量为 $C=210$ nF，$D=0.001\,0$，测量频率 $f=1$ kHz 时，求 TH2811D 应选择的量程。

解：
$$Z_X = R_X + \frac{1}{j2\pi f C_X}$$

$$|Z_X| \approx \frac{1}{2\pi f C_X} = \frac{1}{2 \times 3.141\,6 \times 1\,000 \times 210 \times 10^{-9}} \approx 757.9\ \Omega$$

由上可知，该电容器正确测量量程为 3。

9）开路清零

TH2811D 开路清零功能能够消除与被测元件并联的杂散导纳，如杂散电容的影响。按"OPEN"键选择开路清零功能，LCD 显示闪烁的"OPEN"字样，将测试端开路，按"ENTER"键开始清零测试，按其他键取消清零操作返回测试状态。TH2811D 对所有频率下各量程自动扫描开路清零测试，LCD 下方显示当前清零的频率和量程号。如果当前测试结果正确，在 LCD 副参数显示区显示"PASS"字符，并接着对下一个频率或量程进行清零。如果当前清零结果不正确，在 LCD 副参数显示区显示"FAIL"字符并退出清零操作返回测试状态。

开路清零结束后仪器返回测试状态。

10）短路清零

TH2811D 短路清零功能能够消除与被测元件串联的剩余阻抗，如引线电阻或引线电感的影响。按"SHORT"键选择短路清零功能，LCD 显示信息闪烁的"SHORT"字样，用低阻短路片将测试端短路，按"ENTER"键开始短路清零测试，按其他键取消清零操作返回测试状态。TH2811D 对所有频率下各量程自动扫描开路清零测试，LCD 下方显示当前清零的频率和量程号。如果当前测试结果正确，在 LCD 副参数显示区显示"PASS"字符，并且接着对下一个频率或量程进行清零。如果当前清零结果不正确，在 LCD 副参数显示区显示"FAIL"字符，并退出清零操作返回测试状态。

短路清零结束后仪器返回测试状态。

注意：仪器清零过后如改变了测试条件（更换夹具，温湿度环境变化）请重新清零。清零数据保存在非易失性存储器中，在相同测试条件下测试，不需要重新进行清零。

实训 11 数字电桥测试电子元件

1. 实训目的

（1）熟悉 TH2811D 数字电桥的面板装置及其操作方法。
（2）掌握用 TH2811D 数字电桥测 R、L、C 的方法。

2. 实训设备

（1）TH2811D 数字电桥 1 台。

（2）阻值在几欧至几百千欧的电阻若干。
（3）高 Q 和低 Q 的电感器若干。
（4）标称值在几十皮法至几百微法的电容器若干。

3. 实训内容

（1）为保证测量准确度，测量电阻、电感前可进行"短路清零"，测量电容前可进行"开路清零"。

（2）按 PARA 键选择测量参数。

（3）按 FREQ 键设定测量频率。对于电容量较小的电容和电感量较小的电感，要选择较高的频率进行测量。

（4）按 SER/PAR 键选择串并联等效方式。

（5）按 LEVEL 键选择电平。

（6）按 30/100 键选择信号源内阻。

（7）按 SPEED 键选择测量速度。

（8）在测试夹上接入被测元件，按 RANGE 键选择自动和保持量程，即可得被测主副参量的值。将结果填入表 3-6 中。

表 3-6 R、L、C 的测量

元件	标称值	测量值	D 值（或 Q 值）	相对误差
电阻	1 Ω			
	10 Ω			
电容	0.01 μF			
	0.1 μF			
电感	1 μH			
	10 μH			

4. 实训报告

（1）记录实训步骤和实训结果，分析所得数据的正确性。

（2）记录过程中遇到的问题，分析原因和写出解决方法。

5. 思考题

LCR 测试仪适合测量的电子元件有哪些？

知识拓展 4　集成电路（IC）测试仪

1. 集成电路（IC）测试的发展

任何一块集成电路（IC）都是为完成一定的电特性功能而设计的单片模块，集成电路测试的目的就是运用各种方法，检测出那些在制造过程中由于物理缺陷而引起的不符合要求的样品。由于材料本身或多或少的缺陷，以及制作过程中的各种问题，使得无论怎样完美的工程都会产生不良的个体，因而测试也就成为集成电路制造中不可缺少的工程之一，是保证集成电路性能、质量的关键手段。

近 50 年来，随着集成电路的发展，集成电路测试仪也从最初测试小规模集成电路发展到测试中规模、大规模和超大规模集成电路。集成电路测试仪的发展过程大致如下。

第一代始于 1965 年，测试对象是小规模集成电路，可测引脚数达 16 个。用导线连接、拨动开关、按钮插件、数字开关或二极管矩阵等方法，编制自动测试序列，仅仅测量 IC 外部引脚的直流参数。

第二代始于 1969 年，此时计算机的发展已达到适用于控制测试仪的程度，测试对象扩展到中规模集成电路，可测引脚数 24 个，不但能测试 IC 的直流参数，还可用低速图形测试 IC 的逻辑功能。这是一个飞跃。

第三代始于 1972 年，这时的测量对象扩展到大规模集成电路（LSI），可测引脚数达 60 个，最突出的进步是把功能测试图形速率提高到 10 MHz。不但能有效测量 CMOS 电路，也能有效测量 TTL、ECL 电路。此时作为独立发展的半导体自动测试设备（ATE），无论其软件、硬件都相当成熟。

1980 年测试仪进入第四代，测量对象为 VLSI，可测引脚数高达 256 个，功能测试图形速率高达 100 MHz，测试图形深度可达 256 KB 以上。测试仪的智能化水平进一步提高，具备与计算机辅助设计（CAD）连接能力，利用自动生成测试图形向量，并加强了数字系统与模拟系统的融合。自动测试设备（ATE）更趋成熟。

2000 年以后，随着半导体制造业的迅猛发展，大规模数字集成电路的出现，芯片体积不断减小。同时制造成本不断下降，测试所占比重不断增加，占总成本的 35%～50%。此外，测试集成电路时间消费也在增大，约占整个设计周期时间的一半。ATE 的发展很难跟得上芯片的发展步伐（系统时钟、信号精度、存储数据量等），且高性能 ATE 的价格令人望而却步。因此，可测性设计技术（DFT）应运而生，即要求设计工程师在设计集成电路时就考虑到芯片的测试，设计易于测试的集成电路，以降低测试的难度。目前，DFT 测试主要指通过内部扫描测试、内建自测试（BIST）、边界扫描测试和静态电流（IDDQ）测试的方法来测试器件。它基本上不再关心被测器件传统意义上的功能特性，取而代之的是专注于一种有次序的过程，或者早晚会引起器件失效的随机缺陷。基于 DFT 的测试仪平均每引脚的成本大约只占传统测试系统的 1/70 或更小。

2. 超大规模集成电路（VLSI）的测试类型

根据测试的具体目的，VLSI 测试可以分为四种类型：

（1）特性测试（验证测试）：这类型的测试在生产之前进行，目的在于验证设计的正确性，并且器件要满足所有的需求规范。需要进行功能测试和全面的 AC/DC 测试。

（2）生产测试：不考虑故障诊断，只做通过、不通过的判决。主要考虑的因素是测试时间即成本。

（3）老化测试：在实际应用中，通过测试的芯片，有些很快失效，有些则会正常工作很久，老化测试就是通过一个长时间的连续或周期性的测试使不好的器件失效，从而确保通过老化测试后的器件的可靠性。

（4）成品检测：在将采购的器件集成到系统之前，系统制造商进行的测试。

3. ATE 自动测试设备

ATE（Automatic Test Equipment）自动测试设备是根据客户的测试要求、图纸及参考方案，采用 MCU、PLC、PC 基于 VB、VC 开发平台，利用 TestStand & LabVIEW 和 JTAG/Boundary Scan 等技术开发、设计出的各类自动化测试设备。如图 3-24（a）所示为一台 ATE 设备实体，如图 3-24（b）所示为 ATE 设备系统结构。

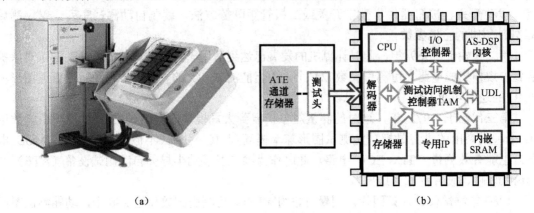

图 3-24 ATE 自动测试设备

装备了 ATE 自动测试设备的系统可以达成以下几项目标：

（1）合并了多种测试手段，并使其成为一个一体化的测试平台及站位。

（2）将整个测试过程完全自动化，让操作人员容易及轻易地将被测器件登上装配架，只需按下"开始"按钮，然后核对测试结果便可。

（3）在大规模生产和测试环境中，提供可信赖和稳定的测试结果。

（4）提供一个测试上下限可改变的、测试功能可选择的测试系统。

（5）提供软件的升级及测试性能提高等功能。

4．数字集成电路测试仪

1）集成电路测试仪的分类

集成电路测试仪按测试门类可分为数字集成电路测试仪、存储器测试仪、模拟与混合信号电路测试仪、在线测试系统和验证系统等。由于这些测试仪的测试对象、测试方法以及测试内容都存在差异，因此各系统的结构、配置和技术性能差别较大。

2）数字集成电路测试仪

数字集成电路处理的都是 0、1 特征的数字电压。数字集成电路的功能主要体现在逻辑关系与时序关系上。其测试可以选用集成电路测试仪进行便捷的测试，也可以选用逻辑分析仪进行仔细的研究。

数字集成电路测试仪采用程序控制测试系统的硬件进行测试，对每个测试项给出"Pass"或"Fail"的结果。Pass 指器件达到或者超越了其设计规格；Fail 则相反，器件没有达到设计要求，不能用于最终应用。测试程序还会将器件按照它们在测试中表现出的性能进行相应的分类，这个过程叫作"Binning"，也称为"分 Bin"。举个例子，一个微处理器如果可以在 150 MHz 下正确执行指令，会被归为最好的一类，称之为"Bin 1"；而它的某个兄弟产品，只能在 100 MHz 下做同样的事情，性能比不上它，但是也不是一无是处应该扔掉，还有可以应用的领域，则也许会被归为"Bin 2"，供给只要求 100 MHz 的客户。

下面以能够测试一般数字电子技术教材中所介绍的 TTL54/74 系列集成电路的 ICT-33 数字集成电路测试仪为例，介绍数字集成电路测试仪的使用。

（1）ICT-33 测试内容

ICT-33 可测器件包含以下各大系列：

① TTL74、54 系列。

② TTL75、55 系列。

③ CMOS40、45、14 系列。

④ 单片机系列。

⑤ EPROM、EEPROM、RAM、FLASHROM 系列。

⑥ 光耦合器、数码管系列。

⑦ 常用微机外围电路系列。

⑧ 运算放大器系列（单运放、双运放、四运放）。

⑨ 三端稳压器系列（78××、79××、317、337）。

（2）ICT-33 测试仪面板

ICT-33 测试仪面板图如图 3-25 所示。

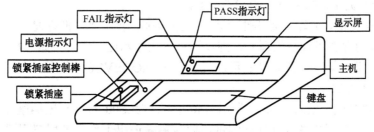

图 3-25　ICT-33 测试仪面板图

（3）操作键功能

①"代换查询"键为功能键。至少输入三位型号数字后，输入该键才能被仪器接受。

②"好坏判别/查空"键为复合功能键。若输入的型号为 EPROM 器件型号，则它使仪器对被测器件进行查空操作；在其他型号时，它使仪器对被测器件进行好坏判别。若第一次按下了数字键，则至少要输入型号的三位数字后，输入该键才能被接受；若在没有输入器件型号的时候输入该键，则仪器将按前一次输入的器件进行测试。此功能用于测试多只相同的器件。

③"型号判断"键为功能键，在未输入任何数字的前提下输入该键才有效。

④"编辑/退出"键为功能键，它使仪器进入或退出数据编辑状态。

⑤"老化/比较"键为复合功能键，当输入型号为 EPROM、EEPROM 时，该键的功能是将被测器件内部的数据与仪器内部的数据进行比较；在其他型号时，该键使仪器对被测器件进行连续老化测试。

（4）ICT-33 测试仪的操作步骤

① 打开电源。接通电源，"POWER"指示灯亮。锁紧插座上不能放有集成块，否则将会损坏该集成块，仪器自检将失效。

② 仪器自检。接通电源后，仪器自动进入自检过程，以指示仪器的状态是否正常。

③ 锁紧被测器件。把被测器件正确插放在插座上，并扳动操作杆锁紧被测器件。

④ 完成相应操作。根据要完成芯片的测试功能，进行相应操作。

（5）ICT-33 数字集成电路测试仪的使用

① 器件好坏判别。自检正常后，显示 PLEASE；输入 7400，显示 7400；确认无误后，将被测器件 74LS00 放上锁紧插座，并锁紧，如图 3-26 所示；按下"好坏判别"键：

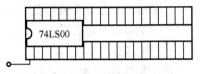

图 3-26 被测器件的锁紧图

若显示 PASS，并伴有高音提示，表示器件逻辑功能完好，黄色 LED 灯点亮；若显示 FAIL，同时有低音提示，表示器件逻辑功能失效，红色 LED 灯点亮。

② 器件型号判别。将被测器件插于锁紧插座并锁紧，按"型号判别"键，仪器显示 P，请用户输入被测器件引脚数目，如有 14 只脚，即输入 14，仪器显示 P14；再按"型号判别"键：

若被测器件功能完好，并且其型号在本仪器容量以内，此时仪器直接显示被测器件的型号，如 7400；若被测器件已损坏，或其型号不在本仪器测试容量以内，仪器将显示 OFF，并伴有低音提示，随后再显示 PLEASE。

③ 器件代换查询。先输入元器件的型号，如 7400，再按"代换查询"键：

若在各系列内存在可代换的型号，则仪器将依次显示这些型号，如 7403，以后每按一次"代换查询"键，就换一种型号显示，直至显示 NODEVCE；若不存在可代换的型号，则直接显示 NODEVCE。

④ 器件老化测试。输入 7400，显示 7400；将 74LS00 放上锁紧插座并锁紧，按"老化"键，仪器即对被测器件进行连续测试。此时键盘退出工作，若用户想退出老化测试状态，只要松开锁紧插座即可，此时仪器将显示 FAIL，同时键盘恢复工作。

3.3 半导体器件测量基础

半导体具有热敏性、光敏性和掺杂性。利用半导体的不同特性，可制成各种不同性能、不同用途的半导体器件。半导体器件由于具有体积小、寿命长、耗电少、工作可靠等优点而得到广泛应用，成为各种电子电路的重要组成部分。半导体分立器件有晶体二极管、双极型晶体管、场效晶体管、闸流晶体管（晶闸管）和光电子器件等种类。需要专门的测试电路和设备，才能进行正确而有意义的测量。

3.3.1 半导体二极管的主要参数与测量

1. 二极管的主要参数

二极管的根本特性是单向导电性。根据制作材料和功能的不同，二极管分成很多种类，典型的有开关二极管、整流二极管、检波二极管、稳压二极管、发光二极管、变容二极管等。决定二极管性能的主要参数有以下几个。

（1）最大整流电流 I_{FM}

最大整流电流是指管子长期运行时，允许通过的最大正向平均电流。电流太大，发热量超过限度，会使 PN 结烧坏。

（2）最高反向工作电压 U_{RM}

反向击穿电压是指管子在电路中工作时容许承受的最大反向电压值。击穿时，反向电流剧增，使二极管的单向导电性被破坏，甚至会因过热而烧坏。

（3）反向饱和电流 I_R

在室温下，二极管未击穿时的反向电流值称为反向饱和电流。该电流越小，管子的单向导电性能就越好。

（4）最高工作频率 f_M

最高工作频率 f_M 是指二极管正常工作时的上限频率。

（5）直流电阻 R

直流电阻 R 指二极管两端所加直流电压与流过它的直流电流之比。良好的二极管的正向电阻约为几十欧姆到几千欧姆；反向电阻大于几十千欧到几百千欧。

（6）交流电阻 r

交流电阻 r 指二极管伏安特性曲线工作点 Q 附近电压变化量与相应电流变化量之比。

（7）极间电容

二极管是点接触型或面接触型器件，两电极之间存在电容效应。低频工作时，极间电容较小，可忽略；高频工作时，电容效应会影响其交流阻抗，故必须考虑其影响。

2. 二极管的测量

1）用模拟式万用表测量

模拟式万用表测量二极管时，红表笔置于面板上"＋"端口，黑表笔置于面板上"＊"端口。此时，红表笔连接万用表内部电池的负极，黑表笔连接内部电池的正极。

测量小功率二极管时，万用表置"×100"挡或"×1 kΩ"挡。注意，万用表的"×1 Ω"挡输出电流过大，"×10 kΩ"挡输出电压过大，两者都可能损坏被测二极管，应慎用。

（1）正、反向电阻的测量

挡位选择好后，将表笔接触被测二极管，得到一阻值；接着对调表笔进行同样的测量，得到另一阻值，即获得二极管的正、反向电阻值。其中，万用表指示的较小阻值为二极管的正向电阻，指示值较大的为二极管的反向电阻。两次阻值的差值越大二极管性能越好。通常小功率锗二极管正向电阻值为 300～500 Ω，硅管为 1 kΩ 或更大些。锗管反向电阻为几十千欧，硅管反向电阻在 500 kΩ 以上（大功率二极管的数值要小得多）。

（2）极性的判别

极性判别的依据是二极管正向电阻小、反向电阻大的特性。测出正、反向电阻后，阻值较小的那次，黑表笔所接引脚为二极管的正极，红表笔所接引脚为二极管的负极。若两次测得阻值都很小，说明二极管内部已击穿；若两次测得阻值都很大，说明二极管内部已断路。

2）用数字式万用表测量

一般数字式万用表都有二极管测试挡，其测试原理与模拟式万用表完全不同，它将二极管作为分压器来检测。数字式万用表红表笔连接万用表内部电池的正极，黑表笔连接内部电池的负极。当数字式万用表的红、黑表笔分别与二极管的正负极相接时，二极管正向导通，万用表显示二极管的正向导通电压。若红、黑表笔对调，则二极管反向偏置，万用表显示为溢出。硅二极管的正向压降一般为 0.6~0.7 V，锗二极管的正向压降一般为 0.1~0.3 V，通过测量二极管的正向导通电压，就可以判别被测二极管的管型。

3）用晶体管特性图示仪测量

详见后续章节。

3.3.2 半导体三极管的主要参数与测量

半导体三极管内部含有两个 PN 结，外部有三个电极。在电路中起到放大小信号的作用和控制大信号（开关作用）的传递，被广泛应用于各种电子电路中。三极管的种类很多，按结构类型分为 NPN 型和 PNP 型，按制作材料分为硅管和锗管，按工作频率分为高频管和低频管，按功率大小分为大功率管、中功率管和小功率管，按工作状态分为放大管和开关管。

1. 三极管的主要参数

表征晶体三极管性能的电参数很多，主要分为两大类，一类是运用参数，表明三极管在一般工作时的参数，包括电流放大系数、截止频率、极间反向电流等；另一类是极限参数，表明三极管的安全使用范围，包括击穿电压、集电极最大允许电流、集电极最大耗散功率等。

（1）直流电流放大系数 $\bar{\beta}$

直流电流放大系数 $\bar{\beta}$ 定义为集电极直流电流 I_{CQ} 与基极直流电流 I_{BQ} 的比值。

（2）交流电流放大系数 β

交流电流放大系数 β 定义为放大电路工作时，集电极电流的变化量 ΔI_C 与基极的变化量 ΔI_B 之比。

（3）穿透电流 I_{CEO}

穿透电流 I_{CEO} 是基极 b 开路，集电极 c 与发射极 e 间加反向电压时的集电极电流。硅管的 I_{CEO} 在几微安以下。

（4）反向击穿电压 $U_{BR(CEO)}$

反向击穿电压 $U_{BR(CEO)}$ 是指基极 b 开路时，加在集电极 c 与发射极 e 之间的最大允许电压。使用中如果管子两端的电压 $U_{CE} > U_{BR(CEO)}$，集电极电流 I_C 将急剧增大，即发生击穿现象。

（5）集电极最大允许电流 I_{CM}

晶体管的集电极电流 I_C 在相当大的范围内 β 值基本保持不变，但当 I_C 的数值大到一定程度时，电流放大系数 β 值将下降。使 β 值下降到额定值的 1/3 时的 I_C 即为 I_{CM}。为了使三极管在放大电路中能正常工作，I_C 不应超过 I_{CM}。

（6）集电极最大允许功耗 P_{CM}

晶体管工作时，集电极电流在集电结上将产生热量，其所消耗的功率就是集电极的功耗 P_C。集电极上允许消耗功率的最大值即为 P_{CM}。

2. 三极管的测量

1）用模拟式万用表测量

（1）基极和管型的判定

三极管内部有两个 PN 结（发射结、集电结），基极是两 PN 结的公共端。利用 PN 结的单向导电性，可以找出三极管的基极，并判断其管型（NPN、PNP）。

模拟式万用表置"×1 kΩ"挡或"×100 Ω"挡，红、黑表笔插入"+"、"*"插孔。先假设三极管的一个引脚为基极，将万用表黑表笔固定在此引脚，红表笔分别接另外两个引脚，得到两个阻值。若阻值都很小，则假设正确，黑表笔所接是基极，此三极管为 NPN 型。若出现阻值都很大，或一大一小，则需重新假设基极，再测试。三个引脚都假设后若没有出现两次阻值都小的情况，则该管不是 NPN 型，可能是 PNP 型。接着用红表笔接假设的基极，黑表笔去接其他两个引脚，直到出现两次阻值都小的情况，此时假设正确，红表笔所接为基极，此管为 PNP 型。

（2）发射极和集电极的判断

三极管发射极的杂质浓度比集电极高，因此三极管正常运用时的 β 值比倒置运用时大得多。例如，NPN 型三极管可按图 3-27 所示方法来判定发射极和集电极。

将假设的发射极和集电极接入电路，在假设的集电极和基极之间接一个 100 kΩ 电阻。当假设正确时，接入瞬间万用表指针会发生明显摆动。反之，在发射极和集电极倒置的情况下，万用表的指针摆动幅度小，因为偏置电压不符合要求。

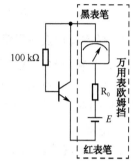

图 3-27 用模拟式万用表判定三极管的 c、e 极

2）用数字式万用表测量

用与模拟式万用表相类似的方法，通过测试两个 PN 结，来判定三极管的管型和基极。一般的数字式万用表都有专门的三极管测试挡位 h_{fe}。已知管型后，将三极管插入相应测试孔，万用表直接显示 β 值。当三极管引脚和万用表测试插孔接触正确时，三极管处于放大状态，β 值较大。此时，可从万用表测试孔的标记来确定三极管的集电极和发射极。

3）用晶体管特性图示仪测量

万用表只能估测三极管的好坏，而晶体管特性图示仪可以测得三极管的多种特性曲线和相应参数，更直观地判断三极管的性能。详见后续章节。

3.3.3 晶体管特性图示仪的工作原理与使用

晶体管特性图示仪（简称图示仪）是一种能在示波管屏幕上直接观察和测试晶体管和场效应管等半导体器件特性曲线和直流参数的仪器。它能够直接显示共射、共基、共集接法的器件输入特性、输出特性和正向转移特性等，还可以同时显示两个同类器件的特性曲线，以便挑选配对；实现对分立电子器件的直观、全面和精确的测量，但它不能进行半导体器件高频参数的测量。

1. 逐点测量法

模拟电子技术中，按照如图 3-28 所示的实验电路，采用逐点测量法（静态测量法）测量晶体三极管的输出特性曲线。先调节 E_B，固定一个 I_B，逐步改变 E_C，可测得一组 u_{CE} 和 i_C 值；再改变基极电流 I_B，重复上述过程，可测得多组数据。选取合适的坐标，绘制三极管的输出特性曲线。

逐点测量法操作烦琐，耗时长，不直观。尤其对晶体管极限参数的测量，容易损坏晶体管。采用图示仪法（动态测量法）测量晶体管的特性曲线，不仅直观、快捷，而且测量精度大大提高。

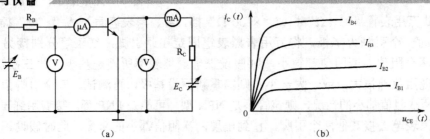

（a） （b）

图 3-28　晶体三极管输出特性曲线及逐点测量法示意图

2. 晶体管特性图示仪的工作原理

晶体管特性图示仪主要由阶梯波发生器、集电极扫描信号源、测试变换电路和示波管组成，如图 3-29 所示。用阶梯波信号代替逐点测量法中提供基极电流的可调直流电源 E_B，用集电极扫描电压代替可调直流电源 E_C。为显示 I_C 与 U_{CE} 的关系曲线，将 U_{CE} 送至 X 放大器，把 I_C 经取样电阻取得的电压送入 Y 放大器，显示屏上显示如图 3-28（b）所示的输出特性曲线，实现特性曲线的自动测量。

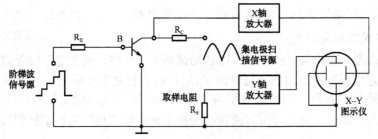

图 3-29　晶体管特性图示仪组成框图

阶梯波电压每上升一级，相当于改变一次 I_B 的值。集电极电压采用 50 Hz 交流电的全波整流电压（100 Hz 脉动电压），U_{CE} 自动从零增至最大值，然后又降至零。每一个扫描电压周期，光点在屏幕上往返一次，描绘出一条曲线。只要集电极扫描电压的变化和基极电流变化同步，如图 3-30（a），（b）所示，即能获得稳定的曲线。改变阶梯波的级数即可改变现实曲线的数目。由于测试时加在晶体管上的是脉动电压，最大值仅作用瞬间，故被测晶体管不易损坏，测试方式安全可靠。

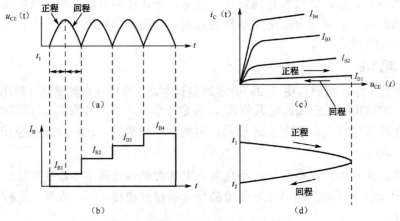

图 3-30　晶体管特性图示仪各点波形

3. XJ4810 型晶体管特性图示仪的技术指标与使用

下面以 XJ4810 型晶体管特性图示仪为例,来讲解晶体管特性图示仪的使用方法。

1)主要技术指标

XJ4810 型晶体管特性图示仪的主要技术指标如下。

(1)集电极扫描信号

输出电压范围及电流容量:0~5V/10 A、 0~10 V/5 A、0~50 V/1 A、0~100 V/0.5 A 和 0~500 V/0.1 A。

(2)基极阶梯信号

阶梯电流:0.2 μA/级~50 mA/级,分 17 挡;

阶梯电压:0.05~1 V/级,分 5 挡。

(3)Y 轴偏转系数

集电极电流:10 μA/div~0.5 A/div,分 15 挡;

二极管电流:0.2~5 μA/div,分 5 挡;

倍率 ×0.1。

(4)X 轴偏转系数

集电极电压:0.05~50 V/div,分 10 挡;0.05~1 V/div,分 5 挡。

(5)二簇显示

二簇曲线左右分列显示并可左右位移。

2)面板结构

XJ4810 型晶体管特性图示仪面板图如图 3-31 所示。面板说明如下。

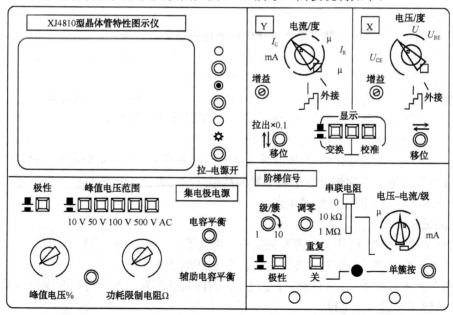

图 3-31 XJ4810 型晶体管特性图示仪面板图

(1)电源及示波管控制部分

聚焦、辅助聚焦、辉度及电源开关。

(2) 集电极电源

"峰值电压范围"按键：选择集电极电源最大值。

"峰值电压%"旋钮：使集电极电源在确定的峰值电压范围内连续变化。

"+、−"极性选择按键：按下时集电极电源极性为负，弹起时为正。

"电容平衡"、"辅助电容平衡"旋钮：当 Y 轴为较高电流灵敏度时，调节两旋钮使仪器内部容性电流最小，使荧光屏上的水平线基本重叠为一条。

"功耗限制电阻Ω"旋钮：该旋钮用于改变集电极回路电阻的大小。测量被测管的正向特性时应置于低阻挡，测量反向特性时应置于高阻挡。

(3) Y 轴部分

"电流/度"旋钮：测量二极管反向漏电流 I_R 及三极管集电极电流 I_C 的量程开关。

"移位"旋钮：除做垂直移位外，兼做倍率开关，拉出时，指示灯亮，Y 轴偏转灵敏度为原来的 1/10。

"增益"旋钮：调整 Y 轴放大器的总增益。

(4) X 轴部分

"电压/度"旋钮：U_{CE} 及 U_{BE} 的量程开关。

"增益"旋钮：调整 X 轴放大器的总增益。

(5) 显示部分

"变换"按键：同时变换集电极电源及阶梯信号的极性，简化 NPN 型管与 PNP 型管测试时的操作。

"⊥"按键：按下时，可使 X、Y 轴放大器的输入端同时接地，以确定零基准点。

"校准"按键：校准 X 轴及 Y 轴放大器增益。

(6) 阶梯信号

"电压−电流/级"旋钮：确定每级阶梯电压或电流值。

"串联电阻"开关：改变阶梯信号与被测管输入端之间所串接的电阻大小，但只有当"电压−电流/级"开关置于电压挡时，本开关才起作用。

"级/簇"旋钮：调节阶梯信号一个周期的级数，可在 1～10 级之间连续调节。

"调零"旋钮：调节阶梯信号起始级电平，正常时该级为零电平。

"+、−"极性按键：确定阶梯信号的极性。

"重复−关"按键：弹起时，阶梯信号重复出现；按下时，阶梯信号处于待触发状态。

"单簇按"按钮：阶梯信号处于调节好的待触发状态时，按下该按钮，指示灯亮，阶梯信号出现一次，然后又回至待触发状态。

(7) 测试台

测试台结构如图 3-32 所示，各开关旋钮作用如下。

"左"、"右"按键：按下时，接通左边、右边的被测管。

"二簇"按键：按下时，自动交替接通左、右两只被测管，此时可同时观测到两管的特性曲线，以便对它们进行比较。

"零电压"、"零电流"按钮：按下时，分别将被测管的基极接地、基极开路，后者用于测量 I_{CEO}、BU_{CEO} 等参量。

3）使用注意事项

（1）为保证仪器精确测量，开机预热时间应不少于 15 min。调节辉度、聚焦、辅助聚焦等旋钮，使屏幕上的亮点或线条清晰。

（2）X、Y 灵敏度校准。将"峰值电压%"旋钮选为 0，屏幕上的亮点移至左下角，按下显示部分中的校准按键开关，此时亮点应准确地跳至右上角。否则，应调节 X 轴或 Y 轴的增益旋钮来校准。

（3）对被测管的主要直流参数应有一个大概的了解和估计，特别要了解被测管的集电极最大允许耗散功率 P_{CM}、最大允许电流 I_{CM} 和击穿电压 BU_{EBO}、BU_{CBO}。

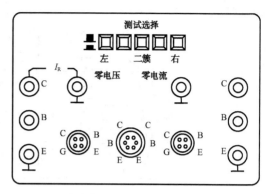

图 3-32　测试台结构

（4）选择好扫描和阶梯信号的极性，以适应不同管型和测试项目的需要。当测试中要用到阶梯信号时，必须先进行阶梯调零。

（5）根据所测参数或被测管允许的集电极电压，选择合适的扫描电压范围。一般情况下，应先将峰值电压调至零，更改扫描电压范围时，也应先将峰值电压调至零。选择一定的功耗电阻，测试反向特性时，功耗电阻要选大一些，同时将 X、Y 偏转开关置于合适挡位。测试时扫描电压应从零逐步调节到需要值。

（6）测试 MOS 型场效应管时，注意不要使栅极悬空，以免感应电压过高击穿被测管。

（7）在进行 I_{CM} 的测试时，一般采用单簇为宜，以免损坏被测管。测试中，应根据集电极电压的实际情况选择，不应超过本仪器规定的最大电流、电压范围。

（8）进行高压测试时，应特别注意安全，电压应从零逐步调节到需要值。观察完毕，应及时将峰值电压调到零。

（9）测试完毕后，使仪器复位，以防下次使用时因疏忽而损坏被测器件。此时应将"峰值电压范围"置于（0~10 V）挡，"峰值电压%"旋钮旋到零位，阶梯信号选择开关置于关挡，"功耗限制电阻"置于 10 kΩ 以上位置。

实例 3-2　用 XJ4810 型晶体管特性图示仪测试 NPN 型三极管 9013 特性参数：（1）输出特性曲线的测试，并读出直流电流放大系数 $\bar{\beta}$；（2）测试交流电流放大系数 β。

解　主要测试步骤如下。

（1）判明晶体管引脚（b、c、e），将测试开关置于单管测试挡位，将晶体管插入测试台中管座内。

（2）峰值电压范围置于 0~20 V 挡，使扫描电压在 0~20 V 之间可调。

（3）极性设置为正（+）。

（4）功耗电阻设置为 250 Ω。

（5）X 轴集电极电压设置为 1 V/度。

（6）Y 轴集电极电流设置为 1 mA/度。

（7）阶梯选择基极电流设置为 10 μA/度。

（8）调节级/簇旋钮，逐渐加大峰值电压，使屏幕显示完整稳定的多簇曲线，如图 3-33

(a) 所示。

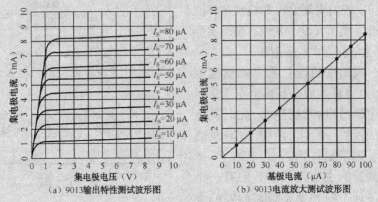

(a) 9013输出特性测试波形图　　(b) 9013电流放大测试波形图

图 3-33　晶体管特性图示仪测试三极管特性

在图 3-33（a）中，任取一条测试线，读出 X 轴集电极电压 $U_{CE}=5\,\text{V}$ 时的集电极电流 I_C 和基极电流 I_B 的值，计算出直流电流放大系数 $\bar{\beta}$。如 $I_B=60\,\mu\text{A}$ 时的 $I_C=6.3\,\text{mA}$，则

$$\bar{\beta}=\frac{I_C}{I_B}=\frac{6.3\,\text{mA}}{60\,\mu\text{A}}\approx 105$$

上述操作步骤中，将 X 轴选择开关放在"基极电流"位置，可得到如图 3-33（b）所示的电流放大特性曲线。选择一对曲线，如第 4、第 6 两条，读出第 4 条曲线所对应的 I_{B1}、I_{C1}，第 6 条曲线所对应的 I_{B2}、I_{C2}，则可计算交流电流放大系数 β，有

$$\beta=\frac{\Delta I_C}{\Delta I_B}=\frac{I_{C2}-I_{C1}}{I_{B2}-I_{B1}}=\frac{(5.1-3.2)\,\text{mA}}{(60-40)\,\mu\text{A}}\approx 95$$

同理，在图 3-33（a）中，也可以选取一对曲线，计算其交流电流放大系数。

实训 12　用晶体管特性图示仪测试半导体器件

1. 实训目的

（1）熟悉 XJ4810 型图示仪的面板装置及其操作方法。

（2）会测量二极管的正、反向特性，三极管的输入特性、输出特性及主要参数（不包括频率参数）。

2. 实训设备

（1）XJ4810 型晶体管特性图示仪 1 台。

（2）元器件若干（普通二极管、稳压二极管、NPN 型三极管、PNP 型三极管）。

3. 实训内容和步骤

1) 基本操作步骤

（1）按下电源开关，指示灯亮，预热 15 min 后，即可进行测试。

（2）调节辉度、聚焦及辅助聚焦，使光点清晰。对 X、Y 轴放大器进行 10 度校准。

（3）将峰值电压旋钮调至零，插上被测晶体管。

（4）峰值电压范围、极性、功耗电阻等开关置于测试所需位置。

(5) 调节阶梯调零。

(6) 选择需要的基极阶梯信号，将极性、串联电阻置于合适挡位，调节级/簇旋钮，使阶梯信号为 10 级/簇，阶梯信号置重复位置。

(7) 缓慢地增大峰值电压，荧光屏上即有曲线显示。

2）实验内容

(1) 二极管正向伏安特性曲线的测试（参考型号 1N4148）

按表 3-7 设置仪器，将测试图形绘制在表内。

表 3-7　二极管正向伏安特性曲线测试

部　件	置　位	部　件	置　位
峰值电压范围	0～10 V	Y 轴集电极电流	2 mA/度
集电极极性	+		
功耗电阻	1 kΩ		
X 轴集电极电压	0.2 V/度		

描绘曲线图：

(2) 稳压管反向伏安特性曲线的测试（参考型号 5.1 V 稳压管）

按表 3-8 设置仪器，将测试图形绘制在表内，填写稳压值。

表 3-8　稳压管反向伏安特性曲线测试

部　件	置　位	部　件	置　位
峰值电压范围	0～10V	Y 轴集电极电流	1 mA/度
集电极极性	+		
功耗电阻	1 kΩ		
X 轴集电极电压	1 V/度		

描绘曲线图：　　　　　　　　　　　　稳压值：

（3）NPN 型半导体三极管的 I_C—U_{CE} 特性曲线测试（共发射极接法，参考型号 9013）

按表 3-9 设置仪器，将测试图形绘制在表内，填写直流电流放大系数和交流电流放大系数。

表 3-9　半导体三极管输出特性曲线测试

部　件	置　位	部　件	置　位
峰值电压范围	0～20 V	Y 轴集电极电流	1 mA/度
集电极极性	+	阶梯信号	重复
功耗电阻	250 Ω	极性	+
X 轴集电极电压	1 V/度	阶梯电流	10 μA/级
描绘曲线图：		直流电流放大系数： 交流电流放大系数：	

（4）NPN 型半导体三极管的 h_{FE} 测试（共发射极接法，参考型号 9013）

按表 3-10 设置仪器，将测试图形绘制在表内，填写交流电流放大系数。

表 3-10　半导体三极管 h_{FE} 的测试

部　件	置　位	部　件	置　位
峰值电压范围	0～20 V	Y 轴集电极电流	1 mA/度
集电极极性	+	阶梯信号	重复
功耗电阻	250 Ω	极性	+
X 轴	基极电流	阶梯电流	10 μA/级
描绘曲线图：		交流电流放大系数：	

(5) NPN 型半导体三极管双管特性曲线比较（共发射极接法，参考型号 9013）

按表 3-11 设置仪器，将测试图形绘制在表内。

表 3-11 半导体三极管双管特性曲线比较

部 件	置 位	部 件	置 位
峰值电压范围	0～20 V	Y 轴集电极电流	1 mA/度
集电极极性	+	阶梯信号	重复
功耗电阻	250 Ω	极性	+
X 轴集电极电压	1 V/度	阶梯电流	10 μA/级
测试选择	双簇		

描绘曲线图：

4. 实训报告

（1）记录实训步骤和实训结果，分析所得数据的正确性。

（2）记录过程中遇到的问题，分析原因和写出解决方法。

5. 思考题

（1）NPN 型与 PNP 型三极管特性的测量有何不同？

（2）测量普通二极管的反向特性时应该注意些什么？

知识拓展 5 在线测试仪（ICT）

随着电子制造业的迅猛发展，印制电路板组件（Printed Circuit Board Assembly，PCBA）向着大型、高密度方向发展。芯片的体积越来越小，PCB 密度越来越大，电路的开关速度越来越快，信号的工作频率越来越高。未来，具有更小元件和更多节点数的更大型电路板可能会不断出现。所有这些因素相互交织，增加了 PCB 的测试难度。

"在线测试"概念是 1959 年美国 GE 公司为检查生产的印制电路板而提出的，英文"In Circuit Test"是指在线路板上测试。在线测试仪（ICT）可以在很短的时间内，以很高的准确率发现元件安装过程引起的焊接短路、开路以及元件插装差错、插装方向差错、元件数值超出误差等。扩展的在线检测仪还可以验证电路的运行功能，特别适用于大规模、多品种产品的生产检测。在线测试仪的使用极大地提高了生产效率，降低了生产成本和维修成

电子测量与仪器

本,是现代电子产品生产企业必备的 PCBA 质量测试设备。

1. 在线测试仪通用功能

在线测试仪一般具有以下通用功能。

(1) 能够在短短数秒内,全检出 PCBA 上的电阻、电容、电感、晶体管、FET、LED、光耦器件、变压器、继电器、集成电路等元器件是否在设计规格内运作。

(2) 能够先期找出制程不良所在,如线路短路、断路、组件漏件、反向、错件、空焊等不良问题,覆盖约 90%的故障率;及时反映生产制造状况,以便及时改善制程。

(3) 能够将所有故障和不良资讯通过打印机打印出测试结果,包括故障位置、元件标准值和测试值等,供维修人员参考;可降低维修人员对产品技术的依赖度,不需了解产品线路照样具有维修能力。

(4) 能够将测试的不良资讯进行统计,供生产管理人员分析,找出包括人为因素在内的各种不良现象的产生原因;从材料、设备、工艺、管理等各个方面进行解决、完善和指正,使得电路板的品质得以提升。

有的 ICT 还具有电路板功能测试,检测表面贴装组件(Surface Mount Assemblys,SMA)的运行功能是否正常,并以功能是否具备而决定基板通过和不通过。可分为模拟电路功能检测和数字电路功能检测两种,故障检测率为 80%~98%。

2. 在线测试仪的基本结构

在线测试仪是一台由微机控制的自动检测设备。下面以 SRC6001 型在线测试仪为例,说明在线测试仪的一般构成。如图 3-34 所示,在线测试仪硬件架构一般由计算机主机、显示器、气动头、开关板、信号分配板、针床、打印机等构成;软件架构一般由开机自检程序、调试程序、编辑程序、测试程序、数据转换程序、统计程序等构成。

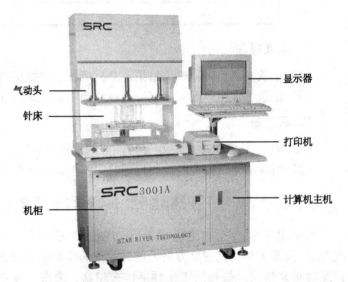

图 3-34 在线测试仪的一般组成

3. 部分显示界面展示

针对不同的测试,在线测试仪能以清晰的界面显示测试内容和测试结果。图 3-35 所示的显示界面,真实地还原了 PCBA 的元器件布局和焊接质量。

在线测试仪能够对电路板上的元器件参数进行有效的隔离,如同若干块功能强大的万用表分别对 PCB 上的元件进行测试,然后将测试结果与预先存储在计算机内的数据进行比较,得出结果是"PASS"还是"NG",即通过/不通过的结论。图 3-36 所显示的是短路测试和开路测试内容,以及"PASS"的检测结果。

项目3　简单电子产品的制作与调试

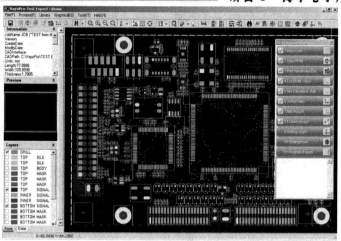

图 3-35　在线测试仪的显示界面 1

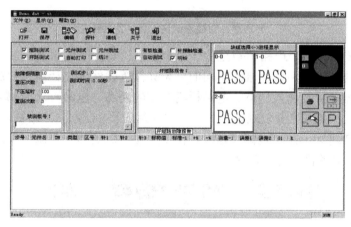

图 3-36　在线测试仪的显示界面 2

功能强大的在线测试仪还能通过 PCB 图和原理图的互动查询，实现板级故障快速诊断及维修，如图 3-37 所示，检测出某个故障电阻在原理图中的位置。

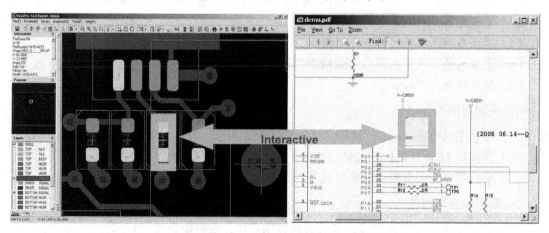

图 3-37　在线测试仪的显示界面 3

图 3-38 是两幅在线测试仪的统计界面图。统计结果在电子产品的品质管控中起着重要作用。技术人员可以从统计数据中发现制程中的问题,并及时解决问题。

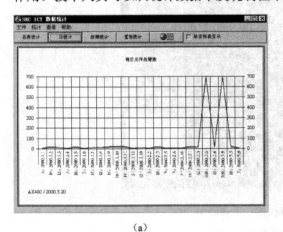
(a)

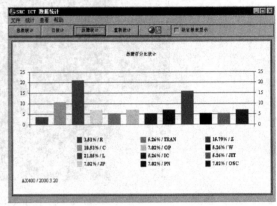
(b)

图 3-38 在线测试仪的显示界面 4

在线测试仪要求每一个电路节点至少一个测试点,每一个测试点要放置一根探针,这就要求针对不同的电路板,设计制作不同的针床夹具等硬件,设计不同的测试数据库和测试程序。随着元器件封装越来越小、电路板集成度的提高、电路板功能越来越强大,以及多层板的使用,ICT 测试仪开发难度加大,开发周期延长,制造费用增高。故 ICT 测试仪适用于大规模生产现场。在线测试仪是现代化生产品质保证的重要测试手段之一,正向着高测速、多功能、自动化方向不断发展。

项目实施 3　简易金属探测器制作与调试

工作任务单:

(1) 制订工作计划。
(2) 熟悉分立元件构成的简易金属探测器的工作原理。
(3) 设计布线图(可以先设计制作 PCB,然后安装;也可以用多孔板制作)。
(4) 完成元器件的测量与筛选。
(5) 根据布线图制作实物。
(6) 完成简易金属探测器的功能检测和故障排除。
(7) 编写项目实训报告。

1. 实训目的

(1) 熟悉来料检验(IQC)过程。
(2) 掌握用 LCR 测试仪、晶体管特性图示仪检验电子元器件。
(3) 掌握简易金属探测器的安装技能和调试技能。

2. 实训设备与器件

(1) 实训设备:LCR 测试仪、晶体管特性图示仪、恒温电烙铁。
(2) 实训器件:金属探测器材料套件。

3. 电路工作原理

金属探测仪是一种专门用来探测金属的仪器，不仅可以探测埋藏在地下的金属物体，还可以用来探测隐蔽在墙壁内的电线、埋在地下的水管和电缆，甚至能够地下探宝。电路原理图如图3-39所示，实物参考图见图3-40。

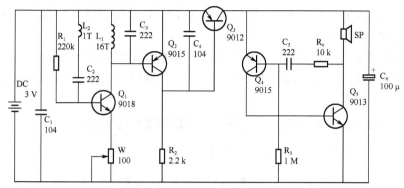

图3-39 简易金属探测器电路图

Q_1、L_1、L_2、C_2、C_3、R_1、W组成高频振荡电路，调节电位器W，可以改变振荡增益，使振荡器处于临界振荡状态（刚好起振）。Q_2、Q_3组成检测电路，电路正常振荡时，Q_2导通，Q_3截止。当探测线圈L_1靠近金属物体时，会在金属导体中产生涡电流，使振荡回路中的能量损耗增大，正反馈减弱，处于临界态的振荡器振荡减弱，甚至无法维持振荡所需的最低能量而停振，使Q_2截止，Q_3导通，给Q_4、Q_5组成的音频振荡电路供电，使其工作，推动蜂鸣器发声。根据蜂鸣器是否鸣叫，可以判断探测线圈下面是否存在金属物体。

4. 元器件测量与筛选

根据元器件清单，清点元器件。按元器件性能参数要求测量和筛选元器件，测量结果填入表3-12。

表3-12 元器件检测表

序号	配图号	规格和型号	数量	测量值	是否合格
1	R_1	220 kΩ	1		
2	R_2	2.2 kΩ	1		
3	R_3	1 MΩ	1		
4	R_4	10 kΩ	1		
5	C_1、C_4	0.1 μF	2		
6	C_2、C_3、C_5	2200 pF	3		
7	C_6	100 μF	1		
8	L_1	16 T	1		
9	L_2	1 T	1		
10	W	100	1		
11	Q_1	9018	1		
12	Q_2、Q_4	9015	2		
13	Q_3	9012	1		
14	Q_5	9013	1		
15	SP	蜂鸣器	1		

图3-40 金属探测器实物参考图

5. 金属探测器制作与调试

L_1、L_2 可以通过印制板蚀出线圈，也可以通过 $\phi 0.41$ mm 的漆包线在 $\phi 40$ mm 的圆棒上分别缠绕 1 圈和 16 圈制成。

制作完成，调试电路，使电路远离金属时不发声，靠近金属时应该发声。若远离金属不能停止发声，应该把电位器逆时针方向调一点点再试，直到满足要求为止。适当改变 C_5 的容量可以改变发声的频率。

若不能实现探测金属的功能，应查找并排除故障。先判断故障范围，是高频振荡部分电路，还是检测电路，或音频振荡电路出现问题，然后再检查相应元器件和线路，直到制作成功。

6. 整理相关资料，完成电路的制作与调试并填写项目训练报告

金属探测器制作与调试项目报告见表 3-13。

表 3-13　金属探测器制作与调试项目报告

项目名称					
测量仪器	名　称			型号规格	编号
仪器设备					
元器件测量与筛选	配图号	规格和型号	数量	测量值	结　论
金属探测器调试	调试步骤				结　论
备　注	若有故障，请在调试结论中进行故障描述，并设法排除故障				
操作人：					日期：

7. 项目考核

项目考核表如表 3-14 所示。

表 3-14 项目考核表

评价项目	评价内容	配分	教师评价	学生评价		总 分
				互评	自评	
工作态度	（1）工作的主动性、积极性； （2）操作的安全性、规范性； （3）遵守纪律情况	10 分				师评 50%+互评 30%+自评 20%
元器件的检测	用 LCR 测试仪、晶体管特性图示仪、数字万用表等仪器检测元器件的质量，筛选不良元器件	20 分				
电路的安装	（1）安装图的绘制情况； （2）电路的安装情况	30 分				
功能测试和故障分析	（1）电路功能验证； （2）按不同情况分析故障现象，并排除故障	30 分				
5S 规范	整理工作台，离场	10 分				
合计	—	100 分				

自评人：　　　　　　互评人：　　　　　　教师：

日期：

知识梳理与总结

（1）电子元器件是构成电子电路系统、电子整机的基础，主要分为电子元件、半导体器件、集成电路器件。

（2）电阻的测量有伏安法、电桥法、数字化测量。电容、电感的测量有谐振法、电桥法和数字化测量。LCR 测试仪是电子元件数字化测量的主要仪器。

（3）半导体二极管、晶体三极管可以用模拟式万用表、数字式万用表、晶体管特性图示仪进行测量。

（4）晶体管特性图示仪是一种能在示波管屏幕上直接观察和测试晶体管和场效应管等半导体器件特性曲线和直流参数的仪器。晶体管特性图示仪主要由阶梯波发生器、集电极扫描信号源、测试变换电路和示波管组成。

（5）集成电路（IC）测试仪用来检测集成电路的功能，在线测试仪（ICT）用来检测 PCBA 的焊接质量和电路功能。

习题 3

3-1　电子元器件主要有哪些分类？

3-2　电阻、电容、电感的测量方法有哪些？

3-3　交流电桥平衡时要满足哪两个条件？

3-4　什么是臂比电桥和臂乘电桥？两者各适合测量什么元件？

3-5　LCR 测试仪接入被测件时的连线有哪三种？

3-6　模拟式万用表和数字式万用表的红、黑表笔分别连接内部电池的哪个电极？

3-7　晶体管图示仪的用途是什么？晶体管图示仪由哪几部分组成？

3-8　晶体管图示仪的使用注意事项有哪些？

项目 4

数据域的测量

案例引入

你用 51 单片机制作了一个小电路，结果没有实现预期的功能，电路的连线没有问题，这时希望能检测出单片机的输入和输出之间的逻辑关系是否正常。那么，用什么仪器检测呢？

学习目标

1. 理论目标

1）基本了解

数据域测量的特点、数据域测量的方法；

逻辑笔的组成和主要功能；

逻辑分析仪的主要特点、组成、触发方式及显示方式。

【拓展】误码仪的主要功能。

2）重点掌握

逻辑分析仪的主要应用。

2. 技能目标

能操作逻辑分析仪；

会测试简单数字系统的数据流。

4.1 数据域测量的概念与特点

当今信息社会，数字集成电路和计算机技术日益普及，在通信、控制及仪器等很多领域，数字化产品和系统在电子设备中占据了很大的比重。不仅如此，数字化产品的系统也愈加庞大和复杂，为确保数字电路和系统性能的可靠性，出现了有别于前面讨论的时域、频域及调制域的测量，称为数据域测量。

1. 数字信号的基本概念

数据域测试对象为数字系统，在这类系统中传输的信息是采用离散二进制数来表达的，即用高（1）、低（0）电平表示。在任一特定时刻，这些多位 0、1 数字组合称为一个数据字，数据字随时间按一定的时序关系变化称为数字系统的数据流。图 4-1（a）所示的十进制计数器，在输入时钟 CLK 的作用下，计数器的输出即为 4 位二进制码组成的数据流。这个数据流可以用高低电平时序图来表示两种逻辑状态，称为逻辑定时显示方式，如图 4-1（b）所示；也可用在时序列作用下的数据字表示，称为逻辑状态显示方式，如图 4-1（c）所示。两种表达方法形式不同，但表达的数据流信息却是一致的。

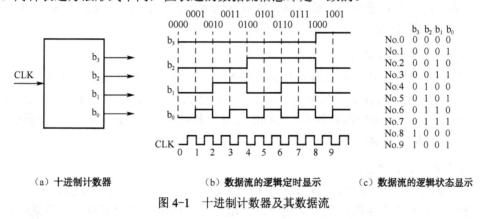

（a）十进制计数器　　（b）数据流的逻辑定时显示　　（c）数据流的逻辑状态显示

图 4-1　十进制计数器及其数据流

2. 数据域测试的特点

数据域测量就是对数据流的测量，是以数据或数据字作为时间或时序的函数。数据域测试的特点与数字信号的特点有紧密联系，数据域测试具有以下几个方面的特点。

1）数字信号是非周期性或单次的

数字系统或设备按一定的时序工作。在执行一个程序时，许多信号只出现一次，或者仅在特定时刻出现一次，如中断事件；某些信号虽然可能会重复出现，但并非是时域上的周期信号，如子程序的调用。因此，数据域测试应能捕获单次信号和非周期信号，这一特点决定了它很难用非存储式的传统仪器来检测。

2）数字信号是按时序传输的

数字系统或设备具有一定的逻辑功能，系统中的信号是有序的数据流，各信号之间具有严格的时序关系。因此，数据域测试需能检查数字脉冲的先后次序和波形的时序关系是否符合设计要求。例如，程序的执行必须在规定的控制信号作用下，取出指令代码，进行译码，并发出完成该指令的控制信号，这些逻辑关系是在控制器的作用下完成的。

3）数字信号是多通道传输的

数字系统中的字符、数据、指令或地址是由多位数据（bit）按照一定编码规则组成的。因此，数据域测量仪器应具有多个输入通道，这就形成了总线。所谓总线是指能同时传输数字信息所需的可以复用的多根导线。每个器件都与总线相接，如同"悬挂"在总线上，并依靠一定的时序节拍脉冲工作。

4）数字信号的传递方式多种多样

数字系统的结构和格式差别很大，数据传递方式较多。例如，在同一个数字系统中，数据和消息的传递方式有串行和并行、同步和异步。有时串行和并行间还要进行转换。还存在诸如数据宽度、数据格式、传输速率、接口电平等方面的不同。因此，数据域测试应能进行电平判别，确定信号在电路中的建立时间和保持时间，并注意设备的结构、数据格式和数据的选择，应能够从大量的数据流中捕获有分析意义的数据。

5）数字信号的速率变化范围宽

即使在同一数字系统，数字信号的速率也可能相差很大。例如，外部总线速率达每秒几百兆字节，而中央处理器的内核速率可能每秒已达到数吉字节。因此，数据域测试仪器应能采集不同速率的数据。

6）数字信号持续时间短

数字信号为脉冲信号，在时间和数值上是离散的。信号的前沿很陡，频谱分量十分丰富。因此，数据域测试仪器不仅应能存储和显示变化后的测量数据，还应具有负延迟功能，能存储和显示变化前的测量数据。必须能够分析和测量短至 10^{-12}s 的信号，例如对脉冲信号的建立和保持时间等。

7）数字系统故障定位难

数字系统的故障不只是信号波形、电平的变化，更主要的在于信号之间的时序逻辑关系。数据传输采用总线传递，当发生故障时，用一般方法定位比较困难。一般来说，数字系统的故障通常来自系统内部和外界的干扰和毛刺。因此，数据域测量仪器应具有捕捉和显示干扰和毛刺的功能。

8）芯片外部测试点少

随着微电子技术的发展，LSI、VLSI 的电路密度不断增加，功能不断增强，而引脚数量却有一定限制。电路封装在芯片内部，从外部进行控制和测量很困难。

4.2 数字系统的故障和故障模型

当数字系统的功能偏离了预定的技术要求时，表示系统已经失效。失效的原因是故障，而有故障并不一定失效。

1. 故障原因

数字系统发生故障的原因有两类。一类由设计原因引起，即设计故障，包括设计规范错误或含糊不清，设计过程违背设计规范等。这类故障主要依靠设计人员通过逻辑正确性验证来消除。

另一类故障由物理原因引起，即物理故障。例如 PCB 组装期间产生的故障，诸如焊点桥接、脱焊，连接线断路，引脚断裂等；以及系统存储期间由于温度、湿度和老化等因素引起的故障。

2. 故障的描述

对故障特征的描述是为了更方便地发现、确定它的位置，以便排除故障。一般从四个方面描述故障特征。

（1）故障性质。分为逻辑故障和非逻辑故障。逻辑故障即逻辑出错，引线逻辑值变成正确值的相反值。逻辑故障以外的其他故障统称为非逻辑故障。如电源故障就是非逻辑故障。

（2）故障的值。仅对逻辑故障而言，指对应于正确逻辑值的错误逻辑值。

（3）故障范围。描述故障是局部的还是分布式的。

（4）故障持续时间。描述故障是永久故障还是间歇性故障。

3. 故障模型

一个系统中的故障种类是多种的，而各种系统中，故障数目差异很大，多种故障组合出现的现象很多。因此，为了便于研究故障，需要对故障进行分类，归纳出典型的故障，这个过程即故障的模型化。模型化故障代表一类对电路或系统有类似影响的典型故障，既具有典型性，又具有一般性。一个好的故障模型化方案往往能推动和完善故障诊断的理论和方法。此外，故障模型应尽可能简单。

常见的故障模型有固定故障模型（即电路中信号线逻辑值始终保持不变，有固定 1 故障和固定 0 故障）、晶体管故障模型、门级故障模型、功能块级故障模型、存储故障模型、可编程逻辑阵列故障模型、微处理器故障模型、临时故障模型等。

随着电子科技的发展，集成电路制造工艺、PCB 组装工艺以及系统设计理念的不断改变，故障模型也不断地变化着。

4.3 数据域测试的主要任务与方法

1. 数据域测试的主要任务

数据域测试的任务有两个，一是确定系统中是否存在故障，称为合格/失效测试，即故障检测；二是确定故障的位置，即故障定位。

2. 数据域测试的方法

运行正常的数字系统或设备的数据流是正确的，如果数据流发生错误，则说明系统或设备存在故障。因此，只要检测出输入与输出的对应数据流关系，即可明确系统功能是否正常，判断出是否存在故障，并确定出故障的范围。数据域测量的方法一般有穷举测试法、结构测试法、功能测试法和随机测试法。

1）穷举测试法

穷举测试法是对输入的全部组合进行测试。对于具有 n 个输入的系统，采用 2^n 组不同的输入对系统进行完全测试。如果对于所有输入信号，输出逻辑关系都正确，则判定数字系统功能正常，否则就是错误。穷举测试法的优点是能检测出所有的故障，缺点是测试时间长，测试次数多，故实际上行不通。

2）结构测试法

结构测试法是从系统的逻辑结构出发，考虑可能发生的故障，然后针对这些特定故障生成测试码，并通过故障模型计算每个测试码的故障覆盖，直到所考虑的故障都被覆盖为止，即结构测试技术。结构测试法针对故障，是最常用的方法。

3）功能测试法

功能测试法不检测数字电路内每条信号线的故障，只验证被测电路的功能，因而较易实现。目前，LSI、VLSI 电路的测试大都采用功能测试，对微处理器、存储器等的测试也可采用功能测试法。

4）随机测试法

随机测试法采用"随机测试矢量产生"电路，随机地产生可能的组合数据流，将此数据流加到被测电路中，然后对输出进行比较，根据比较结果，可知被测电路是否正常。随机测试法不能完全覆盖故障，只能用于要求不高的场合。

4.4 数据域测试系统的组成

数据域测试系统主要由数字信号源、被测数字系统及测量仪器三部分组成，如图 4-2 所示。一个被测的数字系统可以用它的输入和输出特性及

图 4-2 数据域测试系统组成框图

时序关系描述，输入可用数字信号源产生多通道时序激励信号，输出可用逻辑分析仪等数据域测量仪器测试，获得对应通道的时序响应，从而得到被测数字系统的特性。

依据测试内容的不同，可采用不同的测试方法和测试设备。如果还需要进一步测试被测系统的时域参数，如数字信号（脉冲）的上升时间、下降时间及信号电平等，则可在被测系统的输出端接上一台数字存储示波器。这样既可以测试数字系统的时序特性，又可以测试时域参数。还可以直接使用具有逻辑分析和数字存储功能的混合示波器来测量。

目前，常用的数据域测量仪器有逻辑笔、逻辑夹、数字信号源、数据图形产生器、特征分析仪、逻辑分析仪、误码率测试仪、规约分析仪、印制电路板测试系统等。

4.5 数据域的简易测试

对于分立元件、中小规模集成电路及数字系统部件，可以采用示波器、逻辑笔、逻辑比较器和逻辑脉冲发生器等简单价廉的数据域测试仪器进行测试。

1. 逻辑笔的组成

逻辑笔是数据域检测中比较方便的工具，严格意义上它算不上仪器，外形像一支电工

用的试电笔，主要用来判断信号的稳定电平、单个脉冲或低速脉冲序列，如图 4-3 所示。

（a）逻辑笔测试

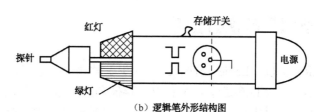
（b）逻辑笔外形结构图

图 4-3　逻辑笔

　　逻辑笔内部电路框图如图 4-4 所示。利用探针将被测点接入，经过电平检测，使信号电平与基准电压进行比较，选择与该信号对应的"0"电平通道或"1"电平通道进行脉冲扩展，进入判"0"判"1"网络，然后经过驱动电路驱动相应的指示灯发光。

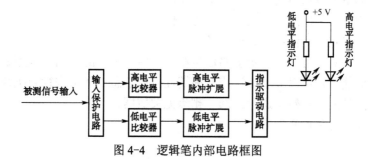

图 4-4　逻辑笔内部电路框图

2. 逻辑笔的应用

　　逻辑笔能方便地探测数字电路中各点的逻辑状态，例如笔上红色指示灯亮为高电平，绿灯亮为低电平，红灯、绿灯轮流闪烁表示该点是时钟信号，其响应状态如表 4-1 所示。逻辑笔具有记忆功能，如测试点为高电平时，红灯亮，此时，即使将逻辑笔离开测试点，该灯仍继续亮，以便记录被测状态。当不需记录此状态时，可扳动逻辑笔的复位开关使其复位。逻辑笔在同一时刻只能显示一个被测点的状态。

表 4-1　逻辑笔测试响应

被测点逻辑状态	逻辑笔响应
稳定的逻辑"1"状态（+2.4～+5 V）	红灯稳定亮
稳定的逻辑"0"状态（0～+0.7 V）	绿灯稳定亮
在逻辑"1"与"0"中间状态（+0.8～+2.3 V）	两灯均不亮
单次正脉冲	绿→红→绿
单次负脉冲	红→绿→红
低频序列脉冲	红、绿灯交替闪烁

　　逻辑笔腰部的两个插孔分别提供一个正、负选通脉冲。将其中一个插孔与被测电路的某一选通点相接，逻辑笔将随着选通脉冲的加入而做出响应。图 4-5 是在 t_0

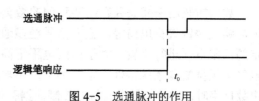

图 4-5　选通脉冲的作用

时刻提供负选通脉冲时，逻辑笔响应为高电平、红灯亮。

4.6 逻辑分析仪的应用

逻辑分析仪（Logic Analyzer，LA）又称逻辑示波器，是复杂数字系统进行逻辑分析的重要仪器。它是以多通道实时获取并存储与触发事件相关的逻辑信号，并将触发事件前后所获取的信号时序波形直观地显示出来，供软件及硬件分析的一种仪器。

4.6.1 逻辑分析仪的特点与分类

1. 主要特点

逻辑分析仪的主要特点体现在以下几个方面。
（1）多通道输入，可以同时观测多个通道的信号。
（2）多种触发方式，确保被测数据的准确定位。
（3）多种显示方式，可同时显示多路信号波形、多种类型的数据及程序源代码。
（4）具有存储能力，可以显示单次或非周期性数据信息，并可进行随机故障的诊断。
（5）具有限定功能，对数据进行挑选，删除无关数据。
（6）具有可靠的毛刺检测能力。

2. 分类

逻辑分析仪按其工作特点可分为逻辑状态分析仪和逻辑定时分析仪两类。它们的基本结构是相似的，主要区别表现在显示方式和定时方式上。

逻辑状态分析仪主要用于检测数字系统的工作程序。以"0"和"1"（二进制、十六进制或 ASCII 码）、助记符或映射图等来显示被测信号的逻辑状态。可以从大量数码中迅速发现错码，便于进行功能分析。它的内部没有时钟发生器，用被测系统时钟来控制记录，与被测系统同步工作，是跟踪、调试程序、分析软件故障的有力工具。

逻辑定时分析仪用定时图方式显示状态信息，用来考察两个系统时钟之间的数字信号的传输情况和时间关系。由逻辑分析仪自身提供采集数据的时钟脉冲，在内时钟控制下记录数据，与被测系统异步工作。主要用于数字设备硬件的分析、调试和维修，提供捕捉"毛刺"脉冲的手段。

目前，逻辑分析仪一般都具有逻辑状态分析仪和逻辑定时分析仪所具备的功能，已被广泛应用于数字集成电路、印制板系统、微处理器系统等数字系统的测试中。

4.6.2 逻辑分析仪的组成

逻辑分析仪的组成框图如图 4-6 所示，主要由数据捕获和数据显示两部分组成。

数据捕获用来捕获并存储要观测的数据，包括比较器、采样器、数据存储器、触发产生电路及时钟选择电路等。输入信号经多通道数据采集探头，将数据流送入比较器，与设定的门限电平进行比较，大于门限电平记高电平"1"，小于门限电平记低电平"0"，门限电平可根据被测系统特性设定。触发产生电路在数据流中搜索特定的数据字，当搜索到特定数据字时，即产生触发信号去控制数据存储器开始存储数据或停止存储数据，以便将数

项目4 数据域的测量

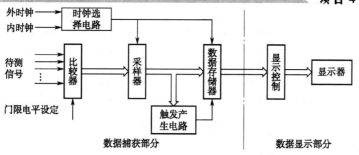

图 4-6 逻辑分析仪的组成框图

据流分块。整个系统在时钟的作用下，按节拍将采集的数据存入数据存储器，时钟可以由外部输入（同步采样），也可以由逻辑分析仪内部时钟发生器产生（异步采样）。

数据显示部分将存储在存储器里的有效数据进行处理，并以多种显示方式显示出来，以便对捕获的数据进行分析。数据显示部分包括显示器和显示控制电路。

4.6.3 逻辑分析仪的触发方式

逻辑分析仪的触发识别部分用于从很长的数据流中寻找触发字或触发事件，从而选择有分析意义的数据流存储在一定的存储空间中。逻辑分析仪通常有以下几种触发方式。

1. 组合触发

组合触发是逻辑分析仪最基本的触发方式。逻辑分析仪具有"字识别"触发功能，使用者可以通过仪器的"触发字选择"开关设置触发字。当被测系统的数据字与预设的触发字相符合时产生一次触发。设置触发字时，每一个通道可取 0、1、x 三种触发条件。"1"表示该通道为高电平时产生触发，"0"表示低电平触发，"x"表示通道状态任意，亦即通道状态不影响触发条件。

图 4-7 为四通道组合触发方式实例。在数据字中，CH_3 为触发字的高位，CH_0 为触发字的低位。CH_0（1）与 CH_3（1）表示通道 0 和通道 3 组合触发条件为高电平；CH_1（0）表示通道 1 触发条件为低电平；CH_2（x）表示通道 2 触发条件为任意。故触发信号是在 CH_3、CH_1、CH_0 相与条件下产生的，即触发字为 1001 或 1101。

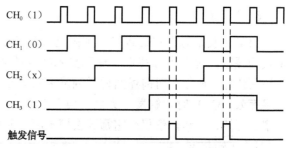

图 4-7 四通道组合触发方式实例

当采集数据流中出现触发字时，即产生触发脉冲，存储器开始存储有效数据，直到存储器存满为止。此时触发字是存储和显示的第一个有效数据，通常将触发字在屏上加亮显示或反衬显示，这种组合触发方式又称为始端触发，如图 4-8（a）所示。

当采集数据流中出现触发字时，产生触发脉冲，停止数据采集，存储器中存入的数据是产生触发字之前各通道的状态变化情况，触发字存储和显示在最后一行，故又称为终端触发方式，如图 4-8（b）所示。如果触发字选择的是某一出错的数据字，逻辑分析仪可捕获并显示被测系统故障发生前的各通道工作状态，有利于数字系统的故障诊断。

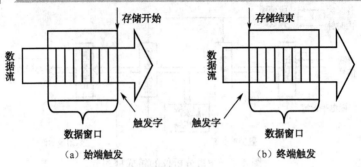

图 4-8　逻辑分析仪的组合触发方式

2. 延迟触发

延迟触发是在数据流中搜索到触发字时，存储器并不立即反应，而是延迟一定数量的数据后才开始或停止存储数据，它可以改变触发字与数据窗口的相对位置，如图 4-9 所示。图 4-9（a）为始端触发加延迟，图 4-9（b）为终端触发加延迟。延迟触发可以将窗口灵活定位在数据流的不同位置，以便逐段观察数据流，对于发现和排除故障具有重要意义。

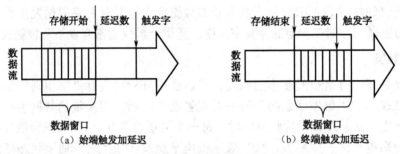

图 4-9　逻辑分析仪的延迟触发方式

3. 限定触发

限定触发是对设置的触发字加限定条件的触发方式。有时设定的触发字在数据流中出现较为频繁，为了有选择地存储和显示特定的数据流，逻辑分析仪中增加一些附加通道作为约束条件。例如，对前述四通道触发字的选择再加入第五个通道 Q，设定当 Q=0 时，触发字有效，Q=1 时，触发字无效，第五个通道只作为触发字约束条件，并不对它进行数据采集、存储、显示，仅仅用它筛选去掉一部分触发字，该方式为限定触发方式。

4. 序列触发

序列触发是为检测复杂分支程序而设计的一种重要触发方式。当采样数据与某一项预先设定的字序列（多个触发字按一定顺序排列）相符后才触发跟踪数据流。

5. 计数触发

采用计数方法，当计数值达到预置值时才产生触发。在较复杂的软件系统中常常出现嵌套循环的情况，常采用计数触发对循环进行跟踪。

6. 毛刺触发

"毛刺"是由系统内部噪声和外部干扰引起的瞬间窄脉冲，它是逻辑电路误动作的主要原因，因此数字系统中经常要检测毛刺现象。采样异步采样方式，使用逻辑分析仪内部的时钟对被测系统进行采样，可检测出波形中的毛刺干扰，如图4-10所示。接着利用逻辑分析仪内部的锁定电路，把毛刺展宽。一般仪器可以捕捉到2 ns、250 mV的窄脉冲，并能扩展为一个与采样时钟周期相同的宽度显示，以便测试分析。

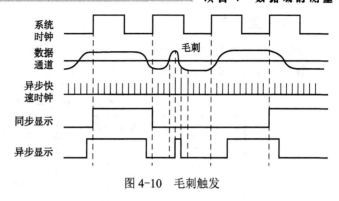

图 4-10 毛刺触发

毛刺触发是利用滤波器从输入信号中取出一定宽度的脉冲作为触发信号，可以在存储器中存储毛刺出现前后的数据流，以便于观察和分析毛刺产生的原因。

7. 手动触发

手动触发是一种人工强制的触发方式。在测量时，利用手动触发方式可以在任何时间进行触发并显示测量数据。

4.6.4 逻辑分析仪的显示方式

逻辑分析仪将被测信号用数字形式写入存储器后，测量者可以根据需要通过控制电路，将内存中的全部或部分数据稳定地显示在屏幕上。逻辑分析仪具有以下几种显示方式。

1. 定时图显示

定时图显示方式是以逻辑电平表示波形图的形式，将存储器中的内容显示出来。该方式显示的是一连串经过整形后的类似方波的波形，高电平代表"1"，低电平代表"0"，由此可以确定逻辑电平与时间的关系，如图4-11所示。

由于显示的不是被测点信号的实际波形，所以又称为"伪波形"或"伪时域波形"。定时图显示方式可以将存储器的全部内容按顺序显示出来，也可以改变顺序显示，这样更便于进行比较分析。

2. 状态表显示

状态表显示方式将存储器内容以二进制、八进制、十进制或十六进制等各种数制形式显示状态信息，如表4-2所示。

表 4-2 状态表显示

地址（HEX）	数据（HEX）	状态（BIN）
2850	35	001100
2851	62	101101
2852	2A	1001101
2853	4B	100110
...	...	...

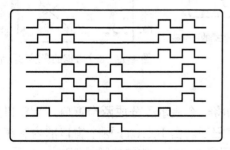

图 4-11 定时图显示方式

电子测量与仪器

3. 反汇编显示

多数逻辑状态分析仪具有反汇编功能，可以把总线上出现的数据翻译成助记符，并在显示器上显示出汇编语言源程序，如表 4-3 所示。

表 4-3 反汇编显示

地址（HEX）	数据（HEX）	操 作 码	操 作 数
2850	214200	LD	HL，2042H
2851	0604	LD	B，04H
2852	97	ADD	A
2853	23	INC	HL
…	…	…	…

4. 图解显示

图解显示是将荧光屏 X、Y 方向分别作为时间轴、数据轴进行显示的一种方式。它将欲显示的数字量通过 D/A 变换器变换成模拟量，按照存储器中取出数字量的先后顺序将此模拟量显示在荧光屏上，形成一个图像的点阵，其原理框图如图 4-12（a）所示。

一个十进制计数器输出数据的图解显示如图 4-12（b）所示。计数器由全零状态（0000B）开始工作，每一个时钟脉冲使计数值增加 1，计数状态变化的数字序列为：0000→0001→0010→0011→0100→0101→0110→0111→1000→1001→0000 周而复始地循环。经 D/A 变换后的亮点每次增加 1，就形成由左下方开始向右上方移动的 10 个亮点，当由 1001→0000 时，亮点回到显示器底部，如此循环往复。

5. 影射图显示

影射图显示是指把每个数据都与显示屏上的光点对应起来，并按取出数据的先后顺序将数据对应的光点用箭头线连接起来。例如，数据为 8 位，则显示屏左上角的光点对应数据 00H，右下角的光点对应数据 FFH，其他的光点按从左到右、从上到下的顺序，分别对应数据 01H，02H，03H，…，FEH。图 4-13 为 8 个数据的影射图显示。

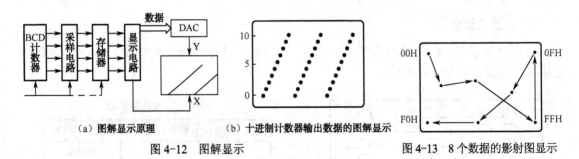

(a) 图解显示原理　　(b) 十进制计数器输出数据的图解显示

图 4-12　图解显示　　　　　　　　　图 4-13　8 个数据的影射图显示

6. 多模式显示

高层次的逻辑分析仪可设置多个显示模式，如将一个显示屏分成两个窗口，上窗口显示定时图，下窗口显示经反汇编后生成的汇编语言程序。由于上、下两个窗口的内容在时间上是相关的，因此可以同时观察电路的定时图和程序的执行，软硬件同时调试。

4.6.5 逻辑分析仪的性能指标与应用

1. 主要性能指标

逻辑分析仪的主要性能指标有以下几个方面。

1）采样速率

逻辑分析仪的采样速率应大于系统的工作速率，以便可靠地捕捉被测系统的数据。定时分析（异步）的采样速率至少要高出信号频率数倍（推荐 10 倍以上），状态分析（同步）的采样速率取决于被测 CPU 和总线的速率。目前逻辑分析仪的定时分析速率一般在 100 MHz～4 GHz；状态分析速率一般在 35 MHz～1.5 GHz 之间。

2）数据通道

数据通道数决定了它同时能分析数据的宽度。通道越多所能观测到的数据信息量越大。目前逻辑分析仪数据通道一般在 64～680 之间。

3）触发方式

逻辑分析仪具有多种灵活而准确的触发能力，可在任意长的数据流中，对欲观察分析的部分数据段做出准确的定位，从而捕捉有效数据。一般逻辑分析仪具有组合触发、延迟触发、限定触发、序列触发、计数触发等多种触发方式。

4）存储深度

存储深度决定采集数据的多少，存储深度越大，采集的数据越多，更有利于软硬件工作的分析。逻辑分析仪的存储深度一般在 4 KB～1 MB 之间。

5）输入信号最小幅度

逻辑分析仪的探头能够检测到的输入信号最小幅度。

6）毛刺捕捉能力

逻辑分析仪能够检测到的最小毛刺脉冲的能力。

2. 主要应用

逻辑分析仪广泛应用于数字系统的测试中，主要用于测试数字集成电路的逻辑功能、微处理器系统的逻辑状态，以及检测数字系统的故障等。通过逻辑分析仪的多通道探头检测被测系统的数据流，经观察分析诊断系统的软硬件故障。

1）测试数字集成电路

给数字系统加入激励信号，用逻辑分析仪检测其输出或内部各部分电路的状态，即可测试其功能。通过分析各部分信号的状态、信号间的时序关系就可以进行故障诊断。

（1）ROM 的极限参数指标测试

逻辑分析仪可以测试器件在不同条件下的极限参数，图 4-14 所示为 ROM 最高工作频率测试连接示意图。数据发生器以计数方式产生 ROM 的地址，逻辑分析仪工作在状态分析方式下，将数据发生器的计数时钟送入逻辑分析仪作为数据采集时钟，ROM 的数据输出送至逻辑分析仪探头。同时，用频率计检测数据发生器的计数时钟频率。首先，让数据发生器低速工作，逻辑分析仪进行一次数据采集，并将采集到的 ROM 各单元数据存入参考存储

器作为标准数据。然后逐步提高数据发生器的计数时钟频率，逻辑分析仪将每次采集到的数据与标准数据相比较，直到出现不一致为止。此时，数据发生器的计数时钟频率即为 ROM 的最高工作频率。

（2）时序关系及干扰信号的测试

利用逻辑分析仪的定时分析功能，可以检测数字系统中各种信号间的时序关系、信号的延迟时间以及各种干扰脉冲等。

数字电路还经常因外界的干扰或器件本身的时延而产生"毛刺"。对于这种偶发的窄脉冲信号，用示波器难以捕捉到，而用逻辑分析仪的"毛刺"触发方式，可以迅速而准确地捕获并显示出毛刺来。

2）微机系统软、硬件调试

逻辑分析仪最普遍的用途之一是监视微处理器中的程序运行，监视微处理器的地址、数据和控制总线，对微处理器执行的操作进行跟踪。可用逻辑分析仪排除微处理器软件中的问题，以及检测硬件中的问题，或用来排查软、硬件共同作用引起的故障。

例如，对于包含了许多子程序和分支程序的复杂程序，可以将分支条件或子程序入口地址作为触发字，采用多级序列触发方式，跟踪不同条件下程序的运行情况，如图 4-15 所示。

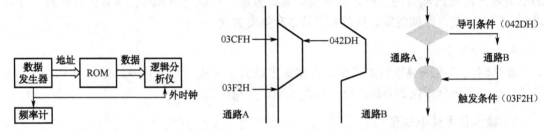

图 4-14 ROM 最高工作频率测试连接示意图　　图 4-15 分支程序的跟踪测试

如果要监测程序沿通路 B 的运行状况，可以采用两级序列触发。第一级触发字设置为 042D，第二级触发字设置为 03F2，则 042D 为引导条件，保证在触发时采集的数据是程序沿通路 B 运行的状态。如果要监测程序沿通路 A 运行的状态，只需将导引条件设置为 03CF 即可。当程序更为复杂时，对于多个分支采用更多级的序列触发即可，有的逻辑分析仪可达 16 级序列触发，确保对程序灵活准确地跟踪和分析。

4.6.6　逻辑分析仪的选型

目前，逻辑分析仪的型号多种多样，根据其硬件设备的功能和复杂程度，主要分为独立式（单机型）逻辑分析仪（如图 4-16（a）所示）和基于计算机（PC-Base）的逻辑分析仪（如图 4-16（b）所示）两大类。独立式逻辑分析仪是将所有的软件、硬件整合在一台仪器中，使用方便。虚拟逻辑分析仪则需要结合计算机使用，利用 PC 强大的计算和显示功能，完成数据处理和显示等工作。

逻辑分析仪的选型要从性能和价格两方面考虑。廉价型逻辑分析仪功能简单，仅有简单触发功能，作为多通道示波器使用。状态分析序列触发级数少于 4 级，通道数不超过 32 个，采样速率低于 50 MHz，常用于分析 8 位单片机。通用型逻辑分析仪功能较强，适应面广，通道数大于 40 个，采样速率高于 50 MHz，内存容量 1 KB 左右。定时分析有毛刺检测

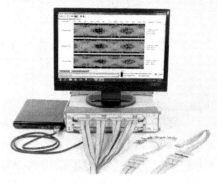

(a) 独立式（单机型）逻辑分析仪　　　　　　(b) 基于计算机（PC-Base）的逻辑分析仪

图 4-16　逻辑分析仪

和毛刺触发功能，状态触发有 4 级以上序列触发。一般有多种反汇编、双 CPU 跟踪、交互分析、多总线分析以及系统性能分析等，常用于 8 位、16 位处理器的检测。高性能逻辑分析仪通道数大于 64 个，最高内部采样时钟大于 200 MHz，内存容量 4 KB 以上，有数据产生和输出能力。通常采用模块化结构，以便组成多种类型的逻辑分析系统。

从性能角度选择型号，要根据被测数字系统的特性以及分析目标来决定。一般来讲，最重要的指标是采样速率和数据通道。采用状态分析进行系统逻辑功能的测量，通常不需要太高的采样频率，分析速率可与被测系统最高工作频率相同。采用定时分析时则要求有更高的时间分辨率，以获得满意的测试精度，选择采样时钟频率为被测系统数据速率的 5~10 倍。数据通道的选择，对于定时分析，其主要用于数字电路的各种时序关系的分析，往往使用通道不会很多，一般 64 通道足够了。对于状态分析，主要用于各种计算机和接口总线协议及软件分析，通道数要求较多。当超过 100 个通道时，应注意配专用的探头夹具。

4.6.7　基于示波器的逻辑分析仪

逻辑分析仪性能强大，价格昂贵，即使是基于 PC 的便携式逻辑分析仪价格也不低，且更新换代快，生产厂家一般只提供几年的技术支持。对于一般职业院校，其实验所用的功能是仪器的基本功能，从性价比和实用性角度出发，推荐院校使用基于示波器的逻辑分析仪。

GDS2000A 系列示波器可以扩展成 8 通道或 16 通道的逻辑分析仪，既经济又实用。扩展后使得示波器成为了混合示波器。支持并行和串行总线（UART、SPI、I^2C）触发和解码，以及逻辑触发。同时扩展出的逻辑分析仪可充分利用 GDS2000A 系列示波器的分段记忆、搜索、自动测量、光标功能和 2M 存储深度等功能。

基于 GDS2072A 示波器的逻辑分析仪性能、安装和使用如下。

1. 主要性能指标

逻辑分析模块（DS2-8LA 或 DS2-16LA）性能指标有：实时采样率 500 MSa/s；带宽 200 MHz；并行总线触发；串行总线触发（UART、SPI、I^2C）；2 MB 存储深度。

2. 安装

1）标准配件

基于 GDS2072A 示波器的逻辑分析仪，配有逻辑分析卡和逻辑分析探头。具体型号如

表4-4所示。

表4-4 GDS2072A系列示波器扩展逻辑分析仪配件

逻辑分析仪	逻辑分析卡	逻辑分析探头
8通道DS2-8LA	GLA-08	GTL-08LA
16通道DS2-16LA	GLA-16	GTL-16LA

2）安装逻辑分析模块

在GDS2000A系列示波器的背面有模块槽，将逻辑分析模块（DS2-8LA或DS2-16LA）安装在模块槽内，仪器正面接上逻辑探头，即可使用逻辑分析功能。

步骤：（1）关闭仪器电源；（2）向两边滑动锁扣，移除模块盖，如图4-17（a）所示；（3）将逻辑分析模块嵌入槽内，如图4-17（b）所示；（4）滑动锁扣至原锁定位置；（5）将逻辑分析探头插入示波器前面板上的"Logic Analyzer"卡座，如图4-17（c）所示。

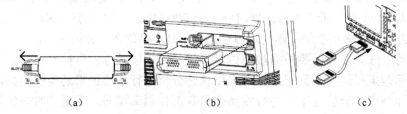

图4-17 GDS2000A系列示波器上安装逻辑分析模块

至此，基于示波器的逻辑分析仪可以使用了。

3. 使用

（1）连接逻辑探头前，将被测系统的电源关闭。

（2）将逻辑探头与被测系统相连，如图4-18所示，其中的黑色接地线连至被测系统电路板的地，如图4-19所示；做好探头和测试点的连接标记。

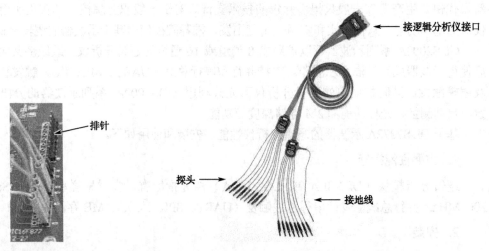

图4-18 逻辑分析仪探头与测试板的连接　　图4-19 逻辑分析仪多通道探头

(3)按下示波器面板上的 Option 键,选择"Logic Analyzer"进入逻辑分析仪的菜单。

(4)按下"D15~D0 On/Off"软键以激活数字通道。

(5)按下"阈值(thresholds)"软键设置阈值电平。阈值可以每四个通道单独设置,如 D0~D3、D4~D7 等。共有 5 种阈值设置,还有用户自定义(7 种)类型(TTL、5.0 V CMOS、3.3 V CMOS、2.5 V CMOS、ECL、PECL、0V)。

(6)捕获被测信号。

(7)显示与分析捕获的数据。

此外,该逻辑分析仪有模拟波形显示功能。按下"模拟波形(Analog Waveform)"以显示数字通道的模拟波形。模拟波形仅显示 1 个波形,由 D0~D7 或 D8~D15 通道产生。

另外,该逻辑分析仪还有总线和逻辑触发选择。按下面板触发控制中的 Menu 键,选择 Type-Others-Logic,在 5 种阈值中选择相应阈值电平,按"Clock Edge"键设置边沿触发;按"Hold off"键设置延迟触发时间。

4. 显示界面

逻辑分析仪显示界面如图 4-20 所示。

示波器扩展出逻辑分析仪的缺点是触发方式、显示方式都比较简单,没有毛刺检测功能。

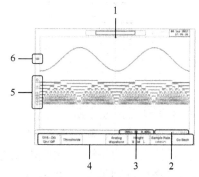

1—水平位置;2—触发状态;3—水平状态;
4—底部菜单;5—数字通道/总线指示;6—模拟波形

图 4-20 逻辑分析仪显示界面

知识拓展 6 误码仪

1. 误码率的概念与测试

数字传输系统传输的信息都是二进制的数字信号,在传输过程中系统容易受到外界的影响。因此,信号从 A 地传输到 B 地产生错误是必然的。只是由于传输系统的质量以及受外界影响程度的不同,产生错误的程度不同。信号从 A 地传输到 B 地产生的错误越少,表明传输系统的传输质量越好。

1)误码率概念

传输系统对被传输的信号每产生一个错误,就称为有一个比特错误或称为一个误码。在测试的时间内,测试到的总错误数称为误码计数。误码率是二进制比特流经过系统传输后发生差错的概率。其测量方法是:向系统中输入某种形式的二进制码流,测试该系统输出的码流,将输出的码流差错的位数 m 与传输的码流位数 n 相比,可得到误码率 P_m 的值。即

$$P_m = \frac{m}{n}$$

例如,仪表已经测试的比特数为 10 000 个,已经测试到的误码数为 3 个,则误码率=3/10 000,同样可以表述为 3×10^{-4},或 3E-4。

2)误码测试原理

误码仪即误码率测试仪,由发送和接收两部分组成,其测试原理如图 4-21 所示。误码

仪发送部分的测试图形发生器产生一个已知的测试数字序列，编码后送入被测系统的输入端，经过被测系统传输后输出。误码仪的接收部分接收该信号后进行解码，并从接收信号中得到同步时钟。接收部分的测试图形发生器产生与发送部分相同并且同步的数字序列，与接收到的信号进行比较，如果两者不一致，便是误码。用计数器对误码的位数进行计数，然后记录存储，分析计算误码率（发生差错的位数和传输的总位数之比），最后显示测试结果。

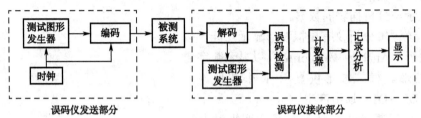

图 4-21　误码测试原理框图

（1）测试图形发生器

误码率测试中，测试图形的产生是关键。非在线测试时，测试图形采用伪随机二进制序列来模拟数据的传输。伪随机二进制序列可由异或门和移位寄存器组合产生。如图 4-22 所示，可产生序列长度为 $2^9-1=511$ 的伪随机序列。图中初始值为任意 9 位非零的二进制数，取 a9 和 a5 异或后作为下一位的输入值，如此循环。

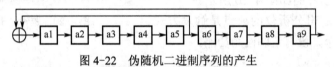

图 4-22　伪随机二进制序列的产生

（2）误码检测

基本的误码检测电路是异或门。如图 4-23 所示，使用异或门将被测数据流与参考图形比较，当两个数据图形完全相同且同步时，异或门输出"0"；当两个图形存在差异，即在接收端的数据流中某位发生错误时，异或门输出"1"。计数器将异或门输出的"1"累加。

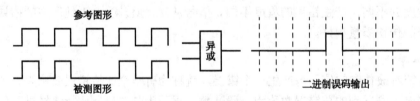

图 4-23　误码检测示意图

（3）数据记录与误码分析

数据记录常采用非易失性存储器存储，以记录大量的测试数据和误码事件，积累有意义的统计结果，才能比较正确地反映误码仪的性能。

如果一个系统在足够长的时间内都具有比要求低的误码率，则可以认为该系统能长期工作；如果系统在数个周期内具有高的误码率，则认为该系统不稳定。

对于在线测试，传输的是随机数码流。必须在传输的随机数码中，间隔插入少量的固定帧结构码，利用这些帧结构码，发送测试码所需的数据序列，接收端从收到的数据流中

分离出这些测试序列，然后检测出误码率。

3）误码仪测试内容

单纯的误码个数并不能确切地描述传输系统传输质量的优劣。例如，A 系统在 10 h 中测得的误码为 100 个，B 系统在 10 h 中测得的误码为 150 个。但是，A 系统产生的 100 个误码是零散的，B 系统产生的 150 个误码只在 1 s 之内，如果按照产生的误码秒计算，A 系统将可能有 100 个误码秒，而 B 系统却只有 1 个误码秒。就其传输质量而言，当然是 B 系统优于 A 系统。因此国际 ITU-T 的 G.821 建议[*]规定：

误码秒是在系统可利用时间内，1 s 之内产生 1 个或 1 个以上的误码，该秒就称之为 1 个误码秒。如果没有误码产生，则该秒就称为 1 个无误码秒。

所谓系统可利用时间是指仪表在连续 10 s 的测试时间内，如果每秒的误码率都不超过 1×10^{-3}，那么该 10 s 就是可利用时间，并且意味着可利用时间的开始。反之仪表在连续 10 s 的测试时间内，如果每秒的误码率都超过了 1×10^{-3}，那么该 10 s 就是不可利用时间，并且意味着不可利用时间的开始。对于不是连续 10 s 出现的误码率超过了 1×10^{-3} 的秒，如果跟在可利用时间后面，就称为可利用时间；如果跟在不可利用时间后面，就称为不可利用时间。误码秒必须是在系统可利用时间之内，对于出现在不可利用时间内的不加以测试。

因此，误码仪的测试内容包括以下几个方面。

（1）误码秒（ES）：在系统可利用时间内出现误码的秒数。

（2）误码秒的百分比（ES%）：测试到的误码秒数与总测试的秒数之比的百分数。

（3）严重误码秒（SES）：在系统可利用时间内出现的误码率大于 1×10^{-3} 的秒数。

（4）严重误码秒百分比（SES%）：在系统可利用时间内出现的误码率大于 1×10^{-3} 的秒数与测试的总秒数之比的百分数。

（5）系统可利用时间秒数：测试到的系统总的可利用秒数。

（6）系统不可利用时间秒数：测试到的系统总的不可利用秒数。

（7）总测时间：仪表已经测试的总秒数。

（8）信号丢失（或称无信号--LOS）告警测试：在测试过程中测试到的多于 15 个连"0"信号时表明信号已经丢失，仪器报警。

（9）AIS（信号告警指示）告警测试：在测试过程中测试到的多于 15 个连"1"信号时表明系统全 1 告警，仪器报警。

（10）同步丢失（OOF 或 LOSY）告警测试：测试中，由于传输设备或仪表设置的原因导致的仪表收、发之间的码型失步，称为同步丢失。当出现同步丢失时仪器报警。

2．误码仪主要性能指标

（1）数据速率：包括采用外时钟时的最大数据速率，以及采用内时钟时，仪器可提供

---

[*] ITU-T 的中文名称是国际电信联盟远程通信标准化组织（ITU-T for ITU Telecommunication Standardization Sector），它是国际电信联盟管理下的专门制定远程通信相关国际标准的组织。该机构创建于 1993 年，前身是国际电报电话咨询委员会。由 ITU-T 指定的国际标准通常被称为建议（Recommendations）。ITU-T 的各种建议的分类由一个首字母来代表，称为系列，每个系列的建议除了分类字母以外还有一个编号，比如说"G.821"。G 为传输系统和媒体、数字系统和网络。

的数据速率。

(2) 接口方式：包括 TTL 接口、RS232 接口、GPIB 接口等。

(3) 码图（码型图案）：伪随机序列码和人工码。

(4) 时钟方向：发码时钟方向有上升沿发码和下降沿发码两种类型；收码时钟方向有上升沿收码和下降沿收码两种类型。

(5) 插入误码模式：可插入误码的模式。

(6) 测量时间：最长测量时间，一般大于 100 h。

3. 误码仪的使用

误码仪从用途上有用于卫星通信系统测试的误码仪，用于光数据通信测试的误码仪等多种，如图 4-24（a）所示。从结构上有手持式和台式等。下面以图 4-24（b）所示的国产 HDB88521 型误码仪为例，简单介绍一下误码仪的使用。

(a)

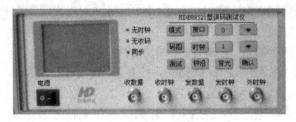

(b)

图 4-24 误码仪

1）面板

HDB88521 型误码仪通过不同的参数设置可以适应不同的测试要求。设置参数时，按相应的功能键，出现相应参数选择菜单，通过上下键选择所需参数，按确定键进行确认。HDB88521 型误码仪面板如图 4-24（b）所示，各部分功能如下。

(1) 模式：该按键用于选择插入误码的模式。按下该键，屏幕上出现 4 种插入误码模式，按上下键选择所需参数模式。

(2) 接口：该按键用于选择接口方式。按下该键后，屏幕上出现 TTL 电平、RS232 电平、RS422 电平、HDB3 码 4 种接口方式，按上下键选择所需接口方式。

(3) 码图：该按键用于选择测试码序列。按下该键后，屏幕上出现 2^3-1、2^7-1、2^9-1、$2^{15}-1$、$2^{21}-1$ 几种码图可供选择。

（4）时钟：该按键用于选择发码时钟源。选择发码时钟时，按下该键后，屏幕上出现内外时钟选择。若选择内时钟，则屏幕上将显示 2.4 Kbps、8 Kbps、16 Kbps、32 Kbps、64 Kbps、256 Kbps、2 048 Kbps、8 192 Kbps 8 种速率可供选择。

（5）钟沿（或时钟方向）：该按键用于选择收、发时钟的触发沿。按下该键后，屏幕上出现上升沿发码/下降沿收码、下降沿发码/上升沿收码、上升沿发码/上升沿收码、下降沿发码/下降沿收码 4 种时钟方向可供选择。

（6）0：该按键用于输入 8 位人工码的 0。

（7）1：该按键用于输入 8 位人工码的 1。

（8）▲：该按键用于向上移动光标。

（9）▼：该按键用于向下移动光标。

（10）背光（或对比度）：该按键用于控制液晶显示屏背景光的开启、关闭及调节显示对比度。

（11）确认：该按键用于确定所选定的参数。

（12）测试（或测试/暂停）：该键用于启动和停止测试。按下测试键，测试仪进入测试状态，并显示测试时间、收码数、误码数和误码率。在测试同步期间，全部显示数据都为 0。在同步后，开始实时显示数据。在测试过程中，其他按键都不起作用。再按下测试键将停止测试，并显示测试结果。

2）误码测量方法

（1）设备连接：连接误码测试仪与待测仪器或设备，如图 4-25 所示。

（2）插入误码模式选择：按模式键，选择插入误码模式，并按确认键加以确认。

（3）接口方式选择：按接口键，选择接口方式，并按确认键加以确认。

（4）码图选择：按码图键，选择码型图案，并按确认键加以确认。

（5）时钟源选择：按时钟键，选择内时钟或外时钟。

（6）时钟方向选择：按钟沿键，选择收、发时钟的触发沿。

（7）测试过程：按测试（或测试/暂停）键，进入测试状态，显示测量结果。

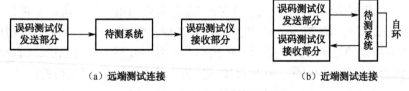

图 4-25　误码测试连接示意图

项目实施 4　计数-译码电路性能测试

工作任务单：

（1）制订工作计划。

（2）熟悉计数-译码电路的工作原理。

（3）选择测量方案。

（4）完成电路性能的测试。

（5）编写项目实训报告。

电子测量与仪器

1. 实训目的

（1）熟悉计数-译码电路的工作原理。
（2）掌握逻辑分析仪的基本使用方法。
（3）学会用逻辑分析仪测试计数-译码电路的性能。
（4）尝试*用逻辑分析仪进行毛刺的测试。

2. 实训设备与器件

（1）实训设备：GDS2072A 示波器及逻辑分析仪配件、低频信号发生器、稳压电源。
（2）实训器材：数电实验箱（或 74LS74 2 片、74LS138 1 片、面包板 1 块、导线若干）。

3. 电路工作原理

计数-译码电路如图 4-26 所示。3 个 D 触发器组成二进制减法计数器，$Q_2Q_1Q_0$ 在计数脉冲的作用下输出 111B~000B 的状态信号，送至 74LS138 译码器的 C、B、A 三个输入端，当译码器的 G_1、G_{2A}、G_{2B} 满足要求时，输入信号依次选通译码器（Y_7~Y_0）的一路输出 Y 作为低电平，如此循环往复。

由于计数-译码电路中采用的逻辑门、触发器性能及级数不同，造成不同的内部传输时延，在翻转过程中会产生引起错误动作的窄脉冲，即毛刺。毛刺都出现在输入信号的跳变沿上，跳变的输入信号越多，产生毛刺的可能性就越大。毛刺可以引起其他电路工作不正常，应尽量消除。工程上常采用高速集成电路来减小器件本身的时延，降低毛刺的产生。

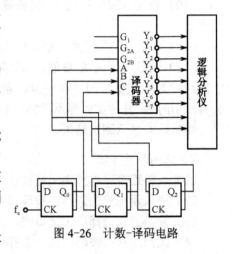

图 4-26 计数-译码电路

4. 项目测试

1）定时图的测试

按图 4-26 搭接好电路后，$Q_2Q_1Q_0$ 和 Y_7~Y_0 各端输出用排针引出，逻辑分析仪的探针分别接入相应测试排针。调节低频信号发生器，使之输出幅度为 5 V、频率为 1 kHz 的方波。合理设置逻辑分析仪的显示方式、分析时钟频率及触发方式后，即可以在逻辑分析仪上观测计数-译码电路输出信号的定时图。在项目实训报告中绘制计数-译码电路的定时图。

2）毛刺的测试

当计数电路中的 D 触发器速度较慢时，74LS138 的 A、B、C 三个输入信号延时不一致，译码器的输出端可能会出现毛刺。设置逻辑分析仪启用毛刺检测功能，使逻辑分析仪工作在毛刺锁定方式，在波形窗口中开启毛刺显示，即可观察到译码输出端的毛刺。

5. 项目测试参考波形

计数-译码电路的定时图参考波形如图 4-27 所示。计数-译码电路输出产生的毛刺参考

---

* "尝试"的前提是使用的逻辑分析仪具有毛刺检测功能。

项目 4　数据域的测量

波形如图 4-28 所示。

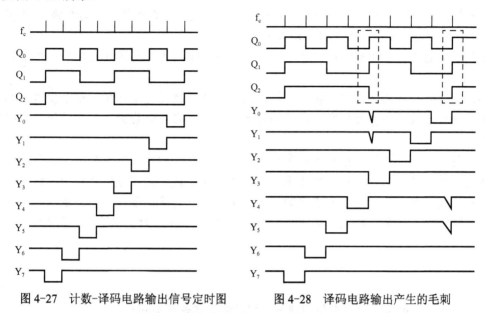

图 4-27　计数-译码电路输出信号定时图　　　图 4-28　译码电路输出产生的毛刺

6. 整理相关资料，完成测试的详细分析并填写项目实训报告

项目实训报告示例，请上华信教育资源网下载参考。

7. 项目考核

项目考核表如表 4-5 所示。

表 4-5　项目考核表

评价项目	评价内容	配　分	教师评价	学生评价		总　分
				互　评	自　评	
工作态度	（1）工作的主动性、积极性； （2）操作的安全性、规范性； （3）遵守纪律情况	10 分				师评 50%+互评 30%+自评 20%
项目测试	（1）仪器连接的正确性； （2）检测结果的正确性	60 分				
项目报告	项目报告的规范性	20 分				
5S 规范	整理工作台，离场	10 分				
合计	—	100 分				

自评人：　　　　　　　互评人：　　　　　　　教师：

日期：

知识梳理与总结

（1）数据域测试对象是数字系统，主要研究以离散时间或事件为自变量的数据流。与

时域、频域测试技术相比，数据域测试有很大的不同。

（2）数据域测试的任务有两个，一是确定系统中是否存在故障，称为合格/失效测试，即故障检测；二是确定故障的位置，即故障定位。

（3）逻辑笔是数据域检测中的简单工具，主要用来判断信号的稳定电平、单个脉冲或低速脉冲序列。

（4）逻辑分析仪又称逻辑示波器，是复杂数字系统进行逻辑分析的重要仪器。其主要特点有多通道输入、多种触发方式、多种显示方式，具有存储能力、限定功能、毛刺检测能力等。

（5）逻辑分析仪按其工作特点可分为逻辑状态分析仪和逻辑定时分析仪两类。逻辑状态分析仪与被测系统同步工作，主要用于系统的软件测试，检测数字系统的工作程序；逻辑定时分析仪与被测系统是异步工作的，主要用于系统的硬件测试。使用逻辑分析仪应根据被测系统的特点，选择适当的显示方式和触发方式，以完成对数字系统的测试任务。

习题 4

4-1 什么是数据域测试？它与频域测试和时域测试有何不同？

4-2 数据域测试有什么特点？数据域测试的主要任务是什么？

4-3 简述逻辑笔的功能。

4-4 简述逻辑分析仪的组成及各部分功能。

4-5 逻辑分析仪的触发起什么作用？其触发方式有哪些？

4-6 逻辑分析仪的显示方式有哪些？

4-7 逻辑分析仪主要应用在哪些方面？

项目 5

频域的测量

案例引入

你在看电视时,妈妈在旁边使用电吹风,于是电视机出现了雪花干扰,用什么方式把干扰信号测量出来呢?还有你的手机在无信号区不能打电话,你的无线鼠标不用连线就能控制计算机,怎么来捕捉这些无线信号呢?用什么仪器检测呢?

学习目标

1. 理论目标

1)基本了解

扫频仪、频谱仪的组成、工作原理和主要性能指标。

【拓展】EMC 的基本概念、EMC 检测项目、EMC 测试仪器和设备;

智能仪器、虚拟仪器的概念。

2)重点掌握

扫频仪、频谱仪的主要功能。

2. 技能目标

能操作扫频仪、频谱仪;

会测量射频通信信号。

5.1 频域测量的概念

电信号是随时间连续变化的，示波器以时间 t 为横轴，幅度为纵轴对电信号进行测量和分析，称为时域测量、时域分析。如图 5-1 所示的幅度-时间-频率三维坐标中，左侧方向看过去，第一个波形为示波器观察到的波形，后几个波形分别是组成这个波形的基波和各次谐波分量。可见，对于多频率成分的电信号，时域分析只能分析合成信号的电参量。

如图 5-1 所示，从右侧方向看过去，以频率 f 为横轴，幅度为纵轴对电信号进行测量和分析，称为频域测量、频域分析。可见，频域测量可以显示被测电路的频率特性，分析信号的谐波分量，了解信号频谱占用情况。

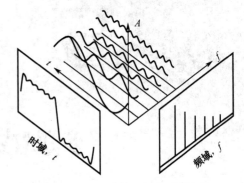

图 5-1　幅度-时间-频率三维坐标

时域分析（time domain）和频域分析（frequency domain）是从时间和频率两个不同的角度观察同一信号，其结果反映了事物不同的侧面。且两者所得结果可以通过傅里叶变换互译。

对于失真很小的波形，频域测量优势明显。因为利用示波器很难观测小失真，但频域分析能测量出信号中很小的谐波分量。对于失真严重的波形，时域测量优势明显。比如当两信号的频谱一样时，则频域分析很难测量出两者的差别。但若组成两信号的基波和各次谐波的相位不同，则示波器观察的结果就截然不同。所以对于同一信号，应根据需要选择相应的测量方法。

5.2 频率特性的测试方法

在电子电路设计或电子产品的生产、调试过程中，经常需要测量某个网络的频率特性，即幅频特性。指在某一频率范围内，当输入电压幅值恒定时，网络输出电压随频率变化的关系特性。

1. 点频法

在项目实施 1 声频功率放大器性能参数测量"增益限制的有效频率范围"中已经接触过点频法，即保持放大器输入信号幅度不变，通过逐点测量一系列规定频率点的增益，经描点法绘制幅频特性曲线。如图 5-2 所示为点频法测量模拟电子技术实验电路 OTL 功放电路的幅频特性曲线。仪器连接如图 1-110 所示，可见点频法所用仪器较多，测试步骤较复杂，相应测试时间就较长。

点频测量法是一种静态测量法，而实际网络工作是一个动态过程，因此点频法只能作为工程技术人员不能实现动态测量时的参考方法。它的优点是测量准确度高，采用常用电子测量仪器即能实现，但测量过程烦琐。

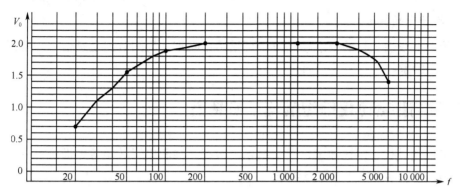

图 5-2 点频法测量的 OTL 功放电路幅频特性曲线

2. 扫频法

扫频测量法以扫频信号作为激励源，加到被测电路输入端，利用示波法将电路幅频特性直接显示在屏幕上，其原理框图如图 5-3 所示。

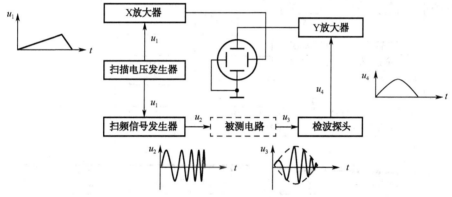

图 5-3 扫频法原理框图

扫频信号发生器是一个压控振荡器，它产生一组幅度不变、频率受扫描电压 u_1 控制的扫频信号 u_2，送至被测电路输入端，被测电路输出信号 u_3 呈现出被测网络的幅频特性，经峰值检波后，将幅度随频率变化的包络信号送至 Y 放大器，故示波管的纵轴为幅度轴。

同时，扫描电压 u_1 加到示波器的 X 通道，使屏幕光点水平移动，且与扫频信号频率随时间的变化规律一致，故示波管的横轴即为频率轴。纵横结合，在屏幕上显示了被测电路的幅频特性曲线。

扫频测量法反映的是被测电路的动态特性，工作过程与工程实际接近。以扫频信号连续测量，在一定频率范围全覆盖，不会疏漏频率点。

3. 多频测量法

多频测量是利用多频信号作为激励信号的一种频域测量技术。多频信号指由若干频率离散的正弦波组成的集合。多频测量将多频信号作为激励源，同时加到被测系统的输入端，并检测被测网络输出信号在这些频率点的频谱，经与输入信号比较后得到被测网络的频率特性。多频测量不同于点频法的测试频率按顺序逐点变化，也不同于扫频法的测试频率连续变化。多频测量软件使测试时间大大缩短，测试速度大大提高。

4. 广谱快速测量法

当系统对非线性失真的要求较高时,可采用白噪声作为测量的激励信号,实现广谱测试信号的动态测量。

5.3 频率特性测试仪的组成与工作原理

频率特性测试仪在雷达技术、通信技术、电视广播和电子教学等方面广泛应用,实现对网络频率特性的动态快速测量与调整。

1. 频率特性测试仪的组成

频率特性测试仪简称扫频仪,根据扫频法的测量原理设计而成,是一种快速实时测量电路幅频特性的仪器。图 5-4 是国产 BT-3C 型扫频仪的电路组成框图。

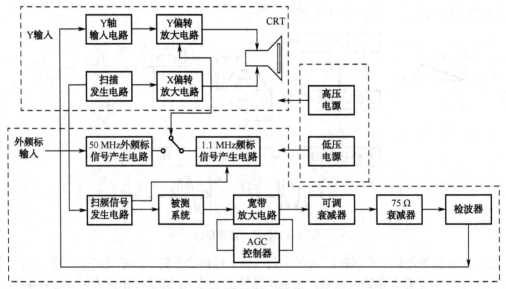

图 5-4 频率特性测试仪电路组成框图

2. 频率特性测试仪各部分工作原理

1) 扫频信号发生器

扫频信号发生器由扫频振荡器、稳幅电路、输出衰减器组成,如图 5-5 所示。作为频率特性测试仪、频谱仪的组成部分,用以产生频率随扫描电压变化的正弦信号。

图 5-5 扫频信号发生器组成框图

扫频振荡器是扫频信号发生器的核心,根据扫频实现方式有变容管扫频振荡器(通过变容二极管的结电容随调制电压做周期性变化而改变频率)、磁调电感扫频振荡器(通过磁芯线圈的电感量随调制电流做周期性变化而改变频率)及宽带扫频(扫频宽度大,中心频率和扫频宽度独立可调)。

扫频振荡器在产生扫频信号的过程中，会产生寄生调幅，因此需要稳幅电路使输出信号振幅恒定。稳幅电路采用自动增益控制电路（AGC）来实现。

输出衰减器用以改变扫频信号的输出幅度，以应对不同测量任务对输出电压值的需求。衰减器由粗调衰减器（每级 10 dB 或 20 dB 步进）和细调衰减器（每级 1 dB 或 2 dB 步进）构成。总衰减量达 70 dB。

2）频标产生电路

频率标志电路即频标电路，其作用是在显示的幅频特性曲线上，叠加频率标志，以便在水平轴上得到更精确的频率读数。常见的内频标有菱形频标和针形频标两种。

（1）菱形频标

常见的菱形频标利用差频法产生，如图 5-6 所示。标准信号发生器产生标准频率信号 f_0（扫频仪 BT–3C 为 50 MHz），经谐波发生器产生 f_0 的基波和各次谐波 f_{01}，f_{02}，f_{03}，f_{04}，…，f_{0i}，送入混频器与扫频信号混频。扫频信号范围为 $f_{min}\sim f_{max}$，当谐波频率与扫频信号频率相同时，将得到混频零拍点，即差频为零。由于低通滤波器的选通性，在靠近零差频点的幅度最大，受滤波器带阻特性的影响，偏离零拍点的信号幅度迅速衰减，于是形成状如菱形的频标，示意图如图 5-7 所示。

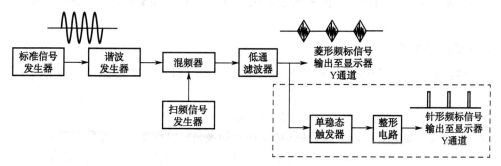

图 5-6　频标信号产生电路原理框图

频标越细将来估算的频率点越精确，由于菱形频标本身有一定的频宽，只有当其宽度与扫频范围相差甚远时，才能形成很细的标记，否则相互接近甚至重叠，难以确定频率值。因此菱形频标适用于较高频段的频率特性测量。

（2）针形频标

针形频标的产生方法与菱形频标相

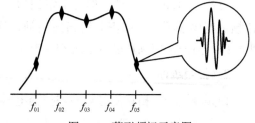

图 5-7　菱形频标示意图

似，如图 5-6 中虚框所示。利用菱形差频信号去触发单稳态触发器，整形后输出一个窄脉冲，叠加到幅频特性曲线上。窄脉冲宽度由单稳态触发器决定，故可以调节到形似针形。针形频标宽度窄，在测量低频电路时有较高的分辨力，适用于低频扫频仪。BT4 型低频频率特性测试仪即采用针形频标。

3）示波器

示波器组成与前面所讲的通用示波器部分内容相似，包括水平通道、垂直通道和主机通道三个部分。其工作原理亦与前面所述相近。

4）附件

扫频仪随机带有两条输出电缆（即两个输出探头）和两条输入电缆（即两个输入探头），输出探头（馈线）有开路探头和匹配探头，输入探头有检波探头和非检波探头。要根据被测电路的输入阻抗和电路的功能选择探头。

被测电路的输入阻抗为 75 Ω 时，用开路探头，否则用匹配探头。

被测电路本身若有检波级时，用非检波探头，否则用检波探头。检波探头内置晶体二极管，其作用是包络检波。

可知，扫频仪有输出、输入两个端口。输出端口接电缆探头，输出等幅扫频信号给被测网络，被测网络输出信号经检波探头连至仪器输入端口，扫频仪、被测网络、检波探头、电缆探头形成闭合回路。

5.4 频率特性测试仪的性能指标

频率特性测试仪（扫频仪）的主要性能指标有：有效扫频宽度、扫频线性、振幅平稳性等。

1. 有效扫频宽度

有效扫频宽度指扫频源输出的扫频线性和振幅平稳性均符合要求的最大频率覆盖范围，即：

$$\Delta f = f_{max} - f_{min}$$

式中，Δf 为有效扫频宽度，f_{max}、f_{min} 为扫频能达到的最高瞬时频率和最低瞬时频率。

扫频信号中心频率是指扫频信号从低频到高频之间中心位置的频率，定义为：

$$f_0 = \frac{f_{max} + f_{min}}{2}$$

通常，当 $\Delta f \ll f_0$ 时，称为窄带扫频；当 $\Delta f \gg f_0$ 时，称为宽带扫频。不同测量任务对扫频宽度要求不同，如需分辨精细的频率特性，采用窄带扫频；测量宽带网络时，采用宽带扫频。另外，扫频宽度可通过扫描电压的大小来调节。

2. 扫频线性

扫频线性表示扫频信号频率与扫描电压之间线性相关的程度，用线性系数 k 表征，即：

$$k = \frac{k_{max}}{k_{min}}$$

式中，k_{max} 为扫频信号频率与扫描电压 $f-U$ 曲线的最大斜率（df/du），k_{min} 为 $f-U$ 曲线的最小斜率。可见，扫频系数越接近 1，扫频线性越好。

3. 振幅平稳性

扫频信号为等幅信号，其振幅平稳性常用寄生调幅来表示，定义为：

$$m = \frac{A-B}{A+B} \times 100\%$$

如图 5-8 所示，A、B 分别为发生寄生调幅时的最大、最小幅度。

4. 扫频信号电压

扫频信号电压指扫频信号发生器的输出电压，应满足被测系统处于线性工作状态的要求，一般有效值大于 0.1 V。

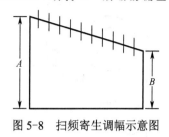

图 5-8 扫频寄生调幅示意图

5. 频率标记

频率标记信号一般有 1 MHz、10 MHz、50 MHz 及外接四种。

6. 输出阻抗

指扫频信号发生器的输出阻抗，一般选择 75 Ω，以匹配被测电路。

5.5 频率特性测试仪的应用

1. 幅频特性测量

如图 5-9 所示连接扫频仪和被测电路。BT-3C 型扫频仪的输出特性阻抗为 75 Ω，如被测电路输入阻抗也为 75 Ω，则可用同轴电缆将扫频信号输出端连到被测电路输入端。否则，应加阻抗匹配电路。根据被测电路的工作频率及测试条件，调节扫频仪相应旋钮，获得幅频特性曲线。

2. 电路参数的测量

按图 5-9 测得电路幅频特性曲线，根据显示的幅频特性曲线，得到各项电路参数。

1）增益测量

直接连接检波器探头与扫频仪输出端，将输出衰减旋钮旋至 0 dB 位置，调节扫频仪使其显示扫描矩形框，设所显示的幅频高度为 H。接着将扫频输出电缆连接到被测电路输入端，将检波探头连接到被测电路输出端，调节除 Y 衰减外的旋钮，使屏幕上显示被测电路幅频特性曲线，调节 Y 衰减旋钮将幅频特性曲线最大高度降到 H，此时衰减旋钮的衰减量即为增益。

2）带宽测量

获得大小合适的幅频特性曲线后，调整 Y 增益，使曲线顶部与某一水平刻度线 AB 相切，如图 5-10（a）所示。接着，Y 增益旋钮不变，将输出衰减旋钮减小 3 dB，此时曲线变高，与 AB 线有两个交点，如图 5-10（b）所示。两交点频率分别是 f_L 和 f_H，则被测电路带宽 BW 为：

$$BW = f_H - f_L$$

3）回路 Q 值的测量

电路连接方法与测量幅频特性曲线相同。在用外接频标测出回路的谐振频率 f_0，以及两个半功率点频率 f_H、f_L 后，回路 Q 值的计算如下：

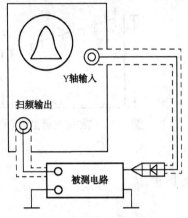

图 5-9　扫频仪与被测电路连接示意图

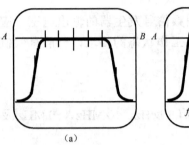

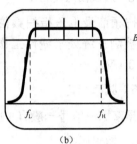

图 5-10　扫频仪测量带宽时荧光屏显示的图形

$$Q = \frac{f_0}{f_H - f_L}$$

3．BT-3C 型扫频仪的主要性能参数

（1）中心频率可在 1～300 MHz 内连续调节。

（2）最小扫频频偏小于 ±0.5 MHz，最大扫频频偏大于 ±15 MHz。

（3）扫频频偏在 ±15 MHz 以内，输出扫频信号寄生调幅系数不大于 7%。

（4）扫频频偏在 ±15 MHz 以内，输出扫频信号的调频非线性系数不大于 10%。

（5）输出扫频信号电压大于 0.5 V（有效值）。

（6）频率标记信号为 1 MHz、10 MHz、50 MHz 及外接四种，1 MHz 和 10 MHz 组合显示，其余两种分别显示。

（7）扫频信号输出阻抗为 75 Ω。

（8）扫频信号的输出衰减器有两种：10 dB×7、1 dB×10 步进。

精度：粗衰减±（0.2+0.03 A）dB（A 为衰减值）；

细衰减±0.5 dB。

（9）检波探头输入电容不大于 5 pF（最大允许直流电压为 300 V）。

4．BT-3C 型扫频仪的操作面板

BT-3C 型扫频仪的面板如图 5-11 所示，各开关、旋钮功能如下。

1）显示部分

电源、辉度旋钮：顺时针旋动此旋钮，即可接通电源，继续顺时针旋动，光点或图形亮度增加。使用时调节亮度适中。

聚焦旋钮：调节亮线清晰明亮，以保证波形显示清晰。

Y 轴位移旋钮：调节图形在垂直方向上的位置。

Y 轴增益旋钮：调节图形垂直方向幅度。

Y 轴衰减开关：有 1、10、100 三个衰减挡级。根据输入电压的大小选择适当的衰减挡级。

Y 轴输入插座：由被测电路的输出端用电缆探头引接此插座。

极性开关：用来改变屏幕上所显示的曲线波形正负极性。当开关在"+"位置时，波形

曲线向上方向变化（正极性波形）；当开关在"-"位置时，波形曲线向下方向变化（负极性波形）。

2）扫描部分

扫频方式选择：选择点频或扫频工作方式。

波段选择：输出的扫频信号按中心频率划分为三个波段（第 I 波段 1~75 MHz、第 II 波段 75~150 MHz、第 III 波段 150~300 MHz），可以根据测试需要来选择波段。

中心频率度盘：能连续地改变中心频率。度盘上所标定的中心频率不是十分准确的，一般是采用边调节度盘，边看频标移动的数值来确定中心频率位置。

输出衰减（dB）开关：根据测试的需要，选择扫频信号的输出幅度大小。分粗调、细调两种。粗调：0 dB、10 dB、20 dB、30 dB、40 dB、50 dB、60 dB，细调：0 dB、2 dB、3 dB、4 dB、6 dB、8 dB、10 dB。粗调和细调衰减的总衰减量为 70 dB。

扫频电压输出：可用 75 Ω 匹配电缆探头或开路电缆将扫频信号送到被测电路的输入端，以便进行测试。

3）频标部分

频标选择开关：有 1 MHz、10 MHz、50 MHz 和外接 4 挡。当开关置于 1 MHz 挡时，扫描线上显示 1 MHz 的菱形频标；置于 10 MHz 挡时，扫描线上显示 10 MHz 的菱形频标；置于 50 MHz 挡时，扫描线上显示 50 MHz 的菱形频标；置于外接时，扫描线上显示外接信号频率的频标。其中，1 MHz 和 10 MHz 为组合显示，50 MHz 和外接频标是分别显示。

频标幅度旋钮：调节频标幅度大小。一般幅度不宜太大，以观察清楚为准。

外接频标输入接线柱：当频标选择开关置于外接频标挡时，外来的标准信号发生器的信号由此接线柱引入，这时在扫描线上显示外频标信号的标记。

5. 馈线和探头

馈线是指将扫频仪输出的扫频信号连接到被测网络输入端的高频电缆线，有匹配电缆和非匹配电缆两种。匹配电缆连接被测网络输入端的那头，内部接有 75 Ω 的电阻，可以通过欧姆表测量出来，如图 5-12 所示。匹配电缆用于当被测网络的输入阻抗远远大于 75 Ω 的场合。非匹配电缆外形和匹配电缆相同，但用欧姆表测量内外导体之间的电阻为无穷大，它用于被测网络输入端的阻抗本身就是 75 Ω 的情况。

馈线的选用，主要是考虑扫频仪的扫频信号输出端的输出阻抗、馈线的特性阻抗以及被测网络的输入阻抗三者要实现阻抗匹配，如图 5-13 所示。扫频信号源的输出阻抗（75 Ω）与电缆特性阻抗（75 Ω）是匹配的，如果被测网络的输入阻抗远远高于 75 Ω，则与 75 Ω 的特性阻抗是不匹配的，是不允许的。但是由于匹配电缆在连接被测网络这边内部接有一个 75 Ω 的电阻，该电阻与被测网络输入端的高阻抗相并联，结果仍然接近 75 Ω，就相当于把被测网络输入端的阻抗变成 75 Ω，从而实现了阻抗匹配。

探头是指将被测网络输出端的信号连接到扫频仪的 Y 轴输入端的低频电缆线，有检波探头和非检波探头两种。检波探头内部设置有检波器，而非检波探头内部没有检波器。检波探头用于被测网络没有检波器的情况，如滤波器等。而有的被测电路本身就含有检波器，例如电视机中频通道的检波器输出端，此时就应该采用非检波探头。图 5-14 为检波探头外形图。

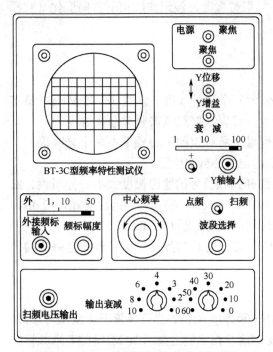

图 5-11　BT-3C 型频率特性测试仪面板

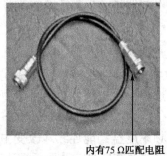

图 5-12　匹配电缆

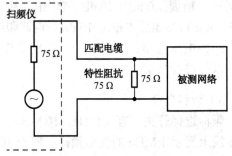

图 5-13　阻抗匹配网络

6. BT-3C 型扫频仪的使用方法

1）使用前的检查

（1）通电预热 10 min 左右，调好辉度和聚焦，使扫描线明亮平滑。

（2）根据被测信号，设置极性开关"+"、"-"和 Y 增益旋钮位置。

（3）根据被测电路的工作频率或带宽，将频标选择开关置于合适挡位，通过调节频标幅度旋钮，使其大小合适。

（4）进行零频标点的调试。将扫频仪的输出探头与输入探头短接，即自环连接；将输出衰减置 0 dB；调节 Y 增益至合适大小，荧光屏上将出现图 5-15（a）所示的两条光迹，调节中心频率旋钮，光迹将向右移动，直至荧光屏上显示如图 5-15（b）所示图形，即光迹出现一个凹陷点，这个凹陷点就是扫频信号的零频标点。

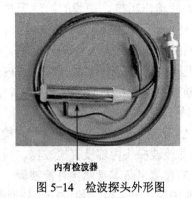

图 5-14　检波探头外形图

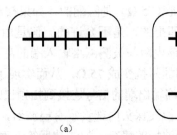

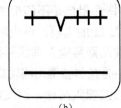

图 5-15　扫频信号零频率点的调试

(5) 进行 0 dB 校正。扫频仪自环连接，将输出衰减开关置于 0 dB 位置，调节 Y 通道的增益使荧光屏上显示的两条光迹间有一确定高度，该高度称为 0 dB 校正线。此后，Y 增益旋钮不能再动，否则测量结果无意义。

2）使用注意事项

（1）扫频仪与被测电路连接时，必须考虑阻抗匹配问题。

（2）所显示的幅频特性曲线如有异常曲折，则表明电路有寄生振荡，应先采取措施消除自激。

（3）测试时，输出电缆与检波头的地线应尽量短，切忌在检波头上加长导线。

实训 13　单调谐放大器性能测试

1. 实训目的

（1）熟悉扫频仪的用途、面板各开关旋钮的功能。

（2）掌握扫频仪测量幅频特性曲线和增益的方法。

2. 实训设备

（1）BT-3C 型扫频仪 1 台。

（2）直流稳压电源 1 台。

（3）高频电路实验箱 1 台。

3. 实训内容

（1）接通扫频仪电源，进行使用前操作，熟悉各开关旋钮功能。

（2）测量单调谐放大器的幅频特性曲线。

单调谐放大器电路图如图 5-16 所示。按图 5-9 所示连接仪器和电路，调节扫频仪相应开关，使幅频特性曲线显示合适，将结果记录在表 5-1 中。

（3）测量单调谐放大器的带宽。

合理操作扫频仪，使之显示如图 5-10 所示，测量单调谐放大器的通频带，并将结果记录在表 5-1 中。

（4）测量单调谐放大器的增益。

先直接连接检波器探头与扫频

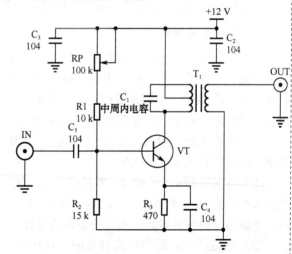

图 5-16　单调谐放大器电路图

仪输出端，输出衰减至 0 dB，设所显示的幅频高度为 H。再按图 5-9 所示连接仪器和电路，调节 Y 衰减旋钮将曲线最大高度降到 H，此时衰减旋钮的衰减量即为增益。将单调谐放大器的增益测量结果记录在表 5-1 中。

（5）改变单调谐放大器的参数，重新测量单调谐放大器的幅频特性、带宽和增益，并将结果记录在表 5-1 中。

表 5-1 单调谐放大器性能测试

序号	幅频特性曲线	增 益	带 宽
第1次			
第2次			

4. 实训报告

（1）记录实训步骤和实训结果，分析所得数据的正确性。

（2）记录过程中遇到的问题，分析原因和写出解决方法。

5. 思考题

扫频仪与示波器的主要区别是什么？

知识拓展 7 电磁兼容检测技术

随着电气电子技术的发展，家用电器产品的日益普及和电子化，广播电视、邮电通信和计算机网络的日益发达，电磁环境日益复杂和恶化，使得电气电子产品的电磁兼容性（EMC）问题也受到各国政府和生产企业的日益重视。

1. EMC 的基本概念

电磁兼容性（EMC）的全称是 Electro Magnetic Compatibility，其定义为"设备和系统在其电磁环境中能正常工作且不对环境中任何事物构成不能承受的电磁骚扰的能力"。电磁兼容是电子产品的一个很重要的性能，电磁兼容问题既可能存在于系统之间，也可能存在于系统的内部。从上面的定义可看出 EMC 包含了以下三个方面的含义：

（1）电磁干扰（EMI）：即处在一定环境中的设备或系统，在正常运行时，不应产生超过相应标准所要求的电磁能量。

（2）电磁敏感度（EMS）：即处在一定环境中的设备或系统，在正常运行时，设备或系统能承受相应标准规定范围内的电磁能量干扰，或者说设备或系统对于一定范围内的电磁能量不敏感，能按照设计性能保持正常的运行。

（3）电磁环境：即系统或设备的工作环境。即使相同种类的设备也可能运用在不同的电磁环境中，对于应用在不同环境中的设备，对它们的电磁兼容要求也可能不是一样的。离开了具体的电磁环境，谈电磁兼容没有什么实际意义。

2. 电磁干扰的三个要素

解决电磁干扰问题，就是对电磁兼容三要素进行探讨，分别是干扰源、传输途径和敏感设备，如图 5-17 所示，图中 EUT（Equipment Under Test）为受试设备。干扰源是干扰能量的出发点，敏感设备是干扰的最终作用点，它们两者之间的途径称为耦合（或干扰、传输）途径。

电磁干扰源是产生电磁干扰的三大要素之一，通常把它分成若干类。按干扰源的来源可分为自然干扰源和人为干扰源；按电磁耦合途径可分为传导干扰源和辐射干扰源；按传输的频带可分为窄带干扰源和宽带干扰源；按干扰波形可分为连续波、周期脉冲波和非周期脉冲波。

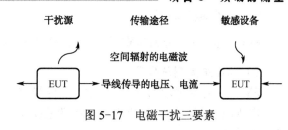

图 5-17 电磁干扰三要素

电磁干扰源所产生的干扰信号可分为无用信号与电磁噪声。无用信号指一些功能性信号，如广播、电视、雷达、信息技术设备等，本身是有用信号，但干扰了其他设备的正常工作，所以对敏感设备而言是无用信号。电磁噪声是不带任何信息的电磁现象，如雷电、静电放电；电气设备中电感负载切断时产生的瞬变脉冲噪声；接通负载时的冲击电流及开关触点的抖动产生的脉冲噪声等。

电磁干扰传输途径与电磁能量的传输途径基本相同，通常分为两大类，即传导干扰和辐射干扰。通过导体传播的电磁干扰，叫传导干扰，通过空间传播的干扰，叫辐射干扰。系统间的辐射耦合主要是远场耦合，而系统内的辐射耦合主要是近场耦合。此外还有辐射耦合与传导同时存在的复合干扰。

敏感设备是指当受到电磁干扰源所发出的电磁能量的作用时，会受到伤害的人或其他生物，以及会发生电磁危害，导致性能降级或失效的器件、设备、分系统或系统，如接收机、电子仪器、电视、音响、导航仪器等。许多器件、设备、分系统或系统既是电磁干扰源，又是敏感设备。

3. 常用电磁兼容测量单位

EMC 问题中主要的量包括：传导发射电压，以伏特（V）为单位；电流，以安培（A）为单位；辐射发射电场，以伏每米（V/m）为单位；磁场，以安培每米（A/m）为单位。与这些主要量相联系的就是功率，以瓦特（W）为单位；功率密度，以瓦每平方米（W/m^2）为单位。这些量的取值范围相当大，例如，电场值可以从 1 μV/m～200 V/m。这意味着其幅值的动态范围达到了 8 个数量级（10^8）。分贝有压缩数据的特点，如 10^8 的电压范围是 160 dB。所以 EMC 单位常用分贝（dB）来表示。

4. EMC 测试产品

所有销售电子信息产品都需要通过 EMC 测试，比如：

信息技术设备：计算机、显示器、打印机、复印机、UPS 电源、扫描仪、调制解调器、驱动器等。

电热器具：电饭煲、电熨斗、面包机、微波炉、电磁炉等。

制冷器具：空调器、电冰箱、冷柜等。

电动器具：洗衣机、电风扇、电吹风、食物搅拌器、吸尘器、电动玩具等。

电器附件：电子开关、控制器等。

照明电器：灯具、电子镇流器、电子变压器等。

此外，还有仪器仪表、医疗器械、娱乐电器、压缩机、舞台灯光设备及其他电子设备等。

5. EMC 检测项目

EMC 检测项目分为电磁干扰（EMI）测试和电磁敏感度（EMS）测试两大类。

1) EMI 主要测试项目

EMI 主要测试项目有：通信端子传导骚扰电压、辐射骚扰场强、骚扰功率、谐波电流、电压波动和闪烁、喀呖声、电源端骚扰电压、天线端骚扰电压、RF 输出端有用信号和骚扰电压等。

2) EMS 主要测试项目

EMS 主要测试项目有：静电放电（ESD）抗扰度、辐射电磁场抗扰度、电快速瞬变/脉冲群（EFT/B）抗扰度、浪涌（雷击）抗扰度、辐射场感应传导抗扰度、工频磁场抗扰度、电压暂降、短时中断抗扰度等。

6. 电磁兼容测量标准

电磁兼容的国际标准化组织主要是国际电工委员会（IEC）。其中，国际无线电干扰特别委员会（CISPR）和 IEC 第 77 技术委员会（IEC/TC77）是制定电磁兼容基础标准和产品标准的两大组织。我国的电磁兼容标准绝大多数采纳这类国际标准。

1) 电磁兼容标准的分类

电磁兼容标准一般分为四大类：基础标准、通用标准、产品类别标准和专用产品标准。

（1）基础标准：对 EMC 术语的定义，对 EMC 现象、环境、测试方法、试验仪器和基本试验装置的说明。例如，IEC50（161）《电磁兼容术语》、CISPR16《无线电干扰和抗扰度测试》、IEC1000-4《基础性电磁兼容性试验和测试技术》。

（2）通用标准：给定环境的所有产品的标准。例如，IEC1000-6-1《通用 EMS 标准——住宅、商业和轻工业环境》、IEC1000-6-2《通用 EMS 标准——重工业环境》、IEC1000-6-3《通用 EMI 标准——住宅、商业和轻工业环境》、IEC1000-6-4《通用 EMI 标准——重工业环境》。

（3）产品类别标准：指针对某一产品类别的标准。

（4）专用产品标准：某一专门的产品标准。通常专用的产品 EMC 标准包含在某种特定产品的一般用途标准中，而不形成单独的 EMC 标准。例如，GB 9813－1988《微型数字电子计算机通用技术条件》，其中包括电磁兼容检测项目，要求按 GB 6833.2～GB 6833.6、GB 9254 进行。

2) 产品的电磁兼容标准遵循原则

产品遵循标准的原则依照如此的顺序：专用产品标准→产品类别标准→通用标准。即一个产品如果有专用产品标准，则 EMC 性能应该满足专用产品标准的要求。如果没有，则应该采用产品类别标准进行 EMC 试验，如果没有产品类别标准，则用通用标准进行 EMC 试验，以此类推。

7. EMC 测试仪器和设备

针对不同的 EMC 检测项目，使用不同的测试仪器和设备，主要有 EMI 接收机（见图 5-18）、频谱分析仪（见图 5-19）、线性阻抗稳定网络（LISN，见图 5-20）、功率吸收钳

(见图 5-21)、喇叭天线、静电枪、谐波电流测试仪等。

图 5-18　EMI 接收机

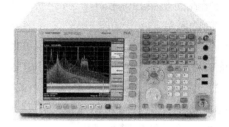

图 5-19　频谱分析仪

图 5-20　线性阻抗稳定网络

图 5-21　功率吸收钳

EMI 接收机实际上是一台专用测量接收机。由于测量对象是微弱的连续波信号及幅值很强的脉冲信号，因此要求测量接收机本身的噪声极小，灵敏度很高，检波器的动态范围大，输入阻抗低（50 Ω），前级电路的过载能力强。频率测量范围要与测试的频率相匹配，测量精度满足±2 dB。

为了测量传导 EMI，必须使用线性阻抗稳定网络（LISN），又称人工电源网络。它是一种去耦电路，主要用来提供干净的电源品质。它能在射频范围内向被测设备端子之间提供一种规定的阻抗，并将实验电路同电源上的无用射频信号隔离开来，进而将干扰电压耦合到测量接收机上。

此外，市场上比较知名的射频微波测试仪器有德国 R&S 的测试仪器。罗德与施瓦茨（R&S）公司是欧洲最大的电子测量仪器生产厂商和专业无线通信、广播、信息安全技术的领导厂商，许多产品不仅质量优异，而且性能独特。其设备和系统还在研究、开发、生产和服务方面创建了全球通行的标准。R&S 的测试仪器在移动通信、无线电行业、广播、军事和 ATC 通信以及其他许多应用领域都发挥了重要的作用。

8. EMC 测试结果的评价

对 EMI 测试结果以是否达到某个限制要求为准则，对于 EMS 试验，其性能判据可分为四个等级，A 级：试验中性能指标正常；B 级：试验中性能暂时降低，功能不丧失，试验后能自行恢复；C 级：功能允许丧失，但能自恢复，或操作者干预后能恢复；R 级：除保护元件外，不允许出现因设备（元件）或软件损坏或数据丢失而造成不能恢复的功能丧失或性能降低。

9. 基本的电磁兼容控制技术

电磁兼容的研究内容除了测量技术外，还有分析预测和电磁兼容控制技术等。最常用也是最基本的电磁兼容控制技术是屏蔽、滤波、接地。此外，平衡技术、低电平技术等也是电磁兼容的重要控制技术。随着新工艺、新材料、新产品的出现，电磁兼容控制技术也得到不断的发展。

（1）屏蔽：主要用于切断通过空间的静电耦合、感应耦合形成的电磁噪声传播途径，与之相对应的屏蔽是静电屏蔽、磁场屏蔽与电磁屏蔽，衡量屏蔽的质量采用屏蔽效能这一指标。

（2）滤波：在频域上处理电磁噪声的一种技术，其特点是将不需要的一部分频谱滤掉。

（3）接地：提供有用信号或无用信号，电磁噪声的公共通路。接地的好坏直接影响到设备内部和外部的电磁兼容性。

10. EMC 检测现场

下面是几张 EMC 测试现场图片，图 5-22 为灯具静电释放的测试；图 5-23 为榨汁机骚扰功率的测试；图 5-24 为电波暗室，用于模拟开阔场，测试辐射无线电骚扰和辐射敏感度，笔记本电脑为受试设备；图 5-25 为电源端传导骚扰电压试验，显示器为受试设备，置于地面的是人工电源网络。

图 5-22　静电释放测试

图 5-23　骚扰功率测试

图 5-24　电波暗室

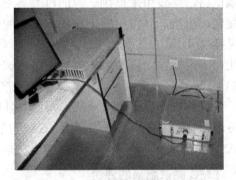
图 5-25　电源端传导骚扰电压试验

5.6　频谱分析的概念与特点

如图 5-1 所示，时域分析与频域分析是对模拟信号的两个观察面。时域分析是以时间轴为坐标横轴表示动态信号的关系；而频域分析是以频率轴为坐标横轴。一般来说，时域的表示较为形象与直观，频域分析则更为简练，剖析问题更为深刻和方便，频域分析是无线通信领域必要的一种信号分析方法。

1. 频谱分析的概念

对于时域内的周期性函数，非正弦波（如周期性方波）可以分解成频率不同的正弦波的叠加，对于单一频率的正弦波，仍可以分解出基波和各次谐波，真正纯净的正弦波是不存在的。对于时域内非周期连续时间信号可视为周期无穷大的周期连续信号。频谱分析就是测量信号的各频率分量，分析信号由哪些不同频率、相位和幅度的正弦波构成。信号的频谱分析包括对信号的所有频率特性的分析，如对幅度谱、相位谱、能量谱、功率谱等进行测量，从而获得信号在不同频率上的幅度、相位、功率等信息。

常见信号的频谱有两种基本类型：

（1）离散频谱，图形呈线状，又称线状频谱。谱线之间间隔相等，每条谱线代表某个频率分量的幅度。各种周期性信号由基频和频率为基频整数倍的谐波构成，故其频谱是离散的。

（2）连续频谱，可视为因谱线间隔无穷小而连成一片。非周期信号和各种随机噪声的频谱都是连续频谱，即在所测的全部频率范围内都有频率分量存在。

2. 示波测试和频谱分析的特点

（1）时域是唯一客观存在的域，频域是一个非真实的、遵循特定规律的数学范畴。

（2）某些时域上较复杂的波形，频域上的显示可能较为简单，如图5-26所示。

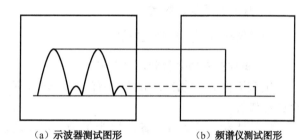

（a）示波器测试图形　　（b）频谱仪测试图形

图5-26　信号在时域和频域中的显示情况

实际的频谱仪通常只给出幅度谱和功率谱，不直接给出相位谱，故当两个信号的基波幅度相同时，二次谐波的幅度也相同，但基波和二次谐波的相位差不相等时，频谱仪观察到的两信号是相同的，而示波器观察到的两波形却截然不同。如图5-27（a）中，波形①、②相位相同，图5-27（b）中，波形①、②相位差180°。

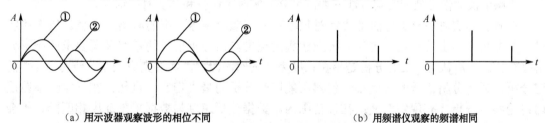

（a）用示波器观察波形的相位不同　　　　　　　（b）用频谱仪观察的频谱相同

图5-27　示波器和频谱仪对比观察相位不同的波形

（3）对于失真很小的信号，示波器很难定量分析失真的程度，如图5-28（a）所示。但频谱仪对于信号的基波和各次谐波能直接给出定量的结果，谱线数量清晰明了，如图5-28（b）所示。

（4）对于确定信号存在着傅里叶变换，将时域信号分解成正弦和余弦曲线的叠加，完成信号从时域到频域的转换，变换结果为幅度谱或相位谱。对于随机信号不存在傅里叶变

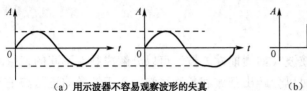　　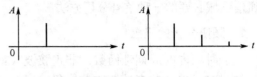

(a) 用示波器不容易观察波形的失真　　　　(b) 用频谱仪容易观察失真信号的频率成分和幅度

图 5-28　对比示波器和频谱仪观察微小失真的波形

换，只就某些样本函数的统计特征值做出估算，如均值、方差等，对它们进行的是功率谱分析。

5.7　频谱分析仪的种类与工作原理

频谱分析仪即频谱仪，是一种重要的多用途的频域测量仪器，它在频域中的地位可以与时域测量中的示波器相比拟，故有"频域示波器"之称。简单地说，频谱分析仪就是使用不同方法在频域内对信号的电压、功率、频率等参数进行测量并显示的仪器。

1. 频谱分析仪的种类

频谱仪有以下几种分类方法：

1）按对信号的分析处理方法分类

按频谱仪对信号的分析处理方法，可分为模拟式频谱仪、数字式频谱仪、模拟/数字混合式频谱仪。

模拟式频谱仪以模拟滤波器为基础，用滤波器来实现信号中各频率成分的分离，主要用于射频和微波频段。

数字式频谱仪以数字滤波器或 FFT 为基础构成。数字式频谱仪精度高、性能灵活，受数字系统工作频率的限制，主要用于低频和超低频段。

2）按对信号处理的实时性分类

按频谱仪对信号处理的实时性分类，可分为实时频谱仪和非实时频谱仪。

实时和非实时的分类方法主要针对频率较低或频段覆盖较窄的频谱仪而言。所谓"实时"并非指时间上的快速，实时分析应达到的速度与被分析信号的带宽及所要求的频率分辨率有关。一般认为，实时分析是指在长度为 T 的时间段内，能够完成频率分辨力达 $1/T$ 的谱分析；或待分析信号的带宽小于仪器所能同时分析的最大带宽。显然，在一定频率范围内讨论实时分析才有现实意义；在该范围内，数据分析速度与数据采集速度相匹配，不会发生数据积压现象，这样的分析就是实时的；如果待分析的信号带宽超过这个范围，则分析变成非实时的。

3）按频谱仪的频率轴刻度类型分类

按频谱仪的频率轴刻度类型分类，可分为恒带宽分析式频谱仪、恒百分比带宽分析式频谱仪。

恒带宽分析式频谱仪的频率轴为线性刻度，信号的基频分量和各次谐波分量在频谱上等间距排列，适用于周期信号的分析和波形失真分析。恒百分比带宽分析式频谱仪的频率轴采用对数刻度,可以覆盖较宽的频率范围,能够兼顾高、低频段的频率分辨率,适用于噪声类广谱随机信号分析。现在,许多数字式频谱仪可以实现不同带宽的 FFT 分析以及两种频率刻度的显示,所以,对于数字式频谱仪而言这种分类并不适用。

此外,按工作频带分类,可分为高频频谱仪、低频频谱仪、射频频谱仪、微波频谱仪等;按基本工作原理,可分为扫描式频谱仪和非扫描式频谱仪等。

2. 频谱分析仪的组成及工作原理

1)模拟式频谱仪

(1)并行滤波实时频谱仪

并行滤波实时频谱仪又称为多通道滤波式频谱分析仪,其组成框图如图 5-29 所示。信号同时加到通带互相衔接的多个带通滤波器中,各个频率同时被检波,经电子开关轮流显示在荧光屏上,实现实时测量。此种频谱仪不仅能分析周期信号、随机信号,还能分析瞬时信号。

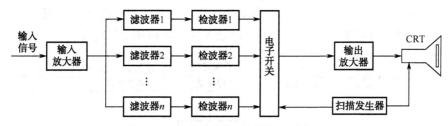

图 5-29 并行滤波实时频谱仪组成框图

(2)挡级滤波器式频谱仪

挡级滤波器式频谱仪又称顺序滤波式频谱仪,其组成框图如图 5-30 所示。与并行滤波实时频谱仪不同,将电子开关加在检波器前,减少了检波器数量,滤波后信号经公共检波器检波后,送至荧光屏,是一种非实时测量。

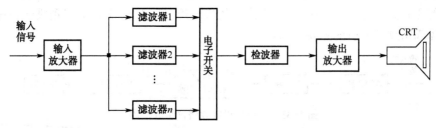

图 5-30 挡级滤波器式频谱仪组成框图

并行滤波实时频谱仪、挡级滤波器式频谱仪受滤波器数量及带宽的限制,这类频谱仪常用在等百分比带宽的低频频谱仪中。

(3)外差式频谱仪

外差式频谱仪利用外差式接收机的原理,将本机振荡器产生的频率可变的扫频信号与被分析信号进行差频,差频所得固定中频信号送入窄带滤波器,由后级电路进行测量分析,由此依次获得被测信号不同频率分量的幅值信息。外差式频谱仪组成框图如图 5-31 所示。

由于差频频率固定,且放大器的增益带宽积是常数,所以窄带中频放大器可获得很高的增益,因此外差式频谱仪具有频率范围宽、灵敏度高、频率分辨率可变的优点,高频频谱仪几乎全部采用外差式。

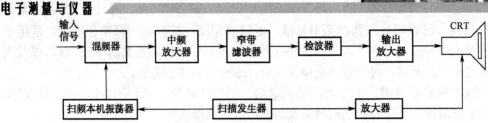

图 5-31 外差式频谱仪组成框图

2）数字式频谱仪

（1）数字滤波式实时频谱仪

数字滤波式实时频谱仪的组成框图如图 5-32 所示，仅用一个数字滤波器，即构成与模拟式频谱仪中并行滤波法等效的实时频谱仪。由于数字滤波器性能优越，可以实现频分和时分复用，完成频谱测量。同时数字滤波器输出的是序列数字量，因而可以进行数字平方检波和均方运算，大大提高了检波精度和动态范围。该方法受到数字器件资源的限制，无法设置足够多的数字滤波器，从而无法实现高频率分辨率和高扫频宽度。

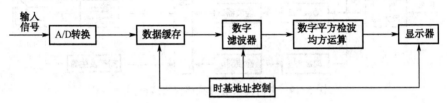

图 5-32 数字滤波式实时频谱仪组成框图

（2）快速傅里叶频谱仪

快速傅里叶频谱仪的组成框图如图 5-33 所示，其核心技术是傅里叶变换（FFT 分析），得到被分析信号的离散频谱，再经平方获得功率谱。根据采样定理：最低采样速率应该大于或等于被采样信号最高频率的两倍，故快速傅里叶频谱仪的工作频段一般在低频范围，已成为低频频谱分析的主要方法。

图 5-33 快速傅里叶频谱仪组成框图

（3）数字外差式频谱仪

数字外差式频谱仪融合了外差扫描、数字信号处理及实时分析技术，利用数字可编程器件实现模拟外差式频谱仪中的各模块，其组成框图如图 5-34 所示。输入信号经过高速 A/D 转换送入处理器，在硬件乘法器内与数字荧光示波器产生的本振扫频信号混频，变频后信号分别进入低通数字滤波器，提取滤波后的信号幅值，结合当前频率，在显示器上显示信号频谱。

相比模拟外差式频谱仪，数字外差式频谱仪不仅测量速度快，还能对频谱信号实现存储和分析。相比傅里叶频谱仪和数字滤波式频谱仪，数字外差式频谱仪只使用一个固定截止频率的低通滤波器，节省资源，同时省去大容量的存储器，在保证系统精度的前提下，提高了系统集成度。

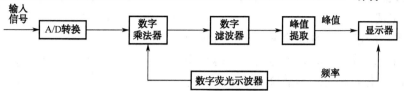

图 5-34 数字外差式频谱仪组成框图

5.8 频谱仪的性能指标与应用

1. 主要性能指标

不同品种的频谱仪其技术参数不完全相同。对于使用者来说，主要了解频率范围、扫描宽度、扫描时间、测量范围、灵敏度、分辨率及动态范围等。

1）频率范围

频率范围指频谱仪能达到规定性能的最大频率区间。现代频谱仪的频率范围通常从低频段到射频段、微波段，如 0.15～1 050 MHz、30 Hz～26.5 GHz。"频率"指中心频率，即位于显示频谱宽度中心的频率。

2）扫描宽度

扫描宽度又称分析谱宽、扫宽、频率量程、频谱跨度等，指频谱仪在一次分析过程中所显示的频率范围，扫描宽度与分析时间之比就是扫频速度。

3）扫描时间

扫描时间也称分析时间，指进行一次全频率范围的扫描并完成测量所需要的时间。一般都希望测量速度越快越好，即扫描时间越短越好，但扫描时间与许多因素有关，过小会影响测量精度。目前很多频谱仪有多挡扫描时间可选择，应选择适当的扫描时间进行测量。

4）测量范围

测量范围指在任何环境下可以测量的最大信号与最小信号的间隔。可以测量的信号上限由安全输入电平决定（参考值 30 dBm（1 W）），可以测量的信号下限由灵敏度决定（参考值-135～-115 dBm），且和频谱仪的最小分辨带宽有关，由此推断，测量范围参考值在 145～-165 dBm。

5）灵敏度

灵敏度指频谱仪测量微弱信号的能力，定义为显示幅度满度时，输入信号的最小电平值。灵敏度与扫速有关，扫速越快，动态幅频特性峰值越低，灵敏度越低。

6）分辨率

分辨率指分辨频谱中两个相邻分量之间的最小谱线间隔，表征仪器能够把靠得很近的两个谱线区分开来的能力。频谱仪显示的每条谱线实际是窄带滤波器的动态幅频特性曲线，故频谱仪的分辨率主要取决于窄带滤波器的通频带宽度，因此定义窄带滤波器幅频特性的 3 dB 带宽为频谱仪的分辨率。很明显，若窄带滤波器的 3 dB 带宽过宽，可能使两条谱线都落入滤波器的通频带，此时，频谱仪无法分辨这两个分量。

7）动态范围

动态范围指能以规定的准确度测量同时出现在输入端的两个信号之间的最大差值。动态范围上限受非线性失真的制约。频谱仪的幅值显示方式有两种：线性和对数。对数显示的优点是在有限的屏幕上和有效的高度范围内，可获得较大的动态范围。频谱仪的动态范围一般在 60 dB 以上，有的可达 100 dB 以上。频谱分析仪动态范围示意图如图 5-35 所示。

图 5-35　频谱分析仪动态范围示意图

2. 频谱仪的测量领域

随着科技的发展，频谱仪技术性能不断提高，其频率测试范围宽，幅度跨度大，应用范围也越来越广泛，包括雷达、微波通信线路、电信设备、移动通信系统、电磁干扰测试、有线电视系统、广播设备、光波测量，以及信号检测等应用。频谱仪已成为测量领域一种基本的测量工具。目前，频谱仪主要应用于以下一些方面。

1）正弦信号的频谱纯度

频谱仪测量信号的幅度、频率，以及寄生频谱的谐波分量。

2）非正弦波的频谱

频谱仪测量脉冲信号、音频视频信号的频谱。

3）调制信号的频谱

频谱仪测量调幅波的调幅系数、调频波的频偏和调频系数，以及寄生调制参数。

4）通信系统的发射机质量

频谱仪测量通信系统发射机的载频频率、频率稳定性、寄生调制，以及频率牵引等。

5）放大器等的性能测试

频谱仪测量放大器的幅频特性、寄生振荡、谐波和互调失真等，混频器、倍频器的变换损耗等。

6）噪声测试

频谱仪测量噪声信号的频谱，分析频谱分量。

7）电磁干扰测试

频谱仪测量辐射干扰、传导干扰、电磁干扰。在军事领域侦察敌方电台，测试敌方施放的干扰。

3. 频谱仪的使用方法

不同生产厂商提供性能和价格各异的频谱分析仪。鉴于无线通信网络的发展，现以频率范围 9 kHz～3.0 GHz 的频谱仪 GSP-830 为例，介绍频率特性测试仪的实际应用。

1）GSP-830 型频谱仪的性能指标

GSP-830 型频谱仪的主要性能指标如下。

项目 5　频域的测量

(1) 频率范围：　　　　9 kHz～3 GHz
(2) 频宽范围：　　　　2 kHz～3 GHz 在 1-2-5 顺序步进，全展频，零展频
(3) 相位噪声：　　　　−80 dBc/Hz @1 GHz 20kHz offset 典型值
(4) 扫频时间范围：　　50 ms～25.6 s
(5) 分辨率带宽：　　　3 kHz、30 kHz、300 kHz、4 MHz
(6) 视频频宽范围：　　10 Hz～1 MHz 1-3 步进
(7) 测量范围：　　　　−103～+20 dBm：1～15 MHz，Ref.Level @ −30 dBm
　　　　　　　　　　　−117～+20 dBm：15 MHz～1 GHz，Ref.Level ≥−110 dBm
　　　　　　　　　　　−114～+20 dBm：1～3 GHz，Ref.Level ≥−110 dBm
　　　　　　　　　　　（Span = 50 kHz，RBW = 3 kHz）
(8) 过载保护：　　　　Max. +30 dBm，±25 V DC
(9) 参考电平范围：　　−110～+20 dBm
(10) 精确度：　　　　　±1 dB @100 MHz
(11) 频率平坦度：　　　±1 dB
(12) 幅度线性度：　　　±1 dB over 70 dB
(13) 平均背景噪声：　　<−135±1 dBm/Hz：1～15 MHz，Ref.Level @ −30 dBm
　　　　　　　　　　　<−149 dBm/Hz，典型−152 dBm/Hz：15 MHz～1 GHz，Ref.Level ≥−110 dBm
　　　　　　　　　　　<−146 dBm/Hz，典型−149 dBm/Hz：1～3 GHz，Ref.Level ≥−110 dBm
(14) 三阶交调失真：　　<−70 dBc RF 输入　@−40 dBm，Ref.Level @−30 dBm
(15) 协波失真：　　　　<−60 dBc RF 输入　<−40 dBm，Ref.Level @−30 dBm
(16) 非谐波伪噪声：　　<−93 dBm，1～15 MHz，Ref.Level @−30 dBm
　　　　　　　　　　　<−107～+20 dBm：15 MHz～1 GHz，Ref.Level ≥−110 dBm
　　　　　　　　　　　<−104～+20 dBm：1～3 GHz，Ref.Level ≥−110 dBm
　　　　　　　　　　　（Span = 50 kHz，RBW = 3 kHz）
(17) 显示器：　　　　　640×480 高分辨率　TFT　彩色　LCD
(18) 分割视窗：　　　　动态视窗：上、下或交替（两个同时扫描视窗）
(19) 游标：　　　　　　10 组峰值游标；5 组△游标
　　　　　　　　　　　功能：Delta、To Peak、To Minimum、Peak Track、Peak Table、Peak Sort
(20) 轨迹侦测：　　　　3 个轨迹功能：峰值、最大值保持、冻结、平均、轨迹数学运算
(21) 功率测量：　　　　ACPR、OCBW、信道功率、N-dB 带宽和相位抖动
(22) 自动设定功能：　　自动侦测并显示
(23) 触发：　　　　　　条件：视频，外部（正向，+5 V TTL 外部信号）
　　　　　　　　　　　模式：普通、单次、连续

2）GSP-830 型频谱仪的操作面板
(1) 前面板
GSP-830 型频谱仪的前面板如图 5-36 所示。具体按键、接口功能如下。

253

电子测量与仪器

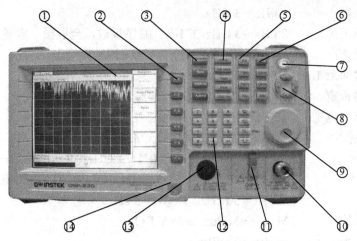

图 5-36　GSP-830 型频谱仪的前面板

① LCD 显示器：TFT 彩色显示器，640×480 分辨率。

② F1～F6 功能键：软键用于执行出现在显示器右边的菜单指令。

③ 主要功能键：Frequency 键和 Span 键用来设定水平（频率）刻度；Amplitude 键用来设定垂直（振幅）刻度和输入阻抗；Autoset 键用来自动设定输入信号最适当的水平和垂直刻度。

④ 量测功能键：Marker 键用来启动光标并用在指定的区域；Peak Search 键用来搜寻峰值信号并设定峰值范围和次序；Trace 键用来开启并设定轨迹信号，执行轨迹数学运算；Measurement 键用来设定及执行 4 种类型的功率量测：ACPR、OCBW、N-dB 和相位抖动；Limit Line 键用来设定高/低限制线并执行 Pass/Fail 测试。

⑤ 控制键：BW 键用来设定 RBW（分辨带宽）/VBW（视频带宽）、扫描时间和波形平均数字；Trigger 键用来选择触发类型，设定触发操作模式/延迟/频率，并启动外部触发输入信号；Display 键用来设定 LCD 亮度，编辑并显示显示画面的线/标题，以及启动分割窗口；File 键用来储存/调出/删除轨迹波形，限制线，振幅修正，指令集和面板设定，并且可以经由 USB 端口储存显示器的影像。

⑥ 状态键：Preset 键用来重设 GSP-830 开机时预先设定的状态；System 键设定日期/时间、GPIB/RS232C 接口和语言、显示系统的数据和自我测试的结果、储存/调出面板设定；Option 键用来设定跟踪发生器、AM/FM 解调器、电池和外部参考频率；Sequence 键用来编辑并执行指令集。

⑦ 电源键：Power 键用来选择 Standby 模式（红色）和 Power On 模式（绿色）之间的电源状态。使用后面板的电源开关打开/关闭电源。

⑧ 方向键：用来选择不同状况的参数，上/右键为增加参数，下/左键为减少参数。

⑨ 飞梭旋钮：用来设定或选择参数，在很多情况它和方向键一起使用。

⑩ 输入端子：RF Input 端口用来接收待测输入信号，最大为+30 dBm，DC ±25 V。输入阻抗为 50 Ω。

⑪ 前置放大器电源供应器端子：DC 9V 端口用来向选购的前置放大器提供电源。

⑫ 数字输入键：用来设定不同的参数，很多情况下它与方向键和飞梭旋钮一起使用。

⑬ 跟踪发生器输出端子：TG output 端口用来输出跟踪发生器信号，其反灌的功率不能超过+30 dBm。

⑭ USB 输出连接器：USB host，公座连接器用来提供储存和调出数据或显示影像。

（2）后面板

GSP-830 型频谱仪的后面板如图 5-37 所示。具体功能如下。

① 频率调整点：调整内部参考信号频率，只用于维修服务。

② GPIB 连接器：24 pin 母座 GPIB 连接器用于远程控制。

③ USB 连接器：Mini-B 类型连接器用于连接 PC 软件和远程控制。

④ RS232C 连接器：9 pin 母座连接器用于连接 PC 软件和远程控制。

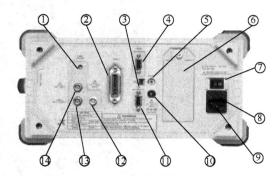

图 5-37 GSP-830 型频谱仪的后面板

⑤ 音频输出端口：3.5mm 音频输出端口用于语音输出。需安装 AM/FM 解调器才可使用。

⑥ 电池组：电池组在手提时使用。可和直流模块一起安装。

⑦ 主电源开关：主电源开关用于打开/关闭电源。

⑧ 熔丝插座：熔丝值为 T1.6A 250V。

⑨ 电源线插座：100～240 V，50/60 Hz AC 电源线。

⑩ DC 电源输入：电源输入为 DC 12 V，40 W 最大值。

⑪ VGA 输出：15 pin 母座 VGA 连接器可输出 640 × 480 分辨率的显示影像到外部显示屏或投影机。

⑫ 外部触发输入：从外部的设备接收触发信号。

⑬ 参考输出：输出+5 V TTL，10 MHz 参考信号，使 GSP-830 与外部设备同步触发。

⑭ 参考输入：从外部的设备接收信号，和 GSP-830 同步触发。

3）显示界面

GSP-830 型频谱仪显示屏的显示界面如图 5-38 所示。具体功能如下。

① 轨迹和波形显示：主显示区域，显示输入信号和轨迹。提供三种轨迹颜色，分别是绿色、红色、黄色。

② 标题：显示目前的标题。

③ 参考电平/垂直刻度：参考电平准位和垂直刻度。

④ 游标：显示频率和振幅的光标/△光标。

⑤ 功能菜单：按显示器右边 F1～F6 功能键选择所需的功能项目。

⑥ 日期和时间：显示目前的日期和时间。

⑦ 频率/带宽：上：显示开始/终止频率和中心频率。
　　　　　　　下：显示视频带宽、分辨带宽、频率展频和扫描时间。

⑧ 状态图标：显示不同的系统状况。

⑨ 测试结果/错误信息：使用限制线或系统错误信息进行 Pass/Fail 测试。

电子测量与仪器

⑩ 一般的窗口：显示选择项目的目前状态或输入的参数如频率或振幅。

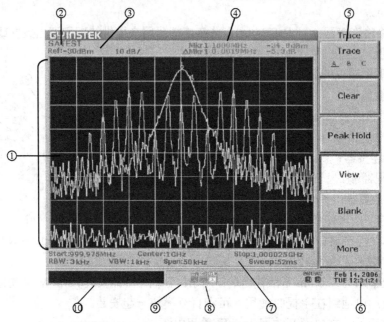

图 5-38 GSP-830 型频谱仪的显示界面

实训 14 手机发射信号测试

1. 实训目的

现代生活中存在着看不见、摸不着、听不见的错综复杂的电磁网。借助频谱仪的测量功能，来捕获和分析无线信号，感知环境中的无线电波。

（1）熟悉 GSP-830 型频谱仪的面板装置及其操作方法。

（2）测试环境中的无线电波。

2. 实训设备

（1）GSP-830 型频谱仪 1 台。

（2）转接头（N 转 SMA）1 个。

（3）天线（800～1 000 MHz）1 根。

3. 实训内容

手机发射信号测试。由于手机频率介于 800～1 900 MHz 之间，因此测量手机发射信号时，设定频率范围 800～1 900 MHz。

图 5-39 连接天线的频谱仪

注意：频率设定有两种方式，若待测信号的频率是已知的话，可以利用中心频率加频展的设定方式；若要量测的频点是一个范围，则可以利用设定起始频率和终止频率的方法。

（1）开启 GSP-830 的电源并接上天线，如图 5-39 所示。

（2）频谱仪设置如下：

起始频率：800 MHz；终止频率：1 900 MHz；参考电平：-30 dBm；分辨率设置（RBW）：Auto。

（3）观察频谱仪显示屏上的信号，找出其中较高的三个信号，在图 5-40 中记下其频率值、幅值，并绘制频谱曲线。

注意： 参考电平可随信号的强弱而调整。

由于手机会有跳频现象，可以利用信号轨迹的峰值保持功能保存读值，将跳频信号保留在显示屏幕上，将频率与幅值记录下来。

（4）将显示带宽改为 5 MHz，中心频率依序设为上述三个频点，如此可以较准确地观察单一信号，在图 5-40（b）中依序记录三个频点的幅值，并绘制频谱曲线。

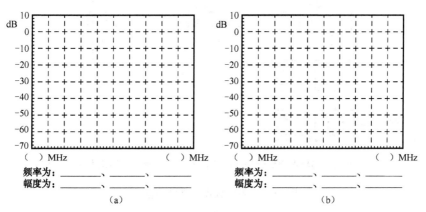

图 5-40 手机发射信号测试

4. 实训报告

（1）记录实训步骤和实训结果，分析所得数据的正确性。
（2）记录过程中遇到的问题，分析原因和写出解决方法。

5. 思考题

除了手机信号外，环境中还有什么无线信号能被频谱仪量测到？

知识拓展8　智能仪器与虚拟仪器

随着科学研究的深入和细化、工业生产规模的不断扩大，电子测量应用范围越来越广，测试内容越来越复杂，测试工作量越来越大，所有这些都对现代电子测量技术提出了新的挑战。随着电子科技的发展，电子测量技术与电子测量仪器也突飞猛进地发展着。近几十年，智能仪器、虚拟仪器、自动测试技术与远程测控技术，在生产和科研领域占据越来越重要的地位。

1. 智能仪器的组成与特点

智能仪器是计算机技术与电子测量仪器紧密结合的产物。习惯上将内含微型计算机、具有自动化操作，以及数据存储、运算和逻辑判断能力，带有 GPIB 等通信接口的电子仪器称为智能仪器。

1）智能仪器的组成

智能仪器实际上是一个专用的微型计算机系统，由硬件和软件两部分组成。

（1）硬件

智能仪器硬件结构框图如图 5-41 所示，主要包括主机电路、模拟量输入/输出通道、人机接口和标准通信接口电路三部分。

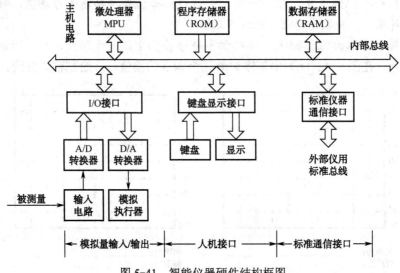

图 5-41　智能仪器硬件结构框图

① 主机电路。主机电路通常由微处理器、程序存储器、数据存储器等组成，主要完成各种功能控制，存储程序和数据，进行一系列数据运算和处理。

② 模拟量输入/输出通道。模拟量输入/输出通道用于输入和输出模拟信号，实现 A/D 转换与 D/A 转换。主要由 A/D 转换器、D/A 转换器以及相关模拟信号处理电路组成。

③ 人机接口和标准通信接口。人机接口主要由仪器面板上的键盘和显示器等组成，用来建立操作者与仪器之间的联系。标准通信接口用于连接计算机和其他仪器，组建自动测试系统。

（2）软件

智能仪器的软件分为监控程序和接口管理程序两部分。

监控程序是面向仪器面板键盘和显示器的管理程序，其内容包括通过键盘输入命令和数据，以对仪器的功能、操作方式与工作参数进行设置；根据仪器设置的功能和工作方式，控制 I/O 接口电路进行数据采集、存储；按照仪器设置的参数，对采集的数据进行相关的处理；以数字、字符、图形等形式显示测量结果、数据处理的结果及仪器的状态信息。

接口管理程序是面向通信接口的管理程序，其内容是接收并分析来自通信接口总线的远程控制命令，包括有关功能、操作方式与工作参数的代码；进行有关的数据采集与数据处理；通过通信接口输出仪器的测量结果、数据处理的结果及仪器的现行工作状态信息。

2）智能仪器的特点

智能仪器与传统仪器相比，主要具有以下特点。

（1）测量过程软件化

智能仪器一般都使用嵌入微处理器的系统芯片（SOC）、数字信号处理器（DSP）及专用集成电路（ASIC），仪器内部带有处理能力很强的智能软件。由于智能仪器是为完成特定测试任务而设计的，属于专用计算机，相应的测试软件也相对固定，一般软件还可升级。依靠软件控制的仪器不仅简化了系统的硬件结构，缩小了体积，降低了功耗，还大大提高了测试系统的可靠性和自动化程度。

（2）强大的数据处理能力

传统仪器在获得测试数据后，测量人员要对数据进行分析和处理，如果数据量庞大则后续工作量相当可观。而智能仪器能很轻松地完成对测量数据的存储和处理，大大节省了人力物力。例如，传统数字式万用表只能测量电阻、交直流电压、电流等，而智能数字式万用表还能对测量结果进行诸如零点平移、求平均值、寻找极值、统计分析等复杂的数据处理功能，提高了测量工作的效率。

（3）测速快、精度高

随着生产规模的不断壮大，高速而高效的测试是测试系统追求的目标之一。诸如 A/D 转换速率的提高、芯片时钟频率的提升、高速显示、打印以及绘图设备的完善，为智能仪器的快速测试提供了可能。诸如数字滤波等技术，有效地对抗了干扰、温漂等问题，提高了测量精度。

（4）多功能化

通过嵌入不同功能的软件，配置少许硬件，即可实现智能仪器的功能扩展，使得一机多能成为可能。诸如前述五合一示波器，集信号源、电压表、示波器、逻辑分析仪、电源于一体，更利于工程现场的测量。

（5）简洁的控制面板、友好的人机界面

智能仪器使用菜单和软键盘代替传统仪器中的旋转式或琴键式开关，不仅提高了测量的可靠性，而且递进式菜单丰富了测量功能，理顺了测量逻辑。LCD 显示技术或触摸屏显示技术，以其友好的人机界面直观告知测量结果，使得测量过程更人性化。

（6）具有可程控操作能力

智能仪器一般配有 GPIB 等标准通信接口，可以方便地与其他仪器和计算机进行数据通信，使自动测试系统成为可能。

2. 自动测试系统

随着计算机和数据通信技术在电子测量领域的应用，20 世纪 70 年代后期诞生了高速度、高精度、多功能、多参数和宽范围的自动测试系统（Automated Test System，ATS）。不同的自动测试系统有其特定的应用领域和被测对象，如印制电路板自动测试系统（ICT）、大规模集成电路自动测试系统、飞机自动测试系统、雷达自动测试系统等。

自动测试系统是指以计算机为核心，在程控指令的指挥下，能自动完成特定测试任务的有机整体，包括测量仪器和设备。通过统一的标准总线，自动测试系统把不同功能、不同品牌、不同型号的通用仪器及计算机，以组合式或积木式的方法连接起来，在预先编写好的测试程序的控制下协调工作，自动完成一系列复杂的测试任务。

如图 5-42 所示为典型的采用 GPIB 接口、通用计算机作为主控的自动测试系统。计算机作为系统的控制者，通过执行测试软件，实现对测量全过程的控制及处理；可程控仪器设备是测试系统的执行单元，具体完成采集、测量、处理等任务；GPIB 总线如同一个多功能的神

经网络,把各种仪器设备有机地连接起来,完成系统内的各种信息的变换和传输任务。

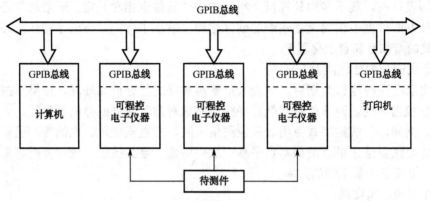

图 5-42 典型的 GPIB 自动测试系统

总线(Bus)是各种功能部件之间传送信息的公共通信干线,是由导线组成的传输线束。总线上传递的各种信息通称为消息。带标准接口的智能仪器按功能可分为仪器功能和接口功能两部分,所以消息也有仪器消息和接口消息之分。下面介绍几种目前常用的总线。

1)GPIB 总线

GPIB(IEEE-488 标准)即通用接口总线(General Purpose Interface Bus),是国际通用的仪器接口标准。目前生产的智能仪器几乎无一例外地都配有 GPIB 标准接口。

GPIB 标准包括接口与总线两部分。接口部分由各种逻辑电路组成,与各仪器装置安装在一起,用于对传输的信息进行发送、接收、编码和译码;总线部分是一条无源的多芯电缆,用于传输各种消息。将具有 GPIB 接口的仪器用 GPIB 总线连接起来的标准接口总线系统如图 5-43 所示,DUT 为待测件。

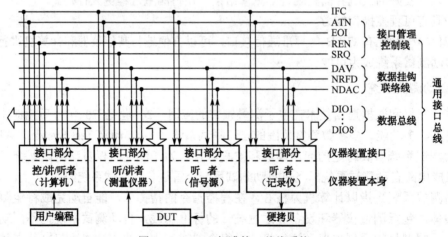

图 5-43 GPIB 标准接口总线系统

在一个 GPIB 标准接口总线系统中,要进行有效的通信联络至少有"讲者"、"听者"、"控者"三类仪器装置。

讲者是通过总线发送仪器消息的仪器装置(如测量仪器、数据采集器、计算机等),在一个 GPIB 系统中,可以设置多个讲者,但在某一时刻,只能有一个讲者在起作用。

听者是通过总线接收由讲者发出消息的装置（如打印机、信号源等），在一个 GPIB 系统中，可以设置多个听者，并且允许多个听者同时工作。

控者是数据传输过程中的组织者和控制者，例如对其他设备进行寻址或允许"讲者"使用总线等。控者通常由计算机担任，GPIB 系统不允许有两个或两个以上的控者同时起作用。

控者、讲者、听者被称为系统功能的三要素，对于系统中的某一台装置，可以具有三要素中的一个、两个或全部功能。GPIB 系统中的计算机一般同时兼有讲者、听者与控者的功能。

（1）基本特性

GPIB 标准接口系统的基本特性如下。

① 可以用一条总线互相连接若干台装置，以组成一个自动测试系统。系统中装置的数目最多不超过 15 台，互连总线的长度不超过 20 m。

② 数据传输采用并行比特（位）、串行字节（位组）双向异步传输方式，其最大传输速率不超过 1 Mbps。

③ 总线上传输的消息采用负逻辑。低电平（≤＋0.8 V）为逻辑"1"，高电平（≥+2.0 V）为逻辑"0"。

④ 地址容量。单字节地址：31 个讲地址，31 个听地址；双字节地址：961 个讲地址，961 个听地址。

⑤ 一般适用于电气干扰轻微的实验室和生产现场。

（2）GPIB 总线结构

GPIB 连接器示意图如图 5-44（a）所示，GPIB 总线实物如图 5-44（b）所示。总线是一条 24 芯电缆，其中 16 条为信号线，其余为地线及屏蔽线。电缆两端是双列 24 芯叠式结构插头。16 条信号线按功能可分为以下三组。

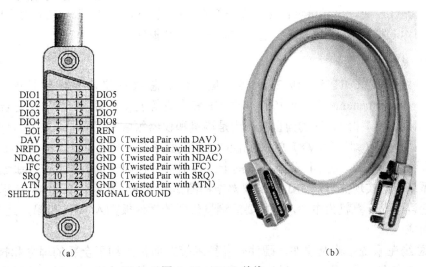

图 5-44 GPIB 总线

① 8 条双向数据总线（DIO1～DIO8）。用于传递仪器消息和大部分接口消息，包括数据、命令和地址。由于这一标准没有专门的地址总线和控制总线，因此必须用其余两组信

号线来区分数据总线上信息的类型。

② 3条数据挂钩联络线（DAV、NRFD和NDAC）。用于控制数据总线的时序，以保证数据总线能正确、有节奏地传输信息，这种传输技术称为三线挂钩技术。

DAV（DATA VALID）数据有效线：当数据线上出现有效的数据时，讲者置DAV线为低（负逻辑），示意听者从数据线上接收数据。

NRFD（NOT READY FOR DATA）数据未就绪线：只要被指定的听者中有一个尚未准备好接收数据，NRFD线就为低，示意讲者暂不要发出信息。

NDAC（NOT DATA ACCEPTED）数据未收到线：只要被指定的听者中有一个尚未从数据总线上接收完数据，NDAC就为低，示意讲者暂不要撤掉数据总线上的信息。

③ 5条接口管理控制线（ATN、IFC、REN、EOI和SRQ）。用于控制GPIB总线接口的状态。

ATN（ATTENTION）注意信号线：此线由控者使用，用来指明数据线上数据的类型。当ATN为"1"时，数据总线上的信息是由控者发出的接口信息，这时一切设备均要接收这些消息。当ATN为"0"时，数据总线上的信息是受命为讲者的设备发出的仪器消息，一切受命为听者的设备都必须听。

IFC（INTERFACE CLEAR）接口清除信号线：此线由控者使用，当IFC为"1"时，整个接口系统恢复到初始状态。

REN（REMOTE ENABLE）远程控者信号线：此线由控者使用，当REN为"1"时，仪器处于远程工作状态，从而封锁设备的手动操作。当REN为"0"时，仪器处于本地工作状态。

SRQ（SERVICE REQUEST）服务请求信号线：设备用此线向控者提出服务请求，然后控者通过依次查询，确定提出服务请求的设备。

EQI（END OR IDENTIFY）结束与识别信号线：此线与ATN配合使用，当EQI为"1"、ATN为"0"时，表示讲者已传递完一组数据；当EQI为"1"、ATN为"1"时，表示控者要进行识别操作，要求设备把它们的状态放在数据线上。

2）VXI总线

VXI总线（IEEE-1155—1992标准）是VME总线在仪器领域的扩展（VMEbus Extension for Instrumentation），是1987年由HP和泰克等五家公司联合提出的适合于个人仪器系统标准化的接口总线，它的问世被认为是测量和仪器领域发生的一个重要事件。

VXI总线系统（即采用VXI总线标准的个人仪器系统）一般由计算机、VXI仪器模块和VXI总线机箱构成。使不同生产厂家的卡式仪器都可在同一机箱中工作，通过开放式手段，促使系统资源实现共享。VXI总线仪器结构图如图5-45所示。图5-46所示是个人仪器系统，它以个人计算机为中心，将需要的测量仪器的插件板插入VXI机箱，经VXI标准总线组合而成。

VXI总线在系统结构及软件、硬件开发技术等方面都采纳了全新的理念和技术。VXI总线的主要特点有：① 测试仪器模块化；② 具有32位数据总线，数据传输速率高，基本总线数据传输速率为40 Mbps；③ 系统可靠性高，可维修性好；④ 电磁兼容性好；⑤ 通用性强，标准化程度高；⑥ 适应性、灵活性强，兼容性能好。

项目5 频域的测量

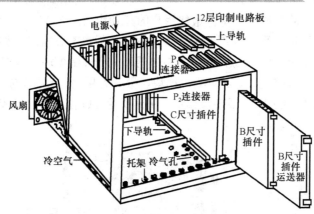

图 5-45 VXI 总线仪器结构图

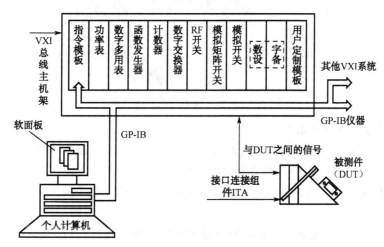

图 5-46 个人仪器系统的构成

3）PXI 总线

VXI 总线主要用于满足高端自动化测试应用的需要，成功应用于军用航空测试和制造业测试的高频道计数。然而，VXI 总线没有形成主流应用，主要因为其成本太高以及难以集成化，且现代计算机不支持 VME 总线结构。

PXI 总线是 1997 年美国国家仪器公司（NI）发布的一种高性能低价位的开放性、模块化仪器总线，是一种专为工业数据采集与仪器仪表测量应用领域而设计的模块化仪器自动测试平台。PXI（PCI Extensions for Instrumentation）是面向仪器的 PCI 扩展，它基于 PCI（Peripheral Component Interconnect），所以具有 PCI 的一些优点，如较低的成本、不断提高的性能，以及为最终用户提供主流软件模型。

PXI 总线解决了自动化生产和测试中的难题，建构了一个能将机器视觉与运功控制和传统电气/电子测试结合在一起的平台。此外，通过一些主流软件工具，比如 LabVIEW 实时模块，PXI 还为用户提供了实时测量与控制功能。因此，在 ATE（自动测试设备）、设计检验、军用测试和科学实验等应用领域，PXI 都得到广泛应用。

PXI 总线系统将 Microsoft Windows 定义为其标准软件框架，并要求所有的仪器模块都必须带有按 VISA 规范编写的 WIN32 设备驱动程序，使 PXI 成为一种系统级规范，保证系统的易于集成与使用，从而进一步降低最终用户的开发费用。

PXI 总线系统由机箱、系统控制器和外围模块三个基本部分组成。如图 5-47 所示，标准的 8 槽 PXI 机箱中，包括一个嵌入式系统控制器和七个外围模块，具有很强的可扩展性，包括信号发生器、高速数字化仪、RF 测试模块、数字万用表、动态数据采集模块、图像采集模块、运动控制模块、CAN 总线接口模块、高速数字 I/O 模块等，支持即插即用。

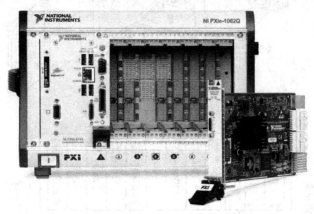

图 5-47　8 槽 PXI 机箱及外围模块

PXI 总线技术主要特点如下。

（1）模块化仪器结构，具有标准的系统电源、集中冷却和电磁兼容性能。

（2）可以应用 Windows 操作系统及其应用软件。

（3）高速 PCI 总线结构，传输速率达 132 Mbps（32-bit）和 264 Mbps（64-bit）的峰值数据吞吐率。

（4）具有 10 MHz 系统参考时钟、触发线和本地总线。

（5）标准系统提供 8 槽机箱结构，多机箱可通过 PCI-PCI 接口桥接技术进行系统扩展。

（6）具有 LabVIEW、LabWindows CVI、C++、Visual Basic 等系统开发工具。

组建测控系统时总线系统的选择取决于具体的应用，诸如功能要求、测速要求、预算要求等。从价格上考虑，优选 GPIB、PXI 总线系统；对于更大型、更复杂、测试速度更高的应用，可选 VXI 总线系统。

3. 虚拟仪器

计算机和仪器的密切结合是目前仪器发展的一个重要方向。简单地说这种结合有两种方式，一种是将计算机装入仪器内部，其典型的例子就是智能仪器；另一种方式是将仪器装入计算机，以通用的计算机硬件及操作系统为依托，实现各种仪器功能。虚拟仪器就是这种方式。

1986 年，美国国家仪器公司（National Instrument，NI）提出的虚拟测量仪器（VI）概念，强调"软件即仪器"（仪器=A/D+CPU+软件）。用户可以通过改写软件，方便地改变和增减仪器系统的功能，使得计算机和网络技术得以长驱直入仪器领域，引发了传统仪器领域的一场重大变革。

虚拟仪器（Virtual Instrumentation，VI）是指以通用计算机作为核心硬件平台，配以相应的硬件模块作为信号输入/输出接口，利用仪器软件开发平台在计算机的屏幕上虚拟出仪器的面板和相应的功能，通过鼠标或键盘交互式操作完成相应测试测量任务的仪器。在这种仪器系统中，硬件仅仅是为了解决信号的输入、输出，软件才是系统核心。图 5-48 所示为利用 LabVIEW 软件设计的虚拟数字电压表，图 5-49 所示为利用 LabVIEW 软件设计的虚拟数字存储示波器。

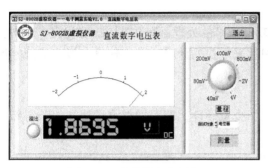

图 5-48 虚拟数字电压表

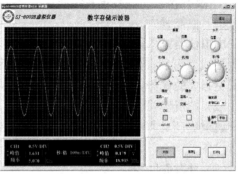

图 5-49 虚拟数字存储示波器

1）虚拟仪器系统结构

虚拟仪器由硬件设备与接口、设备驱动软件和虚拟仪器面板组成。

（1）系统的硬件构成

虚拟仪器的硬件架构如图 5-50 所示，一般分为计算机硬件平台和测控功能硬件。

计算机硬件平台可以是各种类型的计算机，如台式计算机、便携式计算机、工作站、嵌入式计算机等。它管理着虚拟仪器的软件资源，是虚拟仪器的硬件基础。

测控功能硬件分为 DAQ（数据采集板）、GPIB、VXI、PXI 和串口

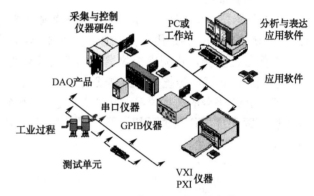

图 5-50 虚拟仪器的硬件架构

总线五种标准体系结构，它们主要完成被测输入信号的采集、放大、模/数转换。

（2）系统的软件构成

虚拟仪器测试系统的软件主要分为以下四部分。

① 仪器面板控制软件。仪器面板控制软件即测试管理层，是用户与仪器之间交流信息的纽带。目前有两类较流行的虚拟仪器开发环境：一种是用传统的编程语言设计虚拟仪器，如 LabWindows 等；另一种是用图形编程语言设计虚拟仪器，如 HPVEE、LabVIEW 等。

② 数据分析处理软件。利用计算机强大的计算能力和虚拟仪器技术，开发功能强大的函数库，可以极大提高虚拟仪器系统的数据分析处理能力，节省开发时间。

③ 仪器驱动软件。仪器驱动软件是用来实现对某一特定仪器控制与通信的软件，是完成对仪器硬件控制的纽带和桥梁，作为用户应用程序的一部分在计算机上运行。

④ 通用 I/O 接口软件。I/O 接口软件作为虚拟仪器系统软件结构中承上启下的一层，其模块化与标准化越来越重要。VXI 总线即插即用联盟，提出了自底向上的 I/O 接口软件模

型,即 VISA 标准,这种软件结构是面向器件功能而不是面向接口总线的。应用工程师为带 GPIB 接口仪器所写的软件,也可以用于 VXI 系统或具有 RS232 接口的设备上,大大缩短了应用程序的开发周期,彻底改变了测试软件开发的方式和手段。

2) 虚拟仪器技术的四大优势

(1) 性能强大

虚拟仪器技术紧跟前沿的 PC 技术,具有功能超卓的处理器和文件 I/O 等优点,使得实时测控成为可能。此外,不断发展的因特网和越来越快的计算机网络使得虚拟仪器技术展现其更强大的优势。

(2) 扩展性强

通过更新计算机上的相应软件,更新或添加少量硬件,即可增加测量功能,获得新的测量设备。

(3) 开发时间少

在驱动和应用两个层面上,高效的软件构架能与计算机、仪器仪表和通信方面的最新技术结合在一起。用户可以用较短的时间,轻松地配置、创建、发布、维护和修改高性能、低成本的测量和控制解决方案。

(4) 无缝集成

虚拟仪器技术从本质上说是一个集成的软硬件概念。虚拟仪器软件平台为所有的 I/O 设备提供了标准的接口,帮助用户轻松地将多个测量设备集成到单个系统,降低了任务的复杂性。

下面通过实例,说明虚拟仪器相比于传统仪器的优势。两种仪器对同一个通信系统的某项性能进行测试,传统仪器的测试点为 40 个,如图 5-51(a)所示,获得 40 个测试数据;基于 PXI 平台的虚拟仪器的测试点可达 30 万个,如图 5-51(b)所示,获得 30 万个测试数据。因此虚拟仪器通过快速且大量的数据测试、强大的数据处理功能,可以更好地描述待测件(DUT)的性能。

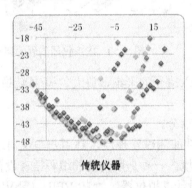
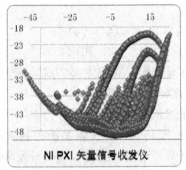

(a) 传统仪器——40 个测试点　　　　(b) 虚拟仪器——30 万个测试点

图 5-51　虚拟仪器和传统仪器测试点比较

目前,虚拟仪器越来越广泛地应用于半导体测试、能源电力、国防军事、车辆交通等行业,测试内容有嵌入式控制、设备状态监测、射频与通信测试、多媒体测试等。

4. 网络化仪器与远程测控技术

网络化仪器针对远程测控而言,是计算机技术、网络通信技术与仪表技术相结合而产生的一种新型仪器。

通过 GPIB-ENET 转换器、RS232/RS485-TCP/IP 转换器，将数据采集仪器的数据流转换成符合 TCP/IP 协议的形式，然后上传到 Intranet/Internet；而基于 TCP/IP 的网络化智能仪器则通过嵌入式 TCP/IP 软件，使现场变送器或仪器直接具有 Intranet/Internet 功能。它们与计算机一样，成为网络中的独立节点，就近与网络通信线缆连接，且即插即用，直接将现场测试数据送上网。用户通过浏览器或符合规范的应用程序即可实时浏览这些信息，包括处理后的数据、仪器仪表面板图像等。虚拟仪器把传统仪器的前面板移植到 Web 页面，通过 Web 服务器处理相关的测试需求，通过网络实时发布和共享测试数据。

网络化仪器具有以下优点：

（1）通过网络，用户能够远程监测控制过程和实验数据，而且实时性非常好。一旦过程发生问题，有关数据立即展现在用户面前，以便采取应对措施，包括向远方制造商的质量追溯等，使得纠错能力和排故效果大大提高。

（2）通过网络，可以把位于不同位置的测试仪器连接起来，可构造一个分布式的自动测试系统，如不同地区的环境监测等，有利于统一管理。

（3）通过网络，一个用户能远程监控多个过程，而多个用户也能同时对同一过程进行监控。例如工程技术人员在他的办公室里监测一个生产过程，质量控制人员可在另一地点同时收集这些数据，分析数据，建立数据库。

（4）通过网络，大大增强了用户的工作能力。用户可以利用普通仪器设备采集数据，然后把数据传送给另一台功能强大的远方计算机进行数据分析，并在网络上实时发布。

（5）通过网络，用户还可就自己感兴趣的问题在世界范围内进行合作和访问。软件工程师通过网络对远方的测试系统进行程序下载、调试运行等操作，如同在系统现场一样方便。总之，电子测量技术和电子测量仪器正以全新的理念、全新的技术，突飞猛进地发展着。智能仪器、虚拟仪器、自动测试系统、远程测控技术，相互联系紧密，每个分支深入下去都是一个庞大的系统，每个系统都有宽广的应用前景。

项目实施 5　射频通信系统信号测试

工作任务单：
（1）制订工作计划。
（2）熟悉射频通信实验系统 GRF-1300 的面板及其功能。
（3）研究测试内容。
（4）完成系统性能的测试。
（5）编写项目训练报告。

射频通信实验系统 GRF-1300 与 3 GHz 频谱分析仪 GSP-830 一起搭建用于频域测试教学的实验系统。

1. GRF-1300 面板

GRF-1300 面板简洁，主要由三个模块组成，分别为：基带模块（Base band）、RF Synthesizer/FM 模块和 AM 模块。GRF-1300 是集合了信号发生、调频调幅、通信等多种功能，能产生 3 MHz 的基带信号和高达 900 MHz 的载波信号，同时也能实现调幅、调频功能的射频电路实验系统。通过 USB 接口和计算机通信，可用指令控制电路的开闭，组成通信纠错实验项目。

GRF-1300 面板如图 5-52 所示，具体各模块功能如下。

（1）基带模块。基带模块能够模拟产生基带信号，可提供正弦波（Sine）、方波（Square）、三角波（Triangle）三种波形，输出频率和幅度可调。实验过程中三种波形可以任意切换。

注：本实验系统中的基带信号指未经调制的信号。

（2）RF Synthesizer/FM 模块。

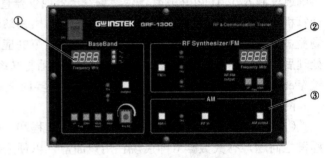

图 5-52　GRF-1300 面板图

RF Synthesizer/FM 模块是一个射频综合器，用于产生频率可调的载波信号，同时也可以起到频率调制的作用。用此模块与基带模块配合使用可产生调频波。

（3）AM 模块。AM 模块和基带模块配合使用可产生调幅波，能进行幅度调制实验。

2．GRF-1300 的主要性能参数

GRF-1300 的主要性能参数如表 5-2 所示。

表 5-2　GRF-1300 的主要性能参数

功　能	项　目	规　格
基带	波形	正弦波、方波、三角波
	频率范围	0.1～3 MHz（三角波 0.1～1 MHz），步进：10 kHz
	幅度	≥1.5 Vp-p
		≥0.75 Vp-p
	谐波失真	≤-30 dBc
RF/FM 分析	频率精度	±0.15 MHz
	可调范围	≥45 MHz（870～920 MHz），Step：1 MHz
	功率范围	≥-15 dBm
FM 调制	最大频偏	>3 MHz
AM 调制	峰值偏差	≥-18 dBm
通信		能用指令控制电路的开闭，可做通信纠错实验

3．GRF-1300 主要工作原理

GRF-1300 射频通信实验系统由微处理器（CPU）和锁相环路（PLL）组成。微处理器产生基带信号。锁相环路是一个相位反馈自动控制系统。它由鉴相器（PD）、环路滤波器（LPF）和压控振荡器（VCO）三个基本部件组成。其工作原理是压控振荡器的输出经过采集并分频和基准信号同时输入鉴相器，鉴相器通过比较上述两个信号的相位差，然后输出一个直流脉冲电压控制 VCO，改变 VCO 的输出频率，使 VCO 的输出频率稳定在某一期望值。

GRF-1300 调频波原理框图如图 5-53 所示。将基带模块产生的基带信号作为调制信号,加载到 RF/FM 模块产生的射频载波上,即形成调频波。同理,将基带信号加载到 AM 模块,即形成调幅波。

实验系统面板上有五个测试点(T_{P1}、T_{P2}、T_{P3}、T_{P4}、T_{P5}),分别设置在不同模块电路的通路上。有的测试点用于连接频谱仪和示波器,以观察频域和时域波形。有的测试点用于检测和维修,详见产品说明书。

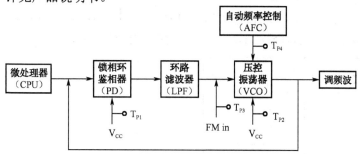

图 5-53 GRF-1300 调频波原理框图

4. 实训目的

(1) 了解基本通信原理。
(2) 掌握频谱仪的基本使用方法。
(3) 学会用频谱仪测试射频通信系统信号。

5. 实训设备与器件

(1) 实训设备:GSP-830 型频谱仪 1 台;GRF-1300 射频通信实验系统 1 台;数字存储示波器 1 台 GDS-2204。

(2) 实训器材:转接头(N 转 SMA)1 个;RF 射频线 3 条(800 mm 的 1 条、100 mm 的 2 条);2.4 GHz 无线鼠标 1 只。

6. 项目测试

1) 低频信号的测量

练习测量低频信号的频谱、谐波失真。

(1) 正弦波信号的测量

设定 GRF-1300 的波形为 1 MHz 的正弦波,用频谱仪去量测其频谱。仪器连接如图 5-54 所示,将 GRF-1300 的信号从"output"端连接到 GSP-830 的输入端。

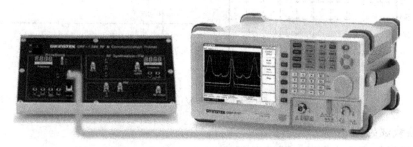

图 5-54 低频信号测量的仪器连接

电子测量与仪器

GSP-830 的设置：中心频率 2.5 MHz，起始频率 0 kHz，终止频率 5 MHz；参考电平 10 dBm；分辨率设置（RBW）：Auto。

旋转频谱仪上的旋钮，把 Marker 点对应于每个频点，记录各谐波幅值，在图 5-55（a）中绘制简单的频谱图。读出各谐波幅度，利用式（2-11）计算此正弦波的谐波失真系数，填入表 5-3 中。

表 5-3 谐波失真系数数据记录

波形	谐波失真系数
正弦波	
方波	

频谱测试后，从"output"端口连接到示波器的输入端口，测量正弦波的时域波形，并记录在图 5-55（b）中。

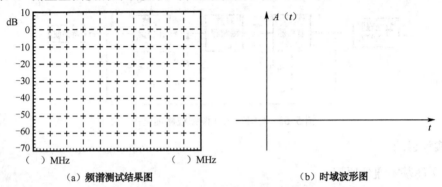

(a) 频谱测试结果图　　　　　　(b) 时域波形图

图 5-55　1 MHz 正弦波信号的测量

注意：由于显示带宽很大，可能存在误差，故测量二次和三次谐波的时候，可以将显示带宽调小些。

（2）方波信号的测量

GRF-1300 切换到方波，输出信号频率和幅值不变，仪器连接方式不变。和测量正弦波的步骤一样，用频谱仪和示波器观察信号频域和时域的波形，在图 5-56 中绘制频谱图和时域波形。读出各谐波幅度，利用式（2-11）计算此正弦波的谐波失真系数，填入表 5-3 中。

GSP-830 的设置：中心频率 15 MHz，起始频率 0 kHz，终止频率 30 MHz；显示带宽 30 MHz；参考电平 0 dBm；分辨率带宽（RBW）：Auto。

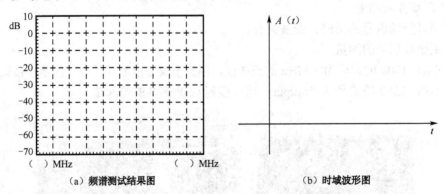

(a) 频谱测试结果图　　　　　　(b) 时域波形图

图 5-56　1 MHz 方波信号的测量

2）射频载波的测量

练习测量射频信号的频谱、谐波失真。

项目 5 频域的测量

GRF-1300 设置在开机默认状态，用 RF 线（800 mm）将 GRF-1300 的 RF/FM 模块的"output"端口连接到频谱仪的输入端口，如图 5-57 所示。

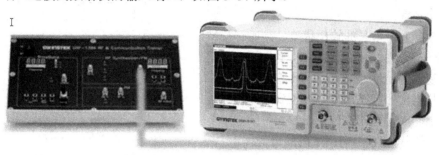

图 5-57 射频载波测量的仪器连接

GSP-830 设置：中心频率 900 MHz，参考电平 0 dBm，显示带宽选择满带宽，分辨率带宽（RBW）Auto。

观察频谱，利用频谱仪上的 Marker 功能测量频率点的幅度，并把结果绘制在图 5-58 中。

3）AM 信号的测量

练习测量调幅波的频谱和波形，观察不同调制模式下的调幅波频谱。

调幅（AM）就是利用调制信号去控制高频载波信号的振幅，使载波的振幅随调制信号成比例变化。经振幅调制的高频载波称为调幅波。

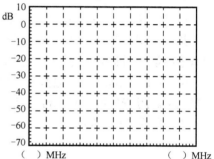

图 5-58 射频载波的频谱图

用 RF 线（100 mm）把基带模块上的"output"端口和 AM 模块上的"AM in"端口连接起来。用 RF 线（100 mm）把 RF/FM 模块上的"RF/FM output"端口和 AM 模块上的"RF in"端口连接起来。用 RF 线（800 mm）从 AM 模块的"output"端口接到频谱仪的输入端。仪器连接如图 5-59 所示。

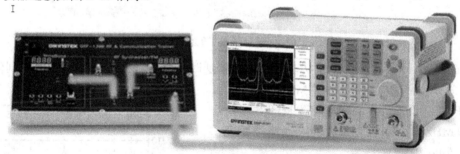

图 5-59 AM 信号测量的仪器连接

GRF-1300 设置在开机默认状态下，面板上的电位器顺时针旋转到底。设置调制信号为 100 kHz 正弦波，载波频率为 880 MHz。

GSP-830 设置：中心频率 880 MHz，显示带宽 5 MHz，参考电平 0 dBm，分辨率带宽（RBW）Auto。

利用 Marker 功能测量频谱仪上调幅波的载波分量及上下边频的功率，并用示波器测量

271

电子测量与仪器

此时 T_{P4} 点的电压值，并在图 5-60 中绘制调幅波频谱。

进一步观察：

（1）改变基带信号的输出幅度，逆时针旋转电位器到一半位置，并用示波器监测此时 T_{P4} 的电压值，观察频谱仪上调幅波的频谱变化。

（2）把电位器旋钮按顺时针调到最大，通过基带模块上的 Up 按钮，改变调制信号的频率至 600 kHz，观察频谱仪上调幅波的频谱变化。

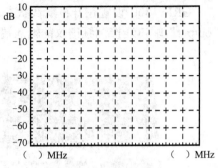

图 5-60　调幅波的频谱图

（3）按 Reset 按键，然后调节 RF Synthesizer/FM 模块上的 Up 按钮，改变载波信号的频率为 900 MHz，观察频谱仪上调幅波的频谱变化。

4）FM 信号的测量

练习测量调频波的频谱，观察调制信号的振幅、频率对调频波频偏的影响。

频率调制（FM）是使载波信号的频率按调制信号规律变化的一种调制方式，使载波的频率偏移量随调制信号的幅值而变化。

用 RF 线（100 mm）把基带模块上的"output"端口和 RF/FM 模块上的"FM in"端口连接起来。用 RF 线（800 mm）把 RF/FM 模块的"output"端口连接到频谱仪的输入端。仪器连接如图 5-61 所示。

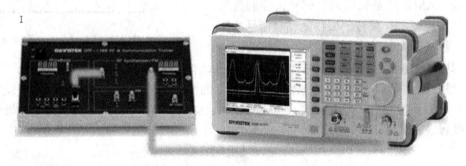

图 5-61　FM 信号测量的仪器连接

GRF-1300 设置在开机默认状态下，电位器逆时针旋转到最小位置。设置调制信号为 100 kHz 正弦波，载波频率为 880 MHz。

GSP-830 设置：中心频率 880 MHz，显示带宽 50 MHz，参考电平 0 dBm，分辨率带宽（RBW）Auto。

利用 Marker 功能测量频谱仪上调频波的载波幅度，并在图 5-62 中绘制调频波频谱。

进一步观察：

（1）顺时针旋转电位器到一定位置，改变调制信号的输出幅度，并用示波器监测此时 T_{P4} 的电压值，观察频谱仪上调频波的频谱变化。

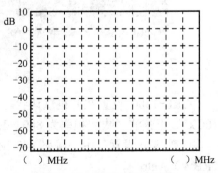

图 5-62　调频波的频谱图

（2）再顺时针旋转电位器到另一位置，并用示波器监测此时的电压值，观察频谱仪上调频波的频谱变化。

（3）调节 Base Band 模块上的 Up 按钮，改变调制信号的频率至 600 kHz，观察频谱仪上调频波的频谱变化。

（4）再次调节 Base Band 模块上的 Up 按钮，改变调制信号的频率至 1 MHz，观察频谱仪上调频波的频谱变化。

（5）按 Reset 按键复位，把调制信号的幅度调小，以便在 50 MHz 的范围内可见到整个频谱。然后调节 RF/FM 模块上的 Down 按钮，改变载波信号的频率至 600 MHz，观察频谱仪上调频波的频谱变化。

5）2.4 GHz 无线鼠标信号的测量

练习对通信产品的测量。测量无线鼠标发射信号的频率及功率。

当前主流无线鼠标有 27 MHz、2.4 GHz 和蓝牙无线鼠标三类。2.4 GHz 无线鼠标使用的是 2.4~2.485 GHz ISM 无线频段。无线鼠标信号的测量如图 5-63 所示，将天线和频谱仪连接。

GSP-830 设置：中心频率 2.4 GHz，显示带宽 200 MHz，参考电平-20 dBm，分辨率带宽 Auto。打开无线鼠标的电源，频谱仪自动搜索信号。由于无线鼠标发射的信号是跳变的，不容易动态测量，故开启频谱仪上的峰值保持功能。观察无线鼠标信号的频谱，并在图 5-64 中绘制频谱图，记录发射信号的频率和功率。

采用相同的方式，可以对蓝牙、无线网卡模块的信号进行测量。

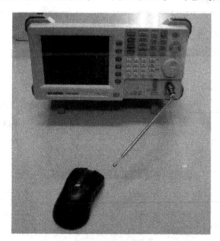

图 5-63 无线鼠标信号的测量

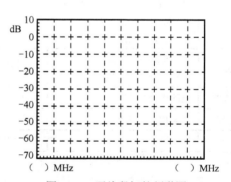

图 5-64 无线鼠标的频谱图

7. 测试项目参考频谱图

以上五个测试项目的参考频谱图如图 5-65 所示。其中图（a）为正弦波信号频谱图，图（b）为方波信号频谱图，图（c）为射频载波频谱图，图（d）为调幅波频谱图，图（e）为调频波频谱图，图（f）为无线鼠标信号频谱图。

8. 整理相关资料，完成测试的详细分析并编写项目实训报告

项目实训报告示例，请上华信教育资源网下载参考。

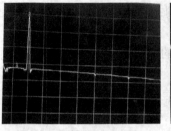
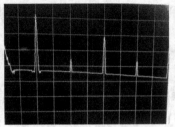
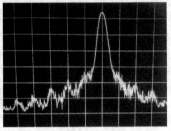

（a）正弦波信号频谱图　　　　（b）方波信号频谱图　　　　（c）射频载波频谱图

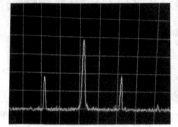
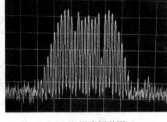
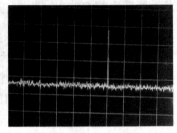

（d）调幅波频谱图　　　　（e）调频波频谱图　　　　（f）无线鼠标信号频谱图

图 5-65　各测试项目参考频谱图

9. 项目考核

项目考核表如表 5-4 所示。

表 5-4　项目考核表

评价项目	评价内容	配分	教师评价	学生评价		总分
				互评	自评	
工作态度	（1）工作的主动性、积极性 （2）操作的安全性、规范性 （3）遵守纪律情况	10 分				师评 50%+互评 30%+自评 20%
项目测试	（1）仪器连接的正确性 （2）测量结果的正确性	60 分				
项目报告	项目报告的规范性	20 分				
5S 规范	整理工作台，离场	10 分				
合计	—	100 分				

自评人：　　　　互评人：　　　　教师：

日期：

知识梳理与总结

（1）对一个信号或电路特性进行研究，可从时域和频域两方面进行分析。时域分析和频域分析各有其适用场合，两者相辅相成、互为补充。线性系统频率特性的测量和信号的频谱分析，是模拟系统测试的基本要求。

（2）线性系统幅频特性的基本测量方法有点频法和扫频法。根据扫频法原理组成的测量仪器称为频率特性测试仪，简称扫频仪，可以用来测量电路的幅频特性曲线、增益、带宽、品质因数等。其主要性能指标有：有效扫频宽度、扫频线性、振幅平稳性、扫频信号电压、频率标记、输出阻抗等。

（3）频谱分析仪简称频谱仪，是一种多功能的仪器。除用于正弦信号、非正弦信号、调制信号的频谱分析外，还可以进行通信系统的发射极质量分析、放大器的性能测试、噪声测试、电磁干扰测试等。其主要性能指标有：频率范围、扫描宽度、扫描时间、测量范围、灵敏度、分辨率、动态范围等。

（4）电磁兼容三要素分别是干扰源、传输途径和敏感设备。EMC 检测项目分为电磁干扰（EMI）测试和电磁敏感度（EMS）测试两大类。

（5）智能仪器、虚拟仪器、自动测试系统、远程测控技术是电子测量技术领域的几个发展方向。

习题 5

5-1 什么是时域测量？什么是频域测量？

5-2 频率特性测量方法有哪些？

5-3 扫频仪的主要性能指标有哪些？

5-4 扫频仪有哪些主要应用？

5-5 某音频放大电路对一个纯正弦信号进行放大，输出信号的频谱图如图 5-66 所示，已知谱线间隔恰为基波频率 f。求信号的失真度。

5-6 频谱分析仪的主要性能指标有哪些？

5-7 频谱分析仪可应用在哪些地方？有哪些主要应用？

5-8 什么是智能仪器？基于 GPIB 总线的自动测试系统的结构是怎样的？

5-9 什么是虚拟仪器？进入 http://china.ni.com 了解虚拟仪器在工程上的应用。

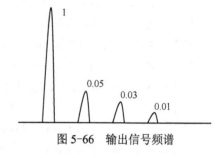

图 5-66 输出信号频谱

参考文献

[1] 古天祥, 詹惠琴, 习友宝, 古军, 何羚. 电子测量原理与应用[M]. 北京: 机械工业出版社, 2014.

[2] 陆绮荣, 张永生, 吴有恩. 电子测量技术[M]. 第3版. 北京: 电子工业出版社, 2010.

[3] 陈尚松, 郭庆, 雷加. 电子测量与仪器[M]. 第2版. 北京: 电子工业出版社, 2009.

[4] 宋悦孝. 电子测量与仪器[M]. 第2版. 北京: 电子工业出版社, 2009.

[5] 张立霞, 王高山, 刘俊起. 电子测量技术[M]. 北京: 清华大学出版社, 2012.

[6] 李延廷. 电子测量技术[M]. 北京: 机械工业出版社, 2011.

[7] 周友兵. 电子测量仪器应用[M]. 北京: 机械工业出版社, 2013.

[8] 丁向荣, 刘政. 电子产品检验技术[M]. 北京: 化学工业出版社, 2014.

[9] 孙学耕, 汤婕, 谭巧. 电子测量与产品检验[M]. 北京: 机械工业出版社, 2012.

[10] 管莉. 电子测量与产品检验[M]. 北京: 机械工业出版社, 2008.

[11] 张大彪, 孙胜利, 李骐等. 电子测量技术与仪器[M]. 北京: 电子工业出版社, 2010.

[12] 翟志华. 电子测量与仪器操作实训[M]. 北京: 机械工业出版社, 2008.

[13] 李福军, 刘海东, 关长伟等. 电子测量仪器与应用[M]. 北京: 机械工业出版社, 2013.

[14] 王成安, 李福军. 电子测量技术与仪器[M]. 北京: 机械工业出版社, 2011.

[15] 李福军. 电子测量技术与仪器[M]. 哈尔滨: 哈尔滨工业大学出版社, 2011.

[16] 肖晓萍. 电子测量实训教程[M]. 北京: 机械工业出版社, 2012.

[17] 徐洁. 电子测量与仪器[M]. 第2版. 北京: 机械工业出版社, 2013.

[18] 徐佩安. 电子测量技术[M]. 第2版. 北京: 机械工业出版社, 2011.

[19] 孟凤果. 电子测量技术[M]. 北京: 机械工业出版社, 2013.

[20] 赵文宣, 陈运军, 张德忠. 电子测量与仪器应用[M]. 北京: 电子工业出版社, 2012.

[21] 夏哲雷, 许华. 电子测量技术[M]. 北京: 机械工业出版社, 2011.

[22] 张永瑞, 宣宗强, 高建宁. 电子测量技术[M]. 北京: 高等教育出版社, 2011.

[23] 范泽良, 吴政江. 电子测量与仪器[M]. 北京: 清华大学出版社, 2010.

[24] 王川, 施亚齐, 龙芬. 电子测量技术与仪器[M]. 北京: 北京理工大学出版社, 2010.

[25] 时万春. 集成电路测试技术的新进展[J]. 电子测量与仪器学报, 2007,4 (21): 1-4.

[26] 朱莉, 林其伟. 超大规模集成电路测试技术[J]. 中国测试技术, 2006,6 (32): 117-120.

[27] GB/T 12060.3—2011 声系统设备 第3部分: 声频放大器测量方法.

[28] GB/T 12060.2—2011 声系统设备 第2部分: 一般术语解释和计算方法.

[29] SJ/T 10406—1993 声频功率放大器通用技术条件.

[30] SJ/Z 9140.1—1987 声系统设备 第1部分: 概述(IEC 268-1(1985)).

[31] GB/T 6587—2012 电子测量仪器通用规范.

[32] Tektronix 公司. 示波器探头技术资料, http://cn.tek.com/.